材料学シリーズ

堂山 昌男　小川 恵一　北田 正弘
監　修

燃　料　電　池
熱力学から学ぶ基礎と開発の実際技術

工藤 徹一
山本　治　著
岩原 弘育

内田老鶴圃

本書の全部あるいは一部を断わりなく転載または複写(コピー)することは，著作権および出版権の侵害となる場合がありますのでご注意下さい．

材料学シリーズ刊行にあたって

　科学技術の著しい進歩とその日常生活への浸透が20世紀の特徴であり，その基盤を支えたのは材料である．この材料の支えなしには，環境との調和を重視する21世紀の社会はありえないと思われる．現代の科学技術はますます先端化し，全体像の把握が難しくなっている．材料分野も同様であるが，さいわいにも成熟しつつある物性物理学，計算科学の普及，材料に関する膨大な経験則，装置・デバイスにおける材料の統合化は材料分野の融合化を可能にしつつある．

　この材料学シリーズでは材料の基礎から応用までを見直し，21世紀を支える材料研究者・技術者の育成を目的とした．そのため，第一線の研究者に執筆を依頼し，監修者も執筆者との討論に参加し，分かりやすい書とすることを基本方針にしている．本シリーズが材料関係の学部学生，修士課程の大学院生，企業研究者の格好のテキストとして，広く受け入れられることを願う．

監修　堂山昌男　小川恵一　北田正弘

「燃料電池」によせて

　燃料電池の歴史は古く，その実現に向けて多くの研究者が心血を注いできた．そして，今，実用化の大きな産声をあげている．新装置の普及には，根幹となる新材料の開発から，それを支える技術的・社会的環境の整うことが必要である．経済性や技術的な面で多くの開発課題を残しているが，過密な都市の環境改善などの役割から徐々に立ち上がり，地球温暖化の抑制などのエネルギー分野で，大きな役割を果たす未来技術となるに違いない．

　著者らは，草創期から研究・開発に携わってきた燃料電池のすべてを知るわが国のリーダーである．燃料電池を理解する基礎知識から主要な電池の技術までを総合的に述べた本書は，これまでにない体系的な教科書であり，学生を始め，研究者・技術者および技術経営者に広くお勧めする良書である．

北田正弘

まえがき

　燃料電池はエネルギー変換効率の高い理想的な発電装置として古くから注目されてきたが，近年，環境問題が深刻化するなかでこれを解決する切り札の一つと位置付けられ関心が一層高まっている．また，小型のものは，携帯電話など普及の著しい移動電子機器の電源に使われている二次電池（蓄電池）を置き換える可能性があることから開発が活発化している．すなわち，燃料電池は環境とITという現代の二つの主要キーワードに関連する技術であり，その普及，浸透は21世紀社会の持続的発展に貢献するものと期待されている．

　そのような理由で燃料電池の話題が頻繁に新聞紙上を賑わすようになってきた．しかし，当然ながら新聞記事は一般向けの断片情報で，ときに誤解を招いたり誤りを含んだりする内容も少なからず見受けられる．一方，関連学会誌等にも燃料電池のトピックスがしばしば掲載される．こちらの方は燃料電池が開発途上であることもあり，先端的・専門的内容が多く理工系の読者でも分野が違うとその意味や価値を理解するのは容易でない．燃料電池の情報は一般と専門に二極分化しているように思われる．このような事情に鑑みてか，内田老鶴圃の材料学シリーズで理工系大学生を主対象とする「燃料電池」のテキストを企画するので書いてみないかとの誘いを受けた．

　燃料電池と一口にいっても，常温で作動する小型のものから1000℃でギガワット級の発電を目指すものまでがあり，そこに使われるイオン伝導材料一つをとりあげても溶液論を基礎とする電解質溶液から固体物理化学をベースとする固体電解質までの知識が必要である．また，1種類の燃料電池についてみてもそこには材料科学から伝熱工学までの成果が集約されている．つまり，燃料電池は幅広い学問分野の上に立つ総合技術である．そのうえ宇宙船に用いられるアルカリ型といわれるものを除けば確立された技術ではなく，開発途上の技術である．そのようなわけで燃料電池の体系的なテキストを書くのは大変難しくほとんど例がない．近年，啓蒙的な解説書は数多く出版され燃料電池の理解

を広めるのに貢献しているが，それらは教科書として書かれたものではない．唯一，1984年に出版された「燃料電池」（高橋武彦著，共立出版）が理工系大学生や初学者が読むに相応しいテキストの例として挙げられよう．著者の故高橋武彦名古屋大学教授は本書の著者3人が大変お世話になった方で，とくに山本，岩原は直弟子でもある．きわめてよく書かれたテキストであるが，B5判130ページとテキストとしてはややコンパクトで，しかも初版から20年余が経っている．これを手本にして，基礎の部分にもう少し紙数を費やすとともに，最新の研究開発の成果を盛り込めば，21世紀版の新しいテキストになるかも知れないと考え，思い切ってお誘いを受けることにした．

　第1章は燃料電池の歴史，社会的な意義，開発動向などを概観した序章である．ともすれば燃料電池が過大に評価されがちな環境問題とのかかわりについては，実際に近い評価をして読者の注意を促した．第2章および第3章は，すべての燃料電池の学問基盤である熱力学と電気化学について，燃料電池の理解に必要な事項を他の専門書を読むことなしに済ませられる程度にできるだけコンパクトにまとめた．電極反応などの実例も燃料電池に即したものを取り上げるように努めた．第4章から第9章では燃料電池の種類ごとに，原理から最新の研究開発成果に至るまでをわかりやすく説明した．どの燃料電池でも，開発の鍵を握るのは，やはり電解質，電極，触媒などの材料である．どのような材料が開発され，どのような課題が残されているかということがわかるように，材料の問題についてより多くの紙面を割いた．

　執筆の機会を与えていただいた本シリーズ企画・監修者である堂山昌男，小川恵一，北田正弘の各先生に篤く感謝いたします．とくに北田先生には草稿に丁寧な朱筆を入れていただくとともに，有益な助言もいただきました．

　終わりに，原稿期限の遅延など数々の著者の不手際にもかかわらず，終始快く本書の制作をお世話下さった内田老鶴圃の内田学氏に心より御礼申し上げます．

　2005年6月

著者一同

目　次

材料学シリーズ刊行にあたって
「燃料電池」によせて

まえがき……………………………………………………………………iii

1　燃料電池の歴史と概要 ……………………………………………1
1.1　燃料電池とは …………………………………………………1
1.2　燃料電池のメリットと開発の意義 …………………………4
1.3　燃料電池の種類 ………………………………………………6
1.4　最近の開発状況のあらまし …………………………………7

2　燃料電池の熱力学 …………………………………………………9
2.1　熱 力 学 ………………………………………………………9
2.2　エネルギー，仕事，熱 ………………………………………10
2.3　熱力学第1法則 ………………………………………………11
2.4　熱力学第2法則 ………………………………………………15
2.5　自由エネルギーと最大仕事の原理 …………………………26
2.6　熱力学関数の関係式 …………………………………………28
2.7　開放系の熱力学と化学ポテンシャル ………………………29
2.8　化学反応の平衡 ………………………………………………32
2.9　平衡定数の温度変化 …………………………………………34

3　燃料電池の電気化学 ………………………………………………37
3.1　電気化学と電気化学システム ………………………………37

- 3.2 電池の起電力と分解電圧 …………………………………… 41
- 3.3 電極反応の平衡と電極電位 ………………………………… 46
- 3.4 ネルンストの式の応用 ……………………………………… 51
- 3.5 電極反応の速度 ……………………………………………… 54
- 3.6 電極反応の速度と電極電位 ………………………………… 58
- 3.7 電極反応と物質輸送 ………………………………………… 65
- 3.8 電解質溶液の電気伝導 ……………………………………… 73
- 3.9 固体電解質 …………………………………………………… 80

4 アルカリ型燃料電池 …………………………………………… 93
- 4.1 作動原理と効率 ……………………………………………… 93
- 4.2 電極反応および電池の構造 ………………………………… 98
- 4.3 アルカリ型燃料電池システムおよびその特性 …………… 106
- 4.4 アルカリ型燃料電池の応用 ………………………………… 110

5 リン酸型燃料電池 ……………………………………………… 113
- 5.1 作動原理と構造 ……………………………………………… 114
- 5.2 電極触媒 ……………………………………………………… 120
- 5.3 リン酸型燃料電池の燃料 …………………………………… 124
- 5.4 実用電池の特性 ……………………………………………… 126

6 溶融塩燃料電池 ………………………………………………… 131
- 6.1 高温燃料電池の一般的特徴と利点 ………………………… 131
- 6.2 高温燃料電池のエネルギー変換効率 ……………………… 132
- 6.3 溶融塩燃料電池 ……………………………………………… 134
- 6.4 MCFC 用溶融塩とその性質 ………………………………… 134
- 6.5 作動原理 ……………………………………………………… 136
- 6.6 基本構造 ……………………………………………………… 138
- 6.7 MCFC の特徴と用途 ………………………………………… 141

6.8　構成部材とその特徴 ……………………………………………… *143*
　　6.9　セルスタックとシステム ………………………………………… *149*
　　6.10　発電特性 …………………………………………………………… *152*

7　固体酸化物燃料電池 ……………………………………………… **155**
　　7.1　固体酸化物燃料電池とは ………………………………………… *155*
　　7.2　燃料電池用固体電解質 …………………………………………… *156*
　　7.3　作動原理 …………………………………………………………… *163*
　　7.4　電極反応 …………………………………………………………… *166*
　　7.5　基本構造 …………………………………………………………… *169*
　　7.6　SOFCの特徴と用途 ……………………………………………… *171*
　　7.7　構成部材とその特性 ……………………………………………… *173*
　　7.8　セルスタックとシステム ………………………………………… *181*
　　7.9　発電特性 …………………………………………………………… *185*

8　高分子固体電解質燃料電池 ……………………………………… **189**
　　8.1　作動原理と構造 …………………………………………………… *190*
　　8.2　プロトン伝導性ポリマー電解質 ………………………………… *192*
　　8.3　電極反応と触媒 …………………………………………………… *198*
　　8.4　ポリマー燃料電池の特性 ………………………………………… *201*
　　8.5　ポリマー燃料電池の自動車への応用 …………………………… *204*

9　メタノール燃料電池 ……………………………………………… **207**
　　9.1　メタノール燃料電池の原理 ……………………………………… *208*
　　9.2　直接型メタノール燃料電池の構造とシステム ………………… *209*
　　9.3　メタノール酸化電極触媒 ………………………………………… *212*
　　9.4　直接型メタノール燃料電池の電解質 …………………………… *214*
　　9.5　電池特性 …………………………………………………………… *221*
　　9.6　メタノール以外の直接型液体燃料電池 ………………………… *227*

おわりに……………………………………………………………………*231*

索　引………………………………………………………………………*237*

1 燃料電池の歴史と概要

1.1 燃料電池とは

　燃料電池は化学反応で生じるエネルギー（化学エネルギーという）を直接電気エネルギーに変換する装置で，この点においては通常の化学電池と同じであり，また，エネルギー変換の原理も基本において異なるところはない．燃料電池の特徴は，化学反応として燃料の酸化反応（燃焼反応）を用いることと，燃料と酸素（空気）を外部から連続的に供給し燃焼生成物を外部に放出することにある．この意味では「火力発電」装置の一種と見ることもできる．

　すべての化学電池では，エネルギーを生産する化学反応を空間的に隔たった一対の電極上での酸化反応と還元反応に分割し，その合計として全反応を進行させる．燃料電池では，燃料（例えば水素）の燃焼反応（$H_2+1/2O_2=H_2O$）を酸化反応（$H_2=2H^++2e^-$）と酸素の還元反応（$1/2O_2+2H^++2e^-=H_2O$）に分割する．水素に接する電極（負極）の電子は酸素に接する電極（正極）のそれより高いエネルギーをもつ．電極に負荷をつなげば，電子はエネルギーの高い負極から正極に流れ，燃焼反応のエネルギー（正確には自由エネルギー）に相当する仕事をする．これが燃料電池の原理である．

　燃料電池の歴史は古く，今から160年以上前の1839年，イギリスのグラーヴ卿（Sir William Grove）が気体燃料を用いて電池が構成できることを提案・実証したのが初めとされている．表1.1の年譜に示すように，イタリアのヴォルタがヴォルタ電池という初めての化学電池を発明し発表したのが1800年，また，かのファラデーがファラデーの法則を打ち立て電気化学という学問の基礎を築いたのが1833年であるから，燃料電池というコンセプトは電気化

表 1.1 燃料電池関連年譜

西暦	事象
1791	ガルバーニ電気(L.Galvani：金属の接触によるカエルの筋肉の収縮．電気化学の始まり)
1800	ヴォルタ電池(A.Volta)
1833	ファラデーの法則(M.Faraday：電気化学の礎石)
1839	燃料電池の原理(W.Grove)
1859	鉛蓄電池(R.Plante)
1864	マンガン電池(G.Leclanche)
1899	ニッケル-カドミウム電池(V.Jungner)
	ZrO_2 系セラミックスのイオン伝導(W.Nernst：固体電解質の始まり)
1937	高温固体電解質燃料電池の実証(E.Baur, H.Preis：SOFC の始まり)
1950 頃	溶解塩燃料電池の実証(G.H.J.Broers ら)
	アルカリ型水素酸素燃料電池の実用化開発(F.T.Bacon ら)
1960 代	高分子固体電解質燃料電池(PEFC)がジェミニ宇宙船に搭載(General Electric 社，燃料電池の初の実用化)
	ナフィオン膜(プロトン伝導性高分子膜)開発(デュポン社)
	アルカリ型燃料電池がアポロ宇宙船に搭載(UTC 社，Allis-Chalmers 社)
1967	民生用リン酸型燃料電池の実用化開発
1973	オイルショック
1980	ムーンライト計画(省エネルギー技術国家プロジェクト)発足
1990	電気自動車用 PEFC の開発活発化(カナダ・バラード社など)
1995 頃	携帯用直接型メタノール燃料電池(DMFC)の開発活発化
1997	京都議定書(CO_2 排出規制条約)採択
2001	国土交通省の認定を受けた燃料電池自動車の走行実験

学の草創期から知られていたことになる．しかし，鉛蓄電池(1859 年)，マンガン電池(1864 年)，ニカド電池(1899 年)などいまでも使われている 1 次電池や 2 次電池[*1]が発明・実用化されるなかで，燃料電池はとり残され，再び脚光を浴びたのは 1950 年代になってからである．1952 年，イギリスのベーコ

[*1] 化学電池は，1 次電池，2 次電池，燃料電池に分類される．1 次電池はマンガン電池のようにエネルギーを取り出すだけで充電できない電池，2 次電池は鉛電池のように充電して再使用できる電池をいう．鉛電池の発明されたときにはまだ発電機がなく，ヴォルタ電池(1 次電池)を用いて鉛電池(2 次電池)を充電したのが「1 次，2 次」という語の起源．

ン（Francis Bacon）が，高圧の水素と酸素を用いる燃料電池が実用を視野に入れる特性を示すことを実証したのを契機に，開発が世界的な規模で始まった．ちょうどその時期，有人宇宙船の打ち上げ計画が進行していたが，宇宙船はその推進源としてタンクに貯蔵した水素と酸素をもつこと，また孤立した宇宙船内の生活に欠かせない水を生成することなどのため，水素・酸素燃料電池が最適の宇宙用電源として注目され，1960年代に米国航空宇宙局（NASA）により打ち上げられたジェミニ宇宙船に搭載された．これが実用に供された初めての燃料電池である．この燃料電池（図1.1）はプロトン伝導性をもつ高分子膜を電解質層に用いてあることから「高分子固体電解質型」と呼ばれ，昨今，開発が盛んな電気自動車用燃料電池の原型になっているものである．その後のアポロ宇宙船やスペースシャトルの電源にも同じ理由から燃料電池が採用されているが，動作温度などの関係で「アルカリ型」と呼ばれる別のタイプが選定された．しかし，燃料電池が真の意味で実用に供されているのは，未だ宇宙という特殊な環境の中だけでしかない．燃料電池が次節に示すように多くの

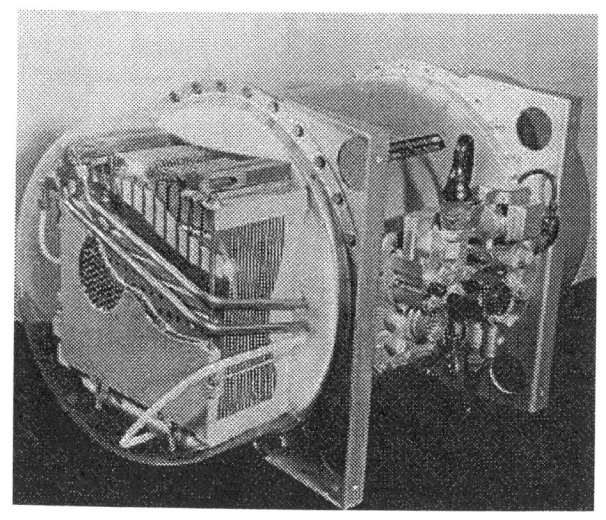

図1.1 ジェミニ宇宙船に搭載された高分子固体電解質型燃料電池
［H. A. Liebhafsky and E. J. Crains, Fuel Cells and Fuel Batteries, John Wiley & Sons（1968）p. 587 より］

メリットをもちながら，そのコンセプトが提唱されてから160年が経過しても広く実用化されないのは，経済性も含めた数々の難しい課題が残されているからである．本書では，このような課題にもなるべく触れるようにする．

1.2 燃料電池のメリットと開発の意義

　燃料電池を発電システムとしてとらえるとき，その最も重要なメリットは原理的にエネルギー変換効率（熱効率）が高いことである．火力発電では，燃料の燃焼エネルギーを，いったん熱の形にしてボイラーに与え，そこから発生する蒸気によりタービンに仕事をさせて電気エネルギーをつくっている．熱の形で供給されるエネルギーを機械的仕事に変えるシステムを一般に熱機関という．自動車を動かす内燃機関も熱機関である．熱機関の効率は，給熱源の絶対温度を T_1，排熱源の温度を $T_2(<T_1)$ とすれば，$1-T_2/T_1$ を越えることはできない（カルノーの定理，2章参照）．T_1 を高くし，T_2 を低くすれば効率は上がるが，T_2 は大気の温度より低くすることは不可能であるし，T_1 も熱機関の構成材料の耐熱性の問題がありむやみに高くできない．火力発電においては T_1 を高めるため材質の改善など数々の努力がなされてきたが，効率は40-50%程度にとどまっている．これに対して燃料電池では，燃焼のエネルギーを熱の形に変えることなく直接電気に変換するので，カルノーの定理の制約を受けることはない．燃焼エネルギーのうち，仕事に変えられないエントロピー（$T\Delta S$）の分を損するだけである．水素を燃料とする場合，理論的な効率は95%にも達する．メタンを直接燃料にすれば100%と計算される．ただし，実際の燃料電池では，電流を取り出すと様々な内部抵抗が作用するので動作状態でそのような高い効率を維持することはできない．内部抵抗（分極，3章参照）をいかに小さくし，効率を理論値に近づけるかが燃料電池開発の最重要課題である．

　燃料電池の主要なメリットのもう1つは環境適合性である．燃料や空気を供給するための送風機の他はタービンのような回転機を必要としないので騒音や振動が少ない．また，燃料に水素を用いれば排出されるのは水のみで，CO_2 のような温暖化ガスの発生がない．燃料電池がクリーンな発電装置といわれる

所以である．しかし，この点についてはもっと慎重に考えなければならない．燃料の水素は地球に埋蔵されているものではない．石油や天然ガスの部分燃焼反応によってつくられるものであるから，その過程ではもちろん CO_2 が放出される．したがって，地球規模で考えれば火力発電も燃料電池も同じである．つまり，効率だけが問題となる．天然ガス（メタン CH_4）を燃料とする火力発電の効率を現状の 40% とすれば，電力エネルギー 1 kWh 当たりの CO_2 排出量はおよそ 490 g である．一方，メタンからつくった水素[*2]を燃料とする燃料電池の効率が理論値の 95% であれば 340 g 程度で排出量を削減できるが，このような効率では運転できない．実際の効率を 60% に設定した場合 540 g で，火力発電の CO_2 排出量より多くなってしまう．燃料電池の効率が 60% と火力の 40% より高いのに CO_2 排出量が増えるのは，メタンから水素をつくるときにメタンの燃焼エネルギーの一部を使ってしまうからである（もしメタンを直接に使える燃料電池を 60% の効率で運転できれば排出量は 330 g と大幅に減るが，常温付近で動作するものを現状技術の延長線上で実現するのは難しい）．このように CO_2 の問題を燃料電池で解決するのは大変難しい．

現実の燃料電池の出番は，温暖化ガスのような地球環境に関わる問題より，むしろ都市環境の改善にある．それが，現在世界的に開発が進められている燃料電池自動車（FCEV: Fuel Cell Electric Vehicle）である．自動車を駆動する内燃機関はガソリンのような炭化水素を燃料とするので CO_2 も発生するが，都市環境にとっては高温燃焼で生じる窒素酸化物（NO_x），燃え残りの CO や炭素を含む微粒子（SPM）などの大気汚染物質の放出がより深刻な問題となる．燃料電池では直接的な燃焼過程が存在しないので NO_x の放出はなく，また，水素を燃料とすれば CO や SPM も全く発生しない．燃料改質器を搭載しガソリンやメタノールから水素をつくりながら走る FCEV も開発されているが，この場合も排ガスは内燃機関のそれよりはるかにクリーンである．なお，内燃機関の熱効率は一般に火力発電より低く 20% に満たないので，FCEV は

[*2] 水素はメタンの部分酸化反応（5 章，式(5.11)参照）で製造し，排熱の回収は考慮しないと仮定する．水蒸気改質法で製造し，燃料電池の排熱をその反応に利用すれば CO_2 の排出量はこれら数値より小さくなる．

燃料電池の高効率性を十分に発揮できる応用分野である．現状のFCEVのエネルギー効率は25-30%が見込まれている．したがってFCEVの普及は，CO_2の削減や省エネルギーの面からも期待されている．

1.3 燃料電池の種類

燃料電池は一種の化学電池であるから，一対の電極とそれを結ぶイオン伝導体によって基本単位（単位電池，unit cell）が構成される．燃料電池はイオン伝導体の種類によって分類されることが多いが，動作温度の高低や用いる燃料を呼び名とすることもある．個々のタイプの燃料電池については4章以降に詳述するので，ここでは代表的な燃料電池を表1.2に示すにとどめる．

表1.2 燃料電池の種類

燃料電池の種類	アルカリ水溶液型 (AFC)	リン酸型 (PAFC)	溶融炭酸塩型 (MCFC)	固体酸化物型 (SOFC)	高分子固体電解質型 (PEFC)
作動温度	5−240℃	160−210℃	600−700℃	900−1000℃	60−80℃
電解質	KOH	高濃度 H_3PO_4	Li_2CO_3 K_2CO_3	$ZrO_2(Y_2O_3)$	陽イオン交換膜
負極燃料	純粋な H_2（不含 CO_2）	H_2	H_2, CO	H_2, CO	H_2
正極燃料	純粋な O_2（不含 CO_2）	空気	空気	空気	空気
電荷担体	OH^-	H^+	CO_3^{2-}	O^{2-}	H^+
発電効率	50−60%	40−45%	45−60%	50−65%	35−40%
主な用途	宇宙船等特殊用途	オンサイト型分散配置型	大容量火力代替型	大容量火力代替型	分配配置型可搬用・輸送用電源

［田中優実ほか，生産研究，**52**，523（2000）より一部改変］

1.4 最近の開発状況のあらまし

すでに述べたように燃料電池の実質的な開発が開始されたのは1960年前後である．1963年に米国化学会の一環として開催された燃料電池に関するシンポジウムの発表論文をまとめた本が刊行されている．この中には表1.2にある燃料電池のほとんどすべてが登場している．しかし，この時点では宇宙用以外はまだ基礎研究の段階であった．この10年後の1973年にオイルショックが勃発，燃料電池の本来の特徴である高効率性が改めて注目され，民生用燃料電池[*3]の開発が本格化した．アポロ宇宙船で実用され最も開発の進んでいたアルカリ型は，空気あるいは燃料中のCO_2による劣化のため民生用としては使えないので，リン酸型，溶融炭酸塩型および固体酸化物型燃料電池（それぞれ，PAFC，MCFC，SOFCと略称される）が開発対象として選択された．このなかでPAFCの開発が先行し，1980年頃には米国で1 MW（1000 kW）級の燃料電池発電プラントが建設され，実証運転が開始された．

日本では1980年省エネルギー技術の開発を目的としてムーンライト計画と呼ばれる国家プロジェクトが発足したが，このなかでPAFCを第1世代，MCFCを第2世代，SOFCを第3世代と位置づけ，このプロジェクトを軸にそれぞれの燃料電池の開発が進められた．PAFCは200 kW級の電池が一部で商用に供されている．MCFCは1000 kW級の発電プラントの実証運転が行われ5000時間近い動作が確認されている．また，SOFCは10 kWのモジュールが試作され，1000℃付近の高温での運転が実証されるとともに低温化の努力もなされている．これらはいずれも世界水準の成果であるが，発電装置として真に実用化されるには経済性など克服されなければならない課題も多く残されており，さらなる研究・開発が進められている．

1990年頃から環境問題，とくに都市の大気汚染の問題が深刻に認識されるようになり，燃料電池自動車の開発が活発になった．自動車用の燃料電池に

---

*3 宇宙用，軍需用など特殊用途以外の燃料電池を指す．家庭・ビルのオンサイト発電，一般の輸送機器，発電事業に用いるものがこれにあたる．

は，小型で軽量であること（つまり，電池体積あるいは重量当たりのパワーが大きいこと）はもちろん，高い安全性と保守性，さらには迅速な起動特性が一般の固定発電用燃料電池より厳しく求められる．このような要求を満たすものとして，プロトン伝導性をもつ高分子膜をイオン伝導層とする高分子固体電解質型燃料電池（PEFC）が選択された．PEFC は 1960 年代ジェミニ宇宙船に搭載されたものと同型であるが，当時に比べて高分子膜の特性が大幅に向上しコンパクトで信頼性の高い燃料電池が可能となったからである．開発は自動車メーカーを中心に進められ，性能的には実用を望める域に達しつつあるが，一般の乗用車として普及するにはコストや保守性の面を解決する技術的ブレークスルーが必要である．

発電用や電気自動車用とは別に，近年，携帯電話など移動電子機器用の小型燃料電池の開発も盛んになってきた．燃料としてメタノールを直接用いる直接型メタノール燃料電池（DMFC）が主流であり，電解質としては高分子電解質膜が使われるものが多い．DMFC の反応物（メタノールと水）基準のエネルギー密度（Wh g^{-1} または Wh mL^{-1}）が，現在ポータブル機器に使われているリチウムイオン 2 次電池などより大きいので，小型軽量で長時間使える電池を実現できるといわれている．また，カートリッジなどにより燃料を再充填すれば，2 次電池に必要な充電時間なしに再使用が可能であるというメリットもある．反面，メタノールや反応中間体の毒性が問題点として指摘されており，実用化にいたるまでには発電特性の向上のほかにも多くの課題が残されている．

参 考 文 献

1. G. J. Young 編, "FUEL CELLS", Reinhold Publishing Corporation, New York (1963).
2. 高橋武彦, 燃料電池 2 版, 共立出版 (1998).
3. 燃料電池開発情報センター（FCDIC）, "日本における燃料電池の開発" (2004 年度版).

燃料電池の熱力学

2.1 熱力学

　熱力学は18世紀から19世紀にかけて熱機関（蒸気エンジンなど）の働き方や効率を研究するなかで生まれた学問で，19世紀末には2つの法則をもとに整然たる理論体系が完成された．すなわち，熱的現象と機械的現象を統一的に理解しようとする努力から発展した古典的な学問分野である．熱力学では原子や分子の運動などミクロな現象には立ち入ることなく，エントロピー，自由エネルギーといったマクロな量と温度，圧力などの変数の関係を考察することにより，物質系の平衡条件や変化の方向を理解・予測できる．しかも，ミクロな現象と熱力学的マクロ量の対応関係は，熱力学の後を追って発展した統計力学により完璧に理解されている．それではミクロな立場に立つ統計力学で初めから考えればよいと思うかも知れない．しかし，直面する個々の現象を原子の運動にまでさかのぼり，適当な模型を組み立てながら考察するのは容易ではなく，モデルが間違っていれば精密な計算も徒労に終わる．現象の大筋はそのようなことをせずとも，熱力学によって十分把握できるのである．したがって，あらゆる自然現象の理解の一歩は，まず，熱力学的な考察から始まるといっても過言ではない．熱力学が超古典的学問でありながら，生物化学から物性物理学にいたるすべての分野で基礎科学としての価値が認められているのはこの理由による．燃料電池の基礎となる電気化学も，もちろん例外ではなく，3章の一部をなす平衡電気化学は熱力学の上に成り立っている．本章では，電気化学の理解に必要な熱力学のエッセンスを簡潔に記す．

2.2 エネルギー,仕事,熱

物体は高いところにある状態のとき,それより低いところにある状態より大きいエネルギーをもつ.これは位置エネルギーである[*1].低い状態の物体を高い状態に持ち上げるにはエネルギー差に相当する仕事をしなければならない.つまり,物体は仕事をされてその分だけエネルギーを獲得するのである.高い状態から低い状態に戻るとき,水が流れ落ちるとき水車を回すように仕事をしてエネルギーを失う.電場の中にある荷電粒子の場合も同じである.負の電荷をもつ電子は低い電位のとき大きなエネルギーをもち,高い電位に移るとき仕事をしてエネルギーを失う.すなわち,物体や物質が仕事をされたり,したりするとその分だけエネルギーが増減する.エネルギーの絶対量は,例えば標高 0 m のときを"0"とするなど,何か適当な基準を決めないと定まらない.

水をかき回すと,かき回すという仕事がされる結果,水はエネルギーを獲得して温度が上昇する.一方,水の温度は高温の物体に触れさせても上がる.つまり,水はエネルギーを獲得する.この場合,仕事(力に逆らって物を動かすこと)はなされないが,高温の物体からそれより低温の水にエネルギーが移るからである.温度差によって移動するエネルギーの形態を熱という.熱は物体や物質間を移動するものであるから,物体や物質が熱を"もつ"とはいえない.仕事を"もつ"といえないのと同じである.熱は吸収されたり,放出されたりするエネルギーである.物質や物体のもつエネルギーは,仕事とともに熱の出入りにより増減する.

エネルギーの量はジュール(J)という単位で量られる.もちろん,仕事も熱も同じである.1 J を SI 基本単位[*2]で表せば $1\,\mathrm{kg\,m^2\,s^{-2}}$ で,1 kg の質量の

[*1] 熱力学では,通常,考慮している物体あるいは物質が同じ高さにあるものとして位置エネルギーを考えることはない.ここで位置エネルギーをもちだしたのは説明の簡明さのためである.

[*2] すべての単位は以下の 7 つの基本単位から組み立てられる.長さ(m),質量(kg),時間(s),温度(K),電流(A),物質量(mol),光量(cd).

物体が $1\,\mathrm{m\,s^{-1}}$ の速度で運動しているときにもつ運動エネルギーである．これは $1\,\mathrm{C}$（クーロン：As）のが電荷 $1\,\mathrm{V}$ の電位差を動くときの電気的仕事の絶対値に等しい．なお，電子の電荷は絶対値で電気素量 $e\,(1.602\times10^{-19}\mathrm{C})$ であるから，1個の電子が $1\,\mathrm{V}$ の電位差を動くときの仕事は $1.602\times10^{-19}\mathrm{J}$ で，このエネルギーを $1\,\mathrm{eV}$ という単位で表す．熱力学においては体積仕事が頻繁に問題となるが，これは圧力に抗して物体（とくに気体）が膨張するときになすべき仕事であり，$1\,\mathrm{Pa}$（$\mathrm{kg\,m^{-1}\,s^{-2}}$）の外界圧力のもとに $1\,\mathrm{m^3}$ の膨張のあるとき $1\,\mathrm{J}$ となる．すなわち，

$$1\,\mathrm{J} = 1\,\mathrm{CV} = 1\,\mathrm{Pa\,m^3}$$

という関係がある．熱量は cal という単位で記されることもあるが，これは $1\,\mathrm{g}$ の水の温度を $1\,^\circ\mathrm{C}$ 上昇させるのに要するエネルギーで約 $4.18\,\mathrm{J}$ に相当する．

2.3 熱力学第1法則

2.3.1 内部エネルギーと第1法則

　熱力学では考慮の対象となる物体，物質，あるいはそれらの集合体を含む空間を「系」と呼び，それ以外の空間の部分を「外界」と呼ぶ．外界はある条件（一定の温度，圧力など）をそなえた環境と考えてよい．系のもつエネルギーを内部エネルギーという（系全体としての運動エネルギーと位置エネルギーは通常除外する）．内部エネルギーの実体は原子や分子の運動や相互作用であるが，これは熱力学の関心事ではない．前節で述べたように，熱や仕事のやりとりにより系の内部エネルギーが変化する．

　いま，ある条件において系と外界が平衡にあり，その状態を 1，そのときの内部エネルギー U を U_1 とする．条件（例えば，外界の温度や圧力など）を変化させると，系は別の状態 2 であらたな平衡に達し，内部エネルギーは U_2 に変化する．系がどのような過程で変化しようとも，内部エネルギーの変化量 ΔU はそのあいだに系がなされた仕事量 w と吸収した熱量 q の和に等しい．すなわち，U は状態量であって，

$$\Delta U = U_2 - U_1 = q + w \tag{2.1}$$

である．ここで，系が外界に仕事をなしたり，熱を外界に放出したときには，

q, w の符号を負にとる．式(2.1)を熱力学第1法則という．この式は外界が系に与えて失ったエネルギーと系が獲得したエネルギーが等しいといっているわけであるから，系と外界の全体を考えればエネルギーに増減がなく一定に保たれることを意味する．すなわち，第1法則は自然界の根本原理のひとつであるエネルギー保存則のひとつの表現である．なお，系と外界の間で物質の出入りのある場合（こういう系を開放系という），化学ポテンシャルに伴う仕事に相当する項が式(2.1)の最右辺に追加されるが，これについては2.7節で学ぶ．

2.3.2 エンタルピー

いま，式(2.1)において仕事 w が系の膨張あるいは収縮に伴う体積仕事だけである場合を考える．外界の圧力 p を一定に保つという条件のもとで系が状態1から状態2に変化するとしよう．このとき系の体積が $\Delta V(=V_2-V_1)$ 変化するとすれば，系は外界に対して $p\Delta V$ の仕事をする．すなわち，$w=-p\Delta V$ である．これを式(2.1)に代入すれば，

$$q = \Delta U + p\Delta V = \Delta(U + pV) \tag{2.2}$$

ここで，

$$H = U + pV \tag{2.3}$$

という量を導入し，H をエンタルピーという．一定圧力で系の状態が変化するとき，系が外界から吸収する熱量はエンタルピーの変化に等しい．

$$q = \Delta H \tag{2.4}$$

なお，体積が一定という条件で変化するときは，式(2.2)から明らかなように，$q=\Delta U$ である．しかし，体積一定の条件を設定するのは容易でないため，通常，圧力一定の条件が選ばれる．ΔH が多用されるのはこのためである．

化学反応も状態変化の1種である．具体例として，燃料電池でおなじみの水素の酸化反応（燃焼反応）を考えよう．

$$\mathrm{H_2(g) + 1/2\ O_2(g) = H_2O(l)} \tag{2.5}$$

左辺（原系）は気体の水素 1 mol と気体の酸素 1/2 mol がそれぞれの分子として存在する状態であり，右辺（生成系）はそれらが化合して液体の水 1 mol となった状態である．この変化（つまり，反応）が一定圧力のもとで起これば，生成系と原系のエンタルピー差 ΔH に相当する熱が外界から吸収される．一

定圧力 1 atm*3，一定温度 25℃（298 K）では $\Delta H = -286$ kJ であることが実験的に知られている（温度を指定したのは，ΔH の値が温度にも依存するからである）．このことを，

$$H_2(g) + 1/2\,O_2(g) = H_2O(l) \qquad \Delta H° = -286 \text{ kJ} \qquad (2.6)$$

のように書き，熱化学方程式という．ΔH の肩にある(°)は圧力，温度が標準状態であることを示す．本書ではとくにことわらないかぎり，標準状態を 1 atm, 298 K（正確には，298.15 K）とする．$\Delta H°$ を標準エンタルピー変化という．この場合，変化が反応であるから，それを強調して $\Delta_r H°$ と書き，標準反応エンタルピー（変化）と呼ぶこともある．式(2.6)は，標準状態におけるこの反応により 286 kJ の熱が放出されることを意味する．$\Delta H < 0$ の反応を発熱反応，$\Delta H > 0$ の反応を吸熱反応という．

反応の原系と生成系を入れ替えれば，変化の方向が逆転するわけであるから，ΔH の符号も反転する．式(2.6)についてなら，

$$H_2O(l) = H_2(g) + 1/2\,O_2(g) \qquad \Delta H° = +286 \text{ kJ} \qquad (2.7)$$

水の分解反応は吸熱反応である．

内部エネルギー U が現在の状態（T, p）のみによって決まり，それがどのような過程（経路）で到達したかにはよらない状態量であるから，H も同じく状態量である．したがって，水が水素と酸素から複数の段階を経てつくられたとしても，$\Delta_r H°$ の値は式(2.6)と変わらない．例えば，つぎの 2 段階でつくられたとしよう．

$$1/2\,O_2(g) + C(s) = CO_2(g) \qquad \Delta H° = -394 \text{ kJ} \qquad (2.8)$$
$$CO_2(g) + H_2(g) = C(s) + H_2O(g) \qquad \Delta H° = +108 \text{ kJ} \qquad (2.9)$$

これらの和（式(2.8)＋式(2.9)）をとれば，熱化学方程式は式(2.6)と同じになる．これは，どんな反応を何段階に分解したときにも成り立ち，ヘス（Hess）の法則と呼ばれる．もし，式(2.6)と式(2.8)の $\Delta H°$ が与えられていれば，ヘスの法則により式(2.9)の反応の $\Delta H°$ を知ることができる．標準状態における元素の最も安定な状態から化合物 1 mol を生成する反応の ΔH を

---

*3 圧力の SI 単位は Pa であるが，本書では標準的な大気圧として実感しやすい atm（気圧）を使う．1 atm = 101325 Pa（= 1013.25 hPa）である．

$\Delta_fH°$ と記し，標準生成エンタルピー（変化）という．式(2.6)および式(2.8)の $\Delta H°$ は H_2O および CO_2 の標準生成エンタルピーを示していることになる．様々な化合物の $\Delta_fH°$ が便覧や参考書に記載されているので，これらとヘスの法則から種々の反応のエンタルピーを計算することができる．

2.3.3 熱容量（比熱）

系が熱を吸収すると温度が上昇する．体積一定の条件で微小な熱量 $d'q$ を吸収[*4]したとき，温度が dT 上昇したとすれば，

$$C_V = d'q/dT \tag{2.10}$$

を定積熱容量という．体積一定では $d'q=dU$（脚注[*4]参照）なので，

$$C_V = (\partial U/\partial T)_V \tag{2.11}$$

とも書ける．圧力一定の場合は，同様にして，

$$C_p = d'q/dT = (\partial H/\partial T)_p \tag{2.12}$$

これを定圧熱容量という．熱容量は物質量に比例するので，通常 1 g 当たり，あるいは 1 mol 当たりの値で示される．1 mol 当たりの熱容量をモル熱容量あるいはモル比熱という．熱容量は温度によって変化する．水の 20°C における定圧熱容量は 4.182 J K^{-1} g^{-1}（= 75.31 J K^{-1} mol^{-1}）である．水（液体）の場合，体積の圧力変化はきわめて小さいので C_p と C_V はほぼ同じ値である．

気体では C_p と C_V が大きく異なる．1 mol の気体について状態方程式[*5]が，

$$pV = RT \tag{2.13}$$

と書かれる理想気体は，体積が変化しても内部エネルギーは変化しない（$(\partial U/\partial V)_T=0$）．このことから，

$$C_p - C_V = R \quad \text{（Mayer の関係式）} \tag{2.14}$$

が導かれる．ここで，R は気体定数で，その値は 8.314 J K^{-1} mol^{-1} である．

[*4] q は変化の過程（経路）に依存するから，状態量ではなく，微小量を単に微分の形 dq 書くのは適当でない．これを意識して $d'q$ と書く．w の微小量も同じ理由で $d'w$ と表す．これに対して U は状態量であるから，微小変化は dU と書ける．

[*5] 状態変数（p, V, T など）の間の関係を表す方程式．方程式の形そのものは熱力学からは与えられない．理想気体の状態方程式は，いくつかの仮定のもとに統計力学により導かれる．

さらに，理想気体が熱の出入りを伴わない断熱過程（$d'q=0$）で変化するとき，$\gamma=C_p/C_v$ が一定ならば，

$$pV^{\gamma}=一定（Poissonの式） \qquad (2.15)$$

が成り立つことが示される．式(2.13)を代入すれば，

$$TV^{\gamma-1}=一定 \qquad (2.15')$$

とも書ける．これらは熱力学第2法則の理解に必要であるが，導出は熱力学の教科書に譲る．

2.4 熱力学第2法則
2.4.1 変化の方向とエントロピー

　熱力学第2法則は"エントロピーの法則"ともいわれるが，エントロピーという直感しにくい量を，カルノーサイクルという仮想的な熱機関模型を使って導くことから始めると，多くの読者は読み進めることに抵抗感をもつに違いない．まず，「エントロピーは原子や分子の集合体である系の乱雑さを表す量または尺度である」，という定量的ではないが，直感に訴える定義から話を始める．系が乱雑な状態ほどエントロピー（S という記号で表す）が大きく，秩序が増すに従って S は減少する．自然は S の大きな状態を好む，つまり S の大きな状態に変化する傾向をもつ．

　ニュートンのりんごは木の枝から地上に落ちる．つまり，位置の高い状態から低い状態に自然に変化するという変化の向きをいっている．重力ポテンシャル場の下，枝のりんごはエネルギーが高く不安定なので安定な地上にある状態になるという当たり前の現象である．自然はエネルギーの高い状態からより安定なエネルギーの低い状態へと変化すると一般化してよいかも知れない．しかし，りんごの落ちる大地や木のまわりの大気など環境も含めるとそうはいえない．りんごの位置エネルギーは大気との摩擦や大地との衝突でそれらの温度を上昇させ熱エネルギーに変わるだけで全体としてのエネルギーには増減がないからである．

　エネルギーの増減だけでは律せられないもう少しコンパクトな変化の例は気体の拡散現象である．コック（開閉栓）で結ばれた2つの容器のそれぞれに2

種類の不活性ガス（例えば，ネオンとアルゴン）を満たした状態（状態 1）で，コックを開くと気体は拡散して自然に混じり合い最終的には均一な混合気体となる（状態 2）．状態 1 から 2 への変化の過程では，系（容器の気体）と外界との熱や仕事のやりとりがないのでそのエネルギー（内部エネルギー U）に変化がない．それにもかかわらず，この変化は自発的に進行し状態 2 から 1 へ逆戻りすることはない．それは，混合した状態の方がより無秩序で，分かれて存在するときよりエントロピー S が大きいからである[*6]．この例のように外界と仕事，熱，物質のやりとりのない系を孤立系[*7]という．孤立系の変化の方向はもっぱらエントロピーによって支配され，無秩序な平均化された方向に進む．これをエントロピー増大の原理という．なお，先ほどのりんごの例も周囲まで含めれば孤立系と考えられる．エネルギーが枝のりんご 1 点に集中していた落ちる前の状態に比べて，それが熱エネルギーとして全体にばらまかれた落ちたあとの状態の方が無秩序でエントロピーは増大する．

孤立系でない系の変化の方向はエネルギーとエントロピーの兼ね合いで決まる．絶対温度とエントロピーとの積 TS はエネルギーと同じ J（ジュール）の単位で，エネルギーと同等の量である．自然はエネルギーの低い方へ，また，エントロピーの大きい方へ変化しようとするので，自発変化はエネルギーと $-TS$ の合計が減少する方向に起こる．定温定圧の条件では系のエネルギーはエンタルピー H と見なされるから，$G=H-TS$ という量（Gibbs 自由エネルギーという）を定義すれば，

$$\Delta G = \Delta H - T\Delta S < 0 \tag{2.16}$$

[*6] 統計力学ではエントロピー S はボルツマン（Boltzman）の関係式，$S=k \ln W$ で与えられる．k はボルツマン定数（1.38×10^{-23} JK^{-1}），W は微視的な状態の数である．W を気体分子を配置するやり方の数と見れば，明らかに混合状態の W の方が大きい．

[*7] 外界と熱，仕事，物質をやりとりしない系．例えば，熱を通さない壁に囲まれた気体．宇宙は最も完璧な孤立系である．熱力学の創立者の一人である Clausius は，熱力学第 1 法則と第 2 法則を，"Die Energie der Welt ist konstant, Die Entropie der Welt strebt einem Maximum zu．（宇宙のエネルギーは一定であり，宇宙のエントロピーは極大に向かう）" と表現している．

が変化の方向を与える．そして $\Delta G=0$ で変化が止まり，系は平衡状態になる．このことは第 2 法則の最も重要な結論である．以下の数項は，この式にある T と S の熱力学的な意味を明らかにするためのものである．もし，読者が先を急ぐのならそれらを後回しにして次節 2.5 に進んでもよい．

2.4.2 カルノーサイクル

熱力学第 2 法則はカルノーサイクル（Carnot cycle）と呼ばれる仮想的（理想的）な熱機関を用いた思考実験により議論されるので，まず，これについて述べる．熱機関とは，系（作業物質，例えば理想気体）が状態を変えながら元の状態に戻る過程（サイクル）で外界から吸収する正味の熱（吸収熱と放出熱の差分）を仕事に変える仕組みのことをいう．

高温の熱源（温度一定の外界）から $|q_1|$ の熱を吸収し，低温の熱源に $|q_2|$ の熱を放出するサイクルをするとき，サイクルでは $\Delta U=0$ であるので，第 1 法則の式(2.1)により，

$$-w = q = q_1 + q_2 = |q_1| - |q_2| \tag{2.17}$$

となる．すなわち，摩擦などの損失がなければ系は外界に $|q_1|-|q_2|$ の仕事を

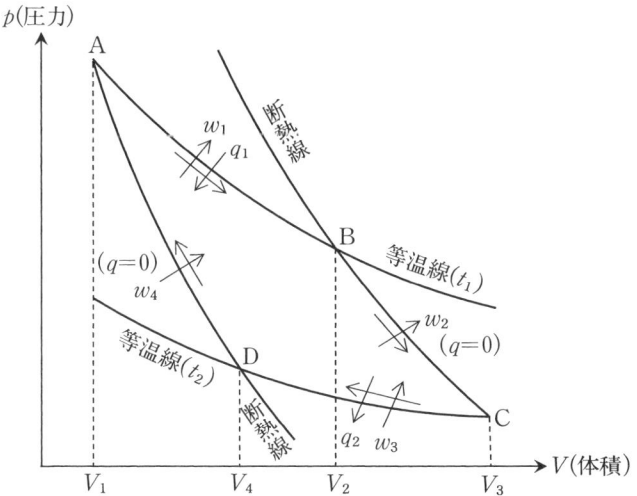

図 2.1 理想気体を作業物質とするカルノーサイクル

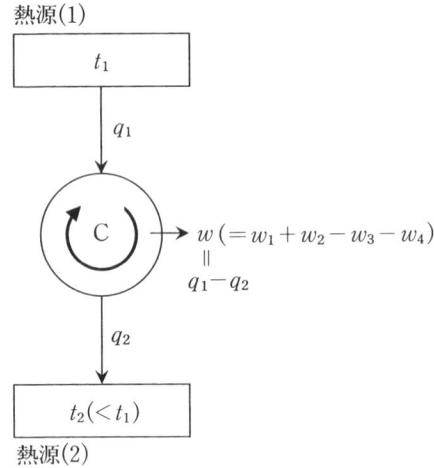

図 2.2　カルノーサイクルの熱仕事収支

することになる．このような熱の流れを仕事に変える理想的なサイクルをカルノーサイクルという．カルノーサイクルは可逆的で外から仕事 w を与えて逆運転すればまったく逆の熱の動きが起こる．このサイクルは一般に2つの等温過程と2つの断熱過程からなるが，理想気体を作業物質とする場合を図 2.1 に示す．カルノーサイクルは一般に図 2.2 のように略記される．式(2.17)のように熱や仕事の出入りに伴い q や w の符号が反転するのは煩わしいので，ここしばらくの間，それらの絶対値を単に w または q と記し，系が仕事をしたとき $+w$，系が熱を吸収したとき $+q$ とする．そうすると，カルノーサイクル(C)における熱と仕事の収支は，図 2.2 に示されるように，

$$w = q_1 - q_2 \tag{2.17'}$$

となる．また，温度に関しては絶対温度 T が未だ定義されていないものとして，任意の目盛りによる温度 t を用いる．

カルノーサイクルの効率 η は，系がなした仕事 w と吸収した熱 q_1 の比で，

$$\eta = w/q_1 = 1 - q_2/q_1 \tag{2.18}$$

で定義される．

2.4.3 熱力学第2法則の表現

第1法則（式(2.1)）を言葉でいえば，"エネルギーは増えることも減ることもなく一定である"となる．第2法則の表現には論理的に同等ないくつかのフレーズ（命題）があるが，ここでは，トムソン（Thomson）の原理と呼ばれる「温度の一様な1つの熱源から熱を吸収し，それをすべて仕事に変えるサイクルは存在しない」を選ぶ．もしこれを否定すれば，海水のもつ膨大な熱エネルギーのほんの一部を使って，燃料なしで船を動かすことのできる熱機関をつくることが可能となる．このような熱機関を第2種永久機関[*8]という．しかし，これは不可能なのでトムソンの原理は第2種永久機関不可能の原理ともいわれる．

この原理から，摩擦などのない理想的な[*9]カルノーサイクルは作業物質によらず等しい効率をもつことがいえる．

いま，図2.2のカルノーサイクル(C)より効率のよい作業物質の異なるカルノーサイクル(C')があるとする（図2.3）．これによりCと同じ温度 t_1 の熱源から q_1' の熱をとり，t_2 の熱源に q_2 の熱を放出すると $w'=q_1'-q_2$ の仕事をする．したがって，C'の効率は，

$$\eta' = 1 - q_2/q_1' \tag{2.19}$$

で示される．C'の効率が高いから $\eta' > \eta$．すなわち，$q_1' > q_1$．C'を1サイクルさせた後に，Cに $w=q_1-q_2$ の仕事を与えて逆運転すると（図2.2において矢印を逆転する），低温熱源(t_2)から q_2 の熱が汲み上げられ，高温熱源(t_1)に q_1 の熱が与えられる（これはヒートポンプである）．この2段のプロセスによって外界になされる正味の仕事は，

[*8] 第1種永久機関は燃料（熱）なしで仕事をする熱機関．これは，第1法則により不可能である．式(2.1)で $\Delta U=0$ なら $-w=q$．ゆえに，$q=0$ なら外への仕事 $(-w)$ は0．

[*9] 正確には可逆カルノーサイクル．系の状態が変化したあと，何の痕跡も残さず元の状態に戻すことのできる過程を可逆過程という．ピストンに摩擦など生じないよう無限にゆっくり変化させれば可逆になし得るが，現実には不可能．現実の過程はすべて不可逆である．

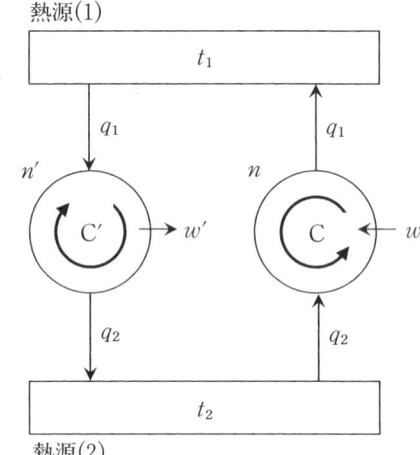

図 2.3 効率の異なるカルノーサイクルの正逆運転

$$w' - w = q_1' - q_1 > 0 \tag{2.20}$$

である．これは，1つの熱源 (t_1) からのみ熱を奪って仕事をすることになり，トムソンの原理に反する．Cの効率がC′より高いとしても同じようにトムソンの原理に矛盾する．よって，$q_1 = q_1'$ でなければならない．すなわち，理想的なカルノーサイクルの効率はどんな作業物質を使っても等しい．

2.4.4 絶 対 温 度

以上のことからカルノーサイクルの効率は熱源の温度によって決まるといえる．すなわち，η は t_1 と t_2 の関数である ($\eta = \eta(t_1, t_2)$)．式 (2.18) を

$$q_2/q_1 = 1 - \eta(t_1, t_2) = f(t_1, t_2) \tag{2.21}$$

と書き直す．ここで，図 2.4 に示すように，温度が t_1, t_2, t_3 である 3 つの熱源を 2 つのカルノーサイクル C_{12}, C_{23} で連結して運転することを考える．熱の出入りが図に示したとおりであれば，C_{12} に対して式 (2.21) が，C_{23} に対しては

$$q_3/q_2 = f(t_2, t_3) \tag{2.22}$$

が成り立つ．t_2 の熱源への正味の熱の出入りはないから，この連結されたサイ

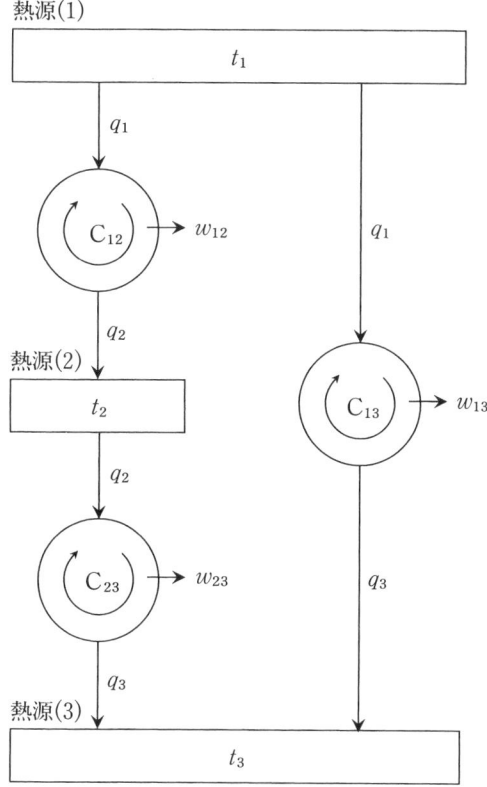

図 2.4 絶対温度の概念を導くためのカルノーサイクル系

クルは t_1 から q_1 の熱をとり，t_3 に q_3 の熱を出す 1 つのカルノーサイクル C_{13} と同等である．したがって，

$$q_3/q_1 = f(t_1, t_3) \tag{2.23}$$

がいえる．これらから，$q_3/q_1 = (q_2/q_1)(q_3/q_2)$ であることを考慮すれば，

$$f(t_1, t_3) = f(t_1, t_2) f(t_2, t_3) \tag{2.24}$$

なる関数方程式が得られる．この解は任意の t の関数を $g(t)$ として，

$$f(t_1, t_2) = g(t_2)/g(t_1) \tag{2.25}$$

の形である．

ここで $T = Ag(t)$ (A：定数) とおけば，$f(t_1, t_2) = T_2/T_1$．これを式(2.21)に代入して，

$$q_2/q_1 = T_2/T_1 = 1 - \eta \tag{2.26}$$

となる．T を絶対温度と呼び，式(2.26)はその(比の)定義になっている．絶対温度 T_1，T_2 の熱源間で働く理想的カルノーサイクルの効率は，

$$\eta = 1 - T_2/T_1 \tag{2.27}$$

で示される．したがって，$T_2 \to 0$ で $\eta \to 1$．絶対温度の目盛りはある定点の温度数値を定義すれば定まる．SIでは水の3重点（三態が共存する温度）を，

$$T_{\mathrm{tp}} = 273.16 \text{ K}$$

と定義する．これをケルビン（Kelvin）温度目盛という．絶対温度の単位記号 K はケルビンと読む．なお，セルシウス温度の零点 0°C は 273.15 K と定義されている．すなわち，

$$T/\text{K} = \theta/°\text{C} + 273.15$$

となる．式(2.27)はあらゆる熱機関の到達し得る最高の効率である．例えば $T_1 = 800$ K (527°C)，$T_2 = 400$ K (127°C) とすれば，熱機関の効率は50%を超えることはできない．火力発電は，およそこれらの温度間で働く熱機関である．

以上の議論はやや抽象的でわかりにくかったかも知れないので，理想気体を作業物質とするカルノーサイクルの効率を実際に計算し，その状態方程式 ($pV = RT$) における温度 T が絶対温度を意味することを示す．図2.1のABの過程は等温膨張で，

$$w_1 = \int_{V_1}^{V_2} p \mathrm{d}V = \int_{V_1}^{V_2} (RT_1/V) \mathrm{d}V = RT_1 \ln(V_2/V_1) \tag{2.28}$$

の仕事をする．同時に $q_1 = w_1$ の熱を吸収する（等温では $\Delta U = 0$）．BCは断熱膨張である．この過程でなす仕事は，Poissonの式(2.15)から，

$$w_2 = \int_{V_2}^{V_3} p \mathrm{d}V = C_V(T_1 - T_2) \tag{2.29}$$

である．断熱であるから $q_2 = 0$．CDは等温収縮，$w_3 = RT_2 \ln(V_3/V_4)$ の仕事をされ，$q_3 = w_3$ の熱を放出する．DAは断熱，$w_4 = C_V(T_1 - T_2)$ の仕事をされ

る．したがって，ABCDA の 1 サイクルで外界になす正味の仕事 w は次式で示される．

$$w = w_1 + w_2 - w_3 - w_4 = RT_1 \ln(V_2/V_1) - RT_2 \ln(V_3/V_4) \qquad (2.30)$$

ところで，式(2.15′)から $V_2/V_1 = V_3/V_4$ がいえる．したがって，このカルノーサイクルの効率は，

$$\eta = w/q_1 = (T_1 - T_2)/T_1$$

であり，式(2.27)と一致する．すなわち，$pV = RT$ の T は絶対温度である．

2.4.5 エントロピーの定義

理想的（可逆的，脚注*9 参照）カルノーサイクルの効率は式(2.27)であるが，一般のカルノーサイクルの効率 $(q_1 - q_2)/q_1$ はそれに等しいか，それより小さい．すなわち，

$$1 - q_2/q_1 \leq 1 - T_2/T_1$$

あるいは，

$$q_2/q_1 \geq T_2/T_1 \qquad (2.31)$$

ここで，2.1 節のときのように q に符号をもたせ，吸熱を正，放熱を負とするという規約に戻せば，$q_2 \to -q_2$ であるから，この式は

$$q_1/T_1 + q_2/T_2 \leq 0 \qquad (2.32)$$

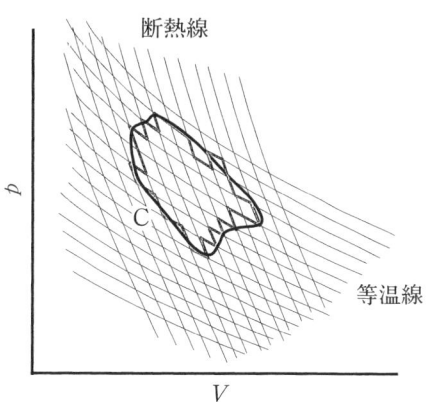

図 2.5 微小なカルノーサイクルの集合体

となる．この不等式がエントロピーを導く基本式である．

図 2.1 と同じ V–p 平面に等温線と断熱線を密に描くと，2 つの等温線と 2 つの断熱線からなる小さなカルノーサイクルが無数にできる（図 2.5）．そのうち閉曲線 C の内側と周辺にあるサイクルをいっせいに動かした場合を考える．それぞれの小さなサイクルについて式(2.32)が成り立つので，総和 $\sum$[式(2.32)]≤ 0 となるが，C の内部では等温線を介して隣接するサイクルの間で q が打ち消し合うので，周辺部だけが残る．すなわち，

$$\sum [q(周辺)/T(周辺)] \leq 0$$

となる．等温線と断熱線の間隔を無限に小さくすれば，T は連続的に変化し，

$$\oint_C d'q/T \leq 0 \qquad (2.33)$$

と書くことができる．ここで，$\oint_C$ は閉曲線 C を一周する線積分である．可逆のとき，

$$dS = (d'q/T)_{可逆} \qquad (2.34)$$

とおけば，

$$\oint_C dS = 0 \qquad (2.35)$$

となる．C は任意であるから，S は経路によらない状態量である．S をエントロピーと呼ぶ（エントロピーの定義）．

状態 A から B への変化に対しては，

$$\int_A^B dS = S_B - S_A = \Delta S = \int_A^B (d'q/T)_{可逆} \qquad (2.36)$$

状態 A から B へ不可逆に変化し，B から A へは可逆に戻る場合，式(2.33)から，

$$\int_A^B (d'q/T)_{不可逆} + \int_B^A (d'q/T)_{可逆} = \oint_C d'q/T < 0$$

がいえる．したがって，

$$\int_A^B (d'q/T)_{不可逆} < -\int_B^A (d'q/T)_{可逆} = \int_A^B (d'q/T)_{可逆} = S_B - S_A = \Delta S \qquad (2.37)$$

が成り立つ．式(2.36)および(2.37)をいっしょにして，

$$\Delta S = S_B - S_A \geq \int_A^B (\mathrm{d}'q/T) \tag{2.38}$$

これが，熱力学第2法則の数学的表現であり，トムソンの原理と同等であることが証明できる（証明は省略）．孤立系あるいは断熱系では $\mathrm{d}'q=0$ なので，$\Delta S \geq 0$．現実のプロセスは不可逆であるから $\Delta S > 0$（エントロピー増大の原理）．

2.4.6 代表的な変化のエントロピー

本書の以降の内容に関係する現象のエントロピー変化の具体例を示す．

（1）相 変 化

例えば，液相⇔気相．沸点（T_b）で液相と気相が共存している系を加熱すれば，系は熱を吸収して（$q>0$），液相が気相に変わる．この過程で温度は変わらない（$T=T_b$）．これを無限にゆっくり，平衡を保ちながら（準静的に）起こせば可逆過程となる．圧力が一定なら $q=\Delta H$（蒸発）．したがって，

$$S(\text{気相}) - S(\text{液相}) = \Delta S(\text{蒸発}) = \int \mathrm{d}'q/T_b = \Delta H(\text{蒸発})/T_b$$

である．水の場合，1 atm で $T_b = 373$ K，$\Delta H = 40.7$ kJ mol^{-1} であるので，$\Delta S = 109$ JK^{-1} mol^{-1}．同じようなことが，融解，昇華，構造相転移についてもいえる．

（2）理想気体の定温変化

理想気体を温度 T の熱源と接して準静的に V_1 から V_2 まで変化させるとき，$\mathrm{d}'q = -\mathrm{d}'w = p\mathrm{d}V$．$n$ mol の気体について $pV = nRT$ であるから，

$$\Delta S = \int \mathrm{d}'q/T = \int_{V_1}^{V_2} \{(nRT/V)/T\} \mathrm{d}V = nR \ln(V_2/V_1) \tag{2.39}$$

$p_1 V_1 = p_2 V_2$ であるから，

$$\Delta S = nR \ln(p_1/p_2) \tag{2.40}$$

でもある．

(3) 理想気体の混合

n_1 mol の理想気体 1 と n_2 mol の理想気体 2 を隔壁で隔てて置く（状態 A）．隔壁を取り除くと，それらが拡散して均一な混合気体になる（状態 B）．この過程は準静的（可逆）でないから，同じ変化を可逆な過程で置き換えないとエントロピーの計算はできない．少し面倒なので詳細は略するが，結果は，

$$\Delta S = S_B - S_A = -R(n_1 \ln x_1 + n_2 \ln x_2) \tag{2.41}$$

となる．ここで，$x_1 = n_1/(n_1+n_2)$，$x_2 = n_2/(n_1+n_2)$ で，それぞれのモル分率という．x_1, x_2 はともに 1 より小さいので $\Delta S > 0$，すなわち気体の混合は自発的に起こる不可逆変化である．3 種類以上の理想気体の混合では，

$$\Delta S = -R \sum (n_i \ln x_i), \qquad x_i = n_i / \sum n_i \tag{2.42}$$

である．

2.5　自由エネルギーと最大仕事の原理

第 1 法則と第 2 法則の結合を考える．そのために，つぎの新しい状態量を導入する．

$$F = U - TS \tag{2.43}$$
$$G = U + pV - TS = H - TS \tag{2.44}$$

F をヘルムホルツ（Helmholtz）の自由エネルギー，G をギブス（Gibbs）の自由エネルギーと呼ぶ（G は 2.4.1 項で用いた G と同じである）．

第 1 法則（式(2.1)）において，仕事を体積仕事とその他の仕事 w^* に分ければ，

$$\Delta U = q - p\Delta V + w^* \tag{2.45}$$

であり，電気分解のとき加える電気的仕事（電気エネルギー）は w^* の一例である．等温変化では式(2.38)から $q \leq T\Delta S$．これを上式に入れれば，

$$\Delta U \leq T\Delta S - p\Delta V + w^* \tag{2.46}$$

微分形では，

$$dU \leq TdS - pdV + d'w^* \tag{2.46'}$$

となる．

まず定温定積で状態 A から B に変化する場合を考える．$\Delta V = 0$ であるか

2.5 自由エネルギーと最大仕事の原理

ら，$\Delta U \leqq T\Delta S + w^*$，すなわち，

$$w^* \geqq \Delta(U-TS) = \Delta F = F_B - F_A \tag{2.47}$$

これを言葉でいえば，「系をAからBに変化させるのに要する仕事は少なくとも ΔF である（現実には不可逆であるから ΔF より大きい）」，または，「F の増加量は体系が外からされた仕事より小さい」，となる（定温，定積での最小仕事の原理）．式(2.47)は，

$$-w \leqq -\Delta F \tag{2.48}$$

と書くこともできる．$-w$ は系が外界に対してなす仕事であるから，「系が外界に対してする仕事は F の減少量より小さい」ともいえる．

定温定圧の条件では，式(2.46)を書き直すと次式となる．

$$w^* \geqq \Delta(U+pV-TS) = \Delta G = G_B - G_A \tag{2.49}$$

この意味は F を G に置き換えれば式(2.47)の説明と同じである．式(2.48)に相当するものは，

$$-w^* \leqq -\Delta G = -(\Delta H - T\Delta S) \tag{2.50}$$

である．すなわち，定温定圧変化で系が外界になす仕事は最大でも

$$-\Delta G = -(\Delta H - T\Delta S) \tag{2.50'}$$

である．これを最大仕事の原理といい，電池や燃料電池を議論するとき，とくに重要である．例えば，298 K，1 atm における反応

$$H_2 + 1/2\, O_2 = H_2O \qquad \Delta H° = -297 \text{ kJ mol}^{-1}$$

の発熱量は $-\Delta H = 297$ kJ mol^{-1} であるが，これから $-T\Delta S$ を差し引いた $-\Delta G (=237$ kJ mol$^{-1})$ しか仕事に変えることはできない．これを図示すると図2.6のようになる．G や F を自由エネルギーというのは，"自由に"仕事に変えられるというニュアンスから名づけられている．仕事に変えられない

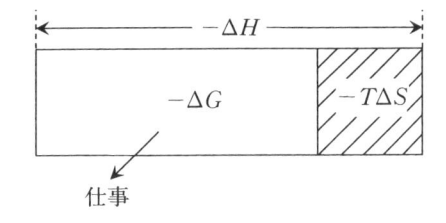

図2.6 自由エネルギーと束縛エネルギー ($\Delta S < 0$)

$-T\Delta S$ は束縛エネルギーといわれる.

なお,式(2.49)において $w^*=0$ とすれば,$\Delta G \leq 0$.すなわち,外界から仕事のない自発変化(定温定圧)は G の減少する方向であり,変化がそれ以上進まない平衡の条件は $\Delta G=0$ である(定温定積の条件では,$\Delta F<0, \Delta F=0$ が変化の方向と平衡条件を与える).

2.6 熱力学関数の関係式

無限に近い状態間の変化は可逆的と考えられるので,体積仕事だけの場合では,

$$dU = d'q + d'w = TdS - pdV \tag{2.51}$$

である.これは以降の基本となる式であるが,この式自体から

$$T = (\partial U/\partial S)_V, \qquad p = -(\partial U/\partial V)_p$$

なる関係が得られる.初めの関係は,

$$1/T = (\partial S/\partial U)_V$$

とも書ける.これは,絶対温度の逆数は体積一定で U の増分と S の増分の比であることを意味する.熱力学関数の関係式は,われわれが直感できる温度,圧力,体積などと抽象的な内部エネルギー,エントロピーといった量の関係を示してくれる.

式(2.51)をヘルムホルツの自由エネルギー F の微分式に代入すれば,

$$dF = dU - TdS - SdT = -pdV - SdT$$

同じようにして,

$$dG = Vdp - SdT$$

が得られる.これらから,

$$p = -(\partial F/\partial V)_T, \qquad S = -(\partial F/\partial T)_V \tag{2.52}$$

$$V = (\partial G/\partial p)_T, \qquad S = -(\partial G/\partial T)_p \tag{2.53}$$

が導かれる.数学の公理,$\partial/\partial x(\partial y/\partial x) = \partial/\partial y(\partial x/\partial y)$ をこれらに適用すれば,マックスウェルの関係式と呼ばれる

$$(\partial S/\partial V)_T = (\partial p/\partial T)_V \tag{2.54}$$

$$(\partial S/\partial p)_T = -(\partial V/\partial T)_p \tag{2.55}$$

が得られる．この他にも多数の関係式が導かれるが，それらは専門書に譲る．

　これらの関係式は電池や燃料電池の動作を考察するうえで大切であるが，ここでは理想気体の基本的性質について考えよう．これまで「理想気体の内部エネルギーは温度が一定なら体積によらない」，つまり

$$(\partial U/\partial V)_T = 0$$

としてきたが，これは仮説（気体に関するジュール（Joule）の法則）でしかなく，証明を要する．式(2.51)から，

$$(\partial U/\partial V)_T = T(\partial S/\partial V)_T - p \tag{2.56}$$

であり，これに式(2.54)を代入すれば，

$$(\partial U/\partial V)_T = T(\partial p/\partial T)_V - p \tag{2.57}$$

これをエネルギーの方程式という．状態方程式が $pV=nRT$ であれば，右辺は零となる．すなわち，理想気体はこの状態方程式に従うから，仮説は正しいといえる．

2.7　開放系の熱力学と化学ポテンシャル

　周囲と物質のやりとりができ，物質量 n に増減のある系を開いた系，あるいは開放系という．容器のなかに液体の水と水蒸気が共存している場合，全体としては開放系でないが，そのうちの液体と蒸気を系と見なせば開放系である．開放系における第1法則は，物質の授受に伴うエネルギーを z とすれば，微分形で，

$$dU = d'q + d'w + d'z$$

で示される．ここで，化学ポテンシャルなる量 μ（その意味はすぐわかる）があり，$d'z = \mu dn$ であるとすれば，式(2.51)を参照して，

$$dU = TdS - pdV + \mu dn \tag{2.58}$$

で示され，これを，$dG = d(U+pV-TS)$ に代入すれば，

$$dG = -SdT + Vdp + \mu dn \tag{2.59}$$

が得られる．G の独立変数を T, p, n として $G(T, p, n)$ の全微分をとれば，

$$dG = (\partial G/\partial T)_{p,n} dT + (\partial G/\partial p)_{T,n} dp + (\partial G/\partial n)_{T,p} dn \tag{2.60}$$

となる．式(2.59)と(2.60)を比較して，式(2.53)に対応する S および V を与

える式とともに，
$$\mu=(\partial G/\partial n)_{T,p} \tag{2.61}$$
が得られる．これが化学ポテンシャルの定義である．すなわち，T, p 一定における n に対する G の勾配である．物質が複数あるときは，
$$dG=-SdT+Vdp+\sum \mu_i dn_i \tag{2.62}$$
ゆえに，
$$\mu_i=(\partial G/\partial n_i)_{T,p,n_j}(j\neq i) \tag{2.63}$$
である．μ_i を成分 i の化学ポテンシャルという．

G は体積 V などと同じように，物質量を倍にすれば倍になる示量性状態量[*10] である．したがって，2 成分の場合に代表させれば，
$$G(T, p, kn_1, kn_2)=kG(T, p, n_1, n_2) \tag{2.64}$$
このような性質の関数を 1 次同時関数といい，T, p が一定のとき，数学の公理から，
$$G(T, p, n_1, n_2)=n_1(\partial G/\partial n_1)_{T,p,n_2}+n_2(\partial G/\partial n_2)_{T,p,n_1} \tag{2.65}$$
がいえる．すなわち，
$$G=n_1\mu_1+n_2\mu_2 \tag{2.66}$$
成分が 1 種類，つまり純物質の場合，$G=n\mu$．すなわち，
$$\mu=G/n \tag{2.67}$$
物質量を n[mol] とすれば，化学ポテンシャルは 1 mol 当たりのギブス自由エネルギーである[*11]．

以下本書の議論で必要な化学ポテンシャルの具体例を示す．

（1）純粋な理想気体の化学ポテンシャル

基準状態 (T, p°) にある理想気体の化学ポテンシャルを $\mu(T, p^\circ)$，状態 $(T,$

---

* 10 これに対して分量によらない状態量（温度，圧力，化学ポテンシャルなど）を示強性状態量という．
* 11 式(2.58)からは $\mu=(\partial U/\partial n)_{S,V}$，これも同じ化学ポテンシャルである．同様に，$\mu=(\partial F/\partial n)_{S,V}=(\partial H/\partial n)_{S,p}$ などが導かれる．しかし，U, F, H などの場合変数に示量性状態量が含まれるので式(2.64)の 1 次同時関数の関係は成り立たない．それゆえ，$\mu=F/n$ とは書けない．

p) のときのそれを $\mu(T, p)$ とすれば，両状態間のギブス自由エネルギーの差は，

$$\Delta G = n(\mu(T, p) - \mu(T, p°)) = \Delta U - \Delta(pV) - T\Delta S$$

で示され，温度 T が一定で，$\Delta U = 0$，$\Delta(pV) = 0$．ΔS は式(2.40)により $-nR\ln(p/p°)$ であるから，

$$\mu(T, p) = \mu(T, p°) + RT\ln(p/p°) \tag{2.68}$$

が導かれる．通常，$p° = 1\,\text{atm}$ に選ぶ．それを承知で，

$$\mu(T, p) = \mu° + RT\ln p$$

とも書く（$\mu° = \mu(T, 1\,\text{atm})$）．

（2） 混合理想気体の化学ポテンシャル

複数の理想気体 1，2，3… の混合物において，i 種の気体のモル分率を，

$$x_i = n_i/(n_1 + n_2 + \cdots\cdots)$$

とする．全圧（混合気体の圧力）を p とすれば，

$$\mu_i = \mu_i(T, p°) + RT\ln(px_i/p°) = \mu_i° + RT\ln(p_i/p°) \tag{2.69}$$

で示される．ただし，$p_i = px_i$ で，これを気体 i の分圧という．$p[\text{atm}]$ に対し $p° = 1\,\text{atm}$ に選び，

$$\mu_i = \mu_i° + RT\ln p_i$$

とも書く．式(2.69)において，T，p における純粋な気体 i の化学ポテンシャル（式(2.68)）を $\mu_i^*(T, p)$ と書けば，

$$\mu_i = \mu_i^*(T, p) + RT\ln x_i \tag{2.69'}$$

となる．式(2.69') を気体が2種類の場合について導出する（3種類以上も同じである）．T，p の等しい気体 1，2 の量を n_1，n_2 とすれば，混合前のギブス自由エネルギーは，

$$G(\text{前}) = n_1\mu_1^* + n_2\mu_2^*$$

これらを混合するときの G の変化は，上の (1) の場合と同様にして，$\Delta G = -T\Delta S$ であり，式(2.41)の混合のエントロピーを用いて，

$$\Delta G = RT(n_1\ln(n_1/(n_1 + n_2)) + n_2\ln(n_2/(n_1 + n_2)))$$

で示される．混合気体のギブス自由エネルギーを単に G と書けば，$G - G(\text{前}) = \Delta G$．すなわち，

$$G = G(\text{前}) + \Delta G$$

であり，式(2.63)により，G を n_1，n_2 で偏微分すると式(2.69′)が得られる．

（3） 溶液の化学ポテンシャル

溶媒中の溶質分子は十分希薄であれば気体分子のように振る舞うので，その化学ポテンシャルは式(2.69)において分圧を濃度で置き換えた形で表される．溶質 i の濃度を $c_i [\text{mol dm}^{-3}]$ とすれば，

$$\mu_i = \mu_i^\circ(T, p) + RT \ln(c_i/c^\circ) \tag{2.70}$$

となる．ここで，c° は標準濃度で，通常，$1\,\text{mol dm}^{-3}$ にとる．溶質の濃度が高くなると，溶質間の相互作用が無視し得なくなりその補正が必要になる．補正係数 γ （活量係数，$c \to 0$ で $\gamma \to 1$）を用いて定義される活量，

$$a_i = \gamma_i (c_i/c^\circ) \tag{2.71}$$

に対して，

$$\mu_i = \mu_i^\circ(T, p) + RT \ln a_i \tag{2.72}$$

であり，ここに，μ_i° は $a_i = 1$ のときの化学ポテンシャルである．なお，溶媒の活量は $a = 1$ とする．

溶液の化学ポテンシャルの詳細については専門書を参照されたい．

2.8　化学反応の平衡

まず，定温・定圧下での気相反応，

$$\text{H}_2(\text{g}) + 1/2\,\text{O}_2(\text{g}) = \text{H}_2\text{O}(\text{g})$$

を考えてみよう．1 mol の H_2 と 1/2 mol の O_2 を容器に入れて反応させても，それらがすべて 1 mol の H_2O になるわけではなく，ある組成になったとき反応はそれ以上進まなくなる．つまり，反応系が平衡に達するわけである．それではどのような組成で平衡状態になるのか，それが本節の問題である．

反応系の H_2，O_2，H_2O の量（mol）を n_{H_2}，n_{O_2}，$n_{\text{H}_2\text{O}}$ とすれば，反応の各段階で，

$$dn_{\text{H}_2} : dn_{\text{O}_2} : dn_{\text{H}_2\text{O}} = -1 : -1/2 : 1$$

すなわち，定比関係

$$dn_{H_2}/(-1) = dn_{O_2}/(-1/2) = dn_{H_2O}/(1) = d\lambda \tag{2.73}$$

が成り立つ（λを反応進行度という）．T, pが一定のとき，平衡条件$\Delta G=0$は，式(2.62)から，

$$\sum \mu_i dn_i = 0 \tag{2.74}$$

となる．したがって，この場合の平衡条件は，

$$(-\mu_{H_2} - 1/2\mu_{O_2} + \mu_{H_2O})d\lambda = 0$$

である．すなわち，この式における（ ）の中が0ということである．書き直して，

$$\mu_{H_2} + (1/2)\mu_{O_2} = \mu_{H_2O}$$

となる．反応系の平衡条件は，原系と生成系の化学ポテンシャルが等しいことである．これはどのように反応が複雑であっても，反応が液相や固相反応であってもいえる．反応を一般に，

$$\alpha_1 A_1 + \alpha_2 A_2 + \cdots\cdots = \beta_1 B_1 + \beta_2 B_2 + \cdots\cdots$$

と書けば，平衡条件は，

$$\alpha_1 \mu_{A_1} + \alpha_2 \mu_{A_2} + \cdots\cdots = \beta_1 \mu_{B_1} + \beta_2 \mu_{B_2} + \cdots\cdots \tag{2.75}$$

である．これは燃料電池の熱力学としては最も重要な関係の1つである．

気相反応の場合，反応種の化学ポテンシャルが，$p°=1$ atm として，

$$\mu_{A_1} = \mu_{A_1}° + RT \ln(p_{A_1}/p°) = \mu_{A_1}° + RT \ln p_{A_1}$$

などであるから，それらを式(2.75)に代入して整理すれば，

$$RT \ln\{(p_{B_1})^{\beta_1}(p_{B_2})^{\beta_2}\cdots\cdots/(p_{A_1})^{\alpha_1}(p_{A_2})^{\alpha_2}\cdots\cdots\} =$$
$$(\alpha_1 \mu_{A_1}° + \alpha_2 \mu_{A_2}° + \cdots\cdots) - (\beta_1 \mu_{B_1}° + \beta_2 \mu_{B_2}° + \cdots\cdots) = -\Delta G°$$

となる．ここで，

$$\Delta G° = -RT \ln K \tag{2.76}$$

すなわち，

$$K = \exp(-\Delta G°/RT) \tag{2.76'}$$

により定義される量Kを導入すれば，

$$K = (p_{B_1})^{\beta_1}(p_{B_2})^{\beta_2}\cdots\cdots/(p_{A_1})^{\alpha_1}(p_{A_2})^{\alpha_2}\cdots\cdots \tag{2.77}$$

で示される．Kは温度のみの関数（$K(T)$）で平衡定数と呼ばれ，式(2.77)は「質量作用の法則」と称されこれにより平衡状態の組成が決定される．Kは

本来無次元の量であるが，式(2.77)において p_{A_1} などを [atm] の単位をもつものと見なすときは，$atm^\nu (\nu=(\beta_1+\beta_2\cdots)-(\alpha_1+\alpha_2\cdots))$ の単位をもち，これは圧平衡定数と呼ばれ K_p と表される（これを承知で，以下単に K と記す）．式(2.76)あるいは(2.76′)は反応の標準ギブス自由エネルギー変化と平衡定数を結びつける重要な式で今後もしばしば用いられる．

本節冒頭の反応に適用すれば，
$$K=p_{H_2O}/p_{H_2}(p_{O_2})^{1/2}$$
である．便覧などに記載されている熱力学データによると，この反応の 298 K における ΔG° は -229 kJ．式(2.76)で K を計算すると，$K=10^{40}$．したがって，この温度では反応が実質的に完全に進行することになる．

式(2.77)では反応系をすべて気体と考えているが，反応物や生成物に液相や固相が存在する場合はどうであろう．固相や液相の化学ポテンシャルは，通常，圧力に依存しないと考えてよいので，
$$\mu_A=\mu_A^\circ \quad (詳しく書けば，\mu_A(T,p)=\mu_A^\circ(T,p^\circ))$$
である．これを式(2.75)に入れれば，式(2.77)は固相や液相に対応する分圧が欠落したものとなる．例えば，固相の炭素 C(s) の反応，
$$C(s)+CO_2(g)=2\,CO(g)$$
については，
$$K=(p_{CO})^2/(p_{CO_2})$$
であるが，K の意味に変わりはない．

溶液の関与する反応系の場合は，式(2.72)を式(2.75)に代入して，
$$K=(a_{B_1})^{\beta_1}(a_{B_2})^{\beta_2}\cdots\cdots/(a_{A_1})^{\alpha_1}(a_{A_2})^{\alpha_2}\cdots\cdots \tag{2.78}$$
を得る．例えば，水の解離（電離）反応
$$H_2O=H^++OH^-$$
については，
$$K=(a_{H^+})(a_{OH^-})/a_{H_2O}=(a_{H^+})(a_{OH^-})$$

2.9　平衡定数の温度変化

水の分解反応，

2.9 平衡定数の温度変化

$$H_2O(g) = H_2(g) + 1/2\, O_2(g)$$

は前節の生成反応の逆反応であるから，$\Delta G° = +229\,\text{kJ}$ で $K = 10^{-40}$．すなわち，水の分解は実質的に起こらない．これは 298 K のときであるが，温度を上げるとこの場合，ΔG が減少するため K が増大して分解が目に見えるようになる．例えば 2300 K（約 2000°C）になると，水の 2％ほどが分解する．平衡定数 K の温度依存性について考察する．

式(2.76) を，

$$\ln K = -\Delta G°/RT$$

と書き直してから両辺を T で微分すれば，

$$d\ln K/dT = -(1/R)(-\Delta G°/T^2 + (1/T)(d\Delta G°/dT))$$

式(2.53)を適用すると，p が一定のとき，$(d\Delta G°/dT) = -\Delta S°$．それゆえ，

$$d\ln K/dT = (1/RT^2)(\Delta G° + T\Delta S°) = \Delta H°/RT^2 \tag{2.79}$$

または，$d(1/T) = -(1/T^2)dT$ を使って，

$$d\ln K/d(1/T) = -\Delta H°/R \tag{2.79'}$$

これらを van't Hoff の定圧平衡式という．

発熱反応（$\Delta H° < 0$）のときは，温度が高くなると K は減少して反応の平衡は原系の方に偏り，吸熱反応（$\Delta H° > 0$）では高温ほど生成系が有利になる．$\Delta H°$ は主として原子や分子間の結合エネルギー差によって決まるので，その温度変化は小さい．$\Delta H°$ が温度によらないものとすれば，式(2.79)を積分し

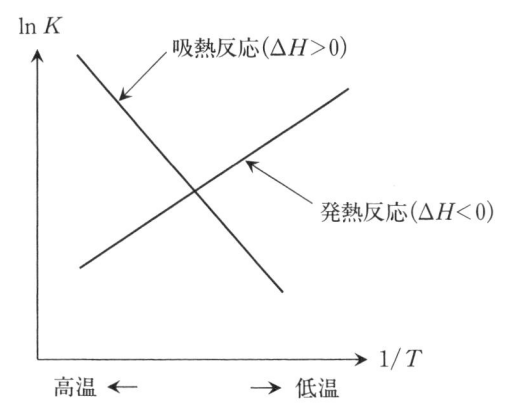

図 2.7 平衡定数の温度変化

て，

$$\ln K = -\Delta H°/RT + \mathrm{A} \text{（積分定数）}$$

図 2.7 に $1/T$ と $\ln K$ の関係を示す．この関係からある温度での K（あるいは $\Delta G°$）と $\Delta H°$ が与えられれば任意の温度での K を知ることができる．先ほどの水の分解反応の 298 K における $\Delta H°$ は $+242$ kJ mol^{-1} と便覧などにある．これを一定として 2300 K の K を求めると 6×10^{-4} となる（実際は $\Delta H°$ にわずかな温度変化があるので $K(2300\mathrm{K}) = 2 \times 10^{-3}$ であるが，誤差は小さい）．

参 考 文 献

1. 原島　鮮, 熱力学・統計力学, 培風館 (1978).
2. 原田義也, 化学熱力学, 裳華房 (2002).
3. 久保亮五編, 大学演習 熱学・統計力学, 裳華房 (1998).
4. 妹尾　学, 随想 熱力学の周辺, 共立出版 (1991).

燃料電池の電気化学

3.1 電気化学と電気化学システム

電気化学とは化学変化と電気的現象（ないし電気的諸量）の関連について研究する物理化学の分野であるが，それらを結びつけるシステム（電気化学システム）を構成する物質・材料（電解質，電極など）に関する研究もそのなかに含まれる．歴史的には，1章でも述べたように，ヴォルタの電池に発した電気化学はファラデーの法則により学問としての体裁を整えた．周知のように，ファラデーの法則は，反応により生成あるいは消滅する物質量を$|n|$[mol]，電気化学システムを流れる電流を$I[\mathrm{A}=\mathrm{C\,s^{-1}}]$，物質1個当たりの電子授受数を$z$とすれば，時間$t$[s]に対して，

$$|dn/dt|=|I|/zF \tag{3.1}$$

が成り立つという法則である．ここに，Fは電子の電荷の絶対値（電気素量）とアボガドロ数の積，すなわち，$F=eN_\mathrm{A}=96,500\ \mathrm{C\,mol^{-1}}$で，ファラデー定数と呼ばれる．この式は化学変化に伴う物質の生成・消滅速度と電流という電気的量の関係を定量的に表している．ファラデーを契機に発展を遂げた電気化学は，化学エネルギーと電気エネルギーの変換を利用するデバイス（電池，燃料電池，電解装置，化学センサなど）の進歩を促してきているばかりでなく，様々な自然科学の分野の基礎として重要な地位をもっている．例えば，多様な電気化学システムからなる生体の諸機能の理解にも役立っている（生物電気化学）．最近では，光エネルギーも絡めた光電気化学の進展も著しい．

電気化学システムは，基本的に1対の電極（電子伝導体）とイオンが電流を導くイオン伝導体から構成される．イオン伝導体は，しばしば，電解質とも通

称され希硫酸（硫酸水溶液）のような電解質溶液の場合もあれば，固体の場合もある．単純なシステムとして希硫酸に 1 対の白金（Pt）電極を浸漬したものを考えよう（図 3.1）．「両電極間に $V=\Delta E(\mathrm{V})$ の電位差を外部から印加すると，水の電気分解が起こり電流が流れる」という記載をよく目にするが，これは正確ではない．印加電圧 V と定常電流 I（その電位にしてから十分時間の経過した後の電流）の関係は図 3.2 のように 3 つの部分または領域（I，

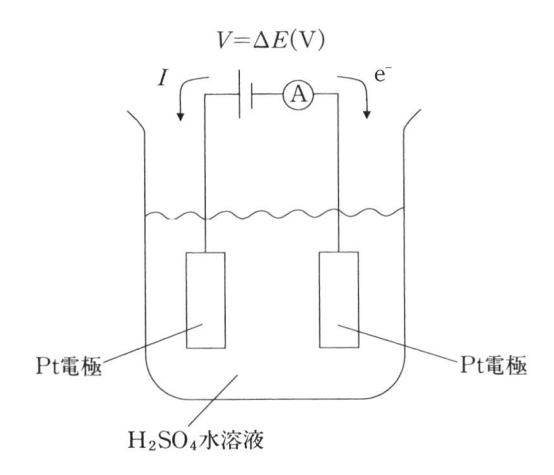

図 3.1 希硫酸と 1 対の Pt 電極からなる電気化学システム

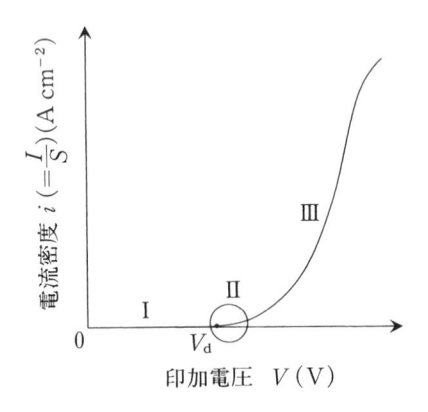

図 3.2 電極への印加電圧 (V) と電流 (I/S) の関係（S：電極の面積）

II，III）に分かれる．

　電圧の低い領域Iでは電圧をかけても定常電流は流れない．この領域でも電圧を変化させた瞬間は電流が生じるが，すぐに減衰してしまう．この現象を簡単に説明しよう．低い電圧であっても電位差が生じれば，希硫酸中のイオンはそれを感じて陽イオン（H^+）は－極（負極，陰極[*1]）へ，陰イオン（SO_4^{2-}，HSO_4^-）は＋極（正極，陽極）へ移動するので，負極の近傍では陽イオンが，正極近傍では負イオンが過剰となる．そうすると電極表面には過剰の電荷を打ち消すように反対符号の電荷が現れ，あるところで平衡状態に達しイオンの動きは止まる．その状態を図3.3に示す．溶液中の過剰電荷のある層と電極上の反対符号の電荷が対向しているので電気二重層という．電極表面から電荷のアンバランスが消失するところまでの距離を二重層の厚さというが，これは大変薄く通常1 nm（10 Å）程度である[*2]．以上の現象はコンデンサの充電と等価であるので，領域Iで流れる過渡電流 $I(t)$ を電気二重層の充電電流という．したがって，二重層（コンデンサ）の容量を C，このシステムの直列抵抗（主として希硫酸の電気抵抗）を R とすれば，

$$I(t) = (V/R)\exp(-t/RC)$$

に従って電流が減衰する．このシステムの RC（時定数）は0.01 s程度と見積もられるので，0.05 sもすれば電流は実質的に流れなくなる．この電流は化学反応を伴わず，式(3.1)とは別物なので非ファラデー電流ともいう．要するに，領域Iではシステムに加わる電気エネルギーが物質と電極の間で電子のやりとりをするには不十分なため，反応が進まないのである．

　印加電圧がIIの辺りからファラデーの法則に従う定常電流が流れるようになる．つまり，供給されるエネルギーが十分になり，電極と物質の間で電子の授

[*1] 電極の呼び名は大変ややこしい．通常，電位の高い方を正極または陽極，低い方を負極または陰極という．それぞれの英語名はアノード，カソードである．しかし電池のプラス極はカソードである．電極反応を考える場合は，還元反応の起こる電極をカソード，酸化反応の起こる電極をアノードという．

[*2] 電気二重層が溶液側に厚さをもつのはイオンの熱運動のためである．デバイ-ヒュッケルの理論から二重層の厚さは $T^{1/2}$ に比例して増加する．また，イオンの濃度が低くなると増加する．

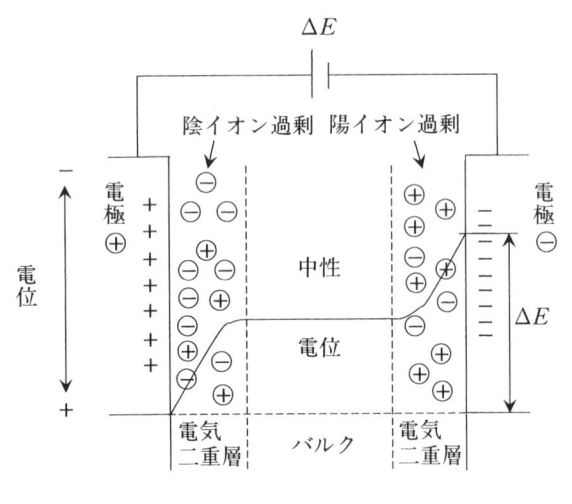

図 3.3 電極近傍に生じる電気二重層と電位分布（図 3.2 における領域 I に対応する状態，⊕，⊖ は溶液中の陽イオンと陰イオンを表す）

受を伴う化学反応（電極反応）が進む．この場合は，正極では溶液中の水が電子を電極に与える反応（水の酸化反応）

$$H_2O = 2H^+ + 1/2 O_2 + 2e^-$$

が起こり，負極では H^+ が電極から電子を与えられる反応（H^+ の還元反応）

$$2H^+ + 2e^- = H_2$$

が進行する．ここで注意すべきことは，電位差により正極に移動してくる SO_4^{2-} などの陰イオンではなく，溶媒である中性の H_2O が反応物になっていることである．それは H_2O が陰イオンより酸化されやすいためである．負極では最も還元されやすい種が反応物となる．この場合，たまたま移動してくる H^+ がそれになっている．これらの電極反応の合計として，水の電気分解が起こるのであるが，これだけでは定常電流は流れない．というのは，正極付近では H^+ が生成するため正電荷が過剰となり，逆に負極では H^+ の消費により正電荷が不足する状態となり電気的中性の原理が破られるからである．これを解消するのがイオン伝導体中のイオンの動きである．この場合，H^+ は電位勾配

により正電荷過剰の正極から不足の負極に移る．陰イオンは陰電荷過剰の負極から不足の正極に輸送され電荷のアンバランスを解消する．これらのイオンの動きによって初めてシステム全体の回路ができあがり，一定電圧を印加すれば式(3.1)に従う定常電流が流れるようになる．

以上の例は単純とはいえ，一般の電気化学システムを代表している．では，定常電流の流れ始める電圧 V_d はどのようにして決まるのか？ すなわち反応を起こすのに必要な電気エネルギーはどれだけか．この疑問に答えるのが2章の熱力学によって構築される"平衡電気化学"である．これは3.2から3.4節で述べる．つぎに，領域Ⅲにおける電圧と電流の関係はどうなるのか，という問題がある．これを考察するのを"動的電気化学"と呼び，反応速度論や拡散理論を基礎とし，3.5から3.7節で述べる．もう1つの問題は，電解質中のイオンの動きである．これが速くなければ電池や燃料電池は満足に動作しないので重要な問題である．イオン輸送現象を論じる分野は電解質論とも呼ばれるが，固体電解質も含め3.8から3.9節で述べる．

3.2　電池の起電力と分解電圧

前節で取り上げた電気化学システムからの流れを汲めば分解電圧の説明を先にするのが筋であるが，全体的な理解を容易にするため電気分解の逆反応である電池反応についてまず述べる．

電池とは $\Delta G<0$ の化学反応（正味の反応）を酸化反応と還元反応に分割して，それらを一対の電極上での電極反応として進行させることにより化学エネルギーを電気エネルギーに変換するデバイス（一種の電気化学システム）のことをいう．反応の分割の仕方は任意である．例えば，298 K における

$$H_2(g)+1/2 O_2(g)=H_2O(l) \qquad \Delta G°=-237 \text{ kJ mol}^{-1} \qquad (3.2)$$

を取り上げよう．これは

$$\begin{aligned} H_2(g) &= 2H^+ + 2e^- \\ 1/2\, O_2(g) + 2H^+ + 2e^- &= H_2O(l) \end{aligned} \qquad (3.2')$$

と分割してもよいし

$$H_2(g)+2OH^-=2H_2O(l)+2e^-$$

$$1/2\,O_2(g) + H_2O(l) + 2\,e^- = 2\,OH^- \tag{3.2''}$$

としてもよい（実際は，式(3.2')は酸性電解質中の反応，式(3.2'')はアルカリ電解質中の反応である）．いずれにせよ正味の反応は式(3.2)となる．式(3.2')に相当する電池（燃料電池の原型）を図3.4に示す．

一対の電極間にはそれぞれの電子のエネルギー差に応じた電位差が生じる．この電位差を起電力という．電極に負荷をつなげば，電子が電位の低い電極（H_2極）から高い電極（O_2極）へ移動すると同時に式(3.2)の反応が進行する．もちろん，溶液中のイオンも電荷のバランスを保つように移動する．起電力を E，移動する電気量を q とすれば，外部になされる仕事 $(-w)$ は Eq であるが，反応進行度（2.8節参照）を微小単位 $\delta\lambda$[mol] とすれば，

$$\delta q = zF\delta\lambda = 2F\delta\lambda$$

であるから

$$-w = 2FE\delta\lambda$$

となる．式(3.2)当たりの反応のギブス自由エネルギー変化を ΔG とすれば，最大仕事の原理（式(2.50)）から，

$$-w = 2FE\delta\lambda \leqq -\Delta G\delta\lambda$$

になる．等号は反応が平衡を保ちながら無限にゆっくり（可逆的に）進むとき

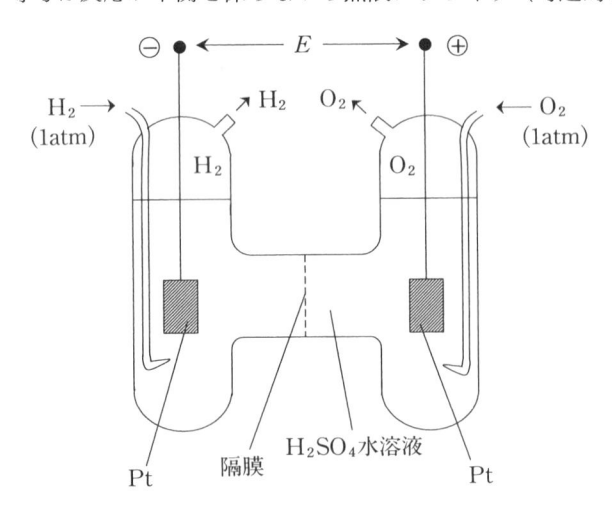

図 3.4 正味の反応が $H_2 + 1/2\,O_2 = H_2O$ である電池（燃料電池の原型）

に成り立つ．そのとき E は，
$$E = -\Delta G/2F$$
で示される．これが正味の反応を式(3.2)とする電池の熱力学的な（理論的な）起電力である．ΔG は生成系と原系の自由エネルギー差であるから，2.7節を参照して，
$$\Delta G = \mu_{H_2O} - \mu_{H_2} - 1/2\mu_{O_2}$$
$$= \mu°_{H_2O} - \mu°_{H_2} - 1/2\mu°_{O_2} + RT \ln a_{H_2O}/p_{H_2}p_{O_2}^{1/2}$$
であるので，
$$E = -\Delta G°/2F - (RT/2F)\ln a_{H_2O}/p_{H_2}p_{O_2}^{1/2}$$
となり，標準状態では対数項は消え，$E = 237\times10^3 [\text{J mol}^{-1}]/2\times96,500[\text{C mol}^{-1}] = 1.23\,\text{V}$ となる．

以上の議論は一般の反応，
$$\alpha_1 A_1 + \alpha_2 A_2 + \cdots = \beta_1 B_1 + \beta_2 B_2 + \cdots$$
を正味の反応とする電池にも成り立つ．この反応のギブス自由エネルギー変化を ΔG，電子移動数を z とすれば，熱力学的起電力は，
$$E = -\Delta G/zF \tag{3.3}$$
である．したがって，
$$E = E° - (RT/zF)\ln[(a_{B_1})^{\beta_1}(a_{B_2})^{\beta_2}\cdots/(a_{A_1})^{\alpha_1}(a_{A_2})^{\alpha_2}\cdots] \tag{3.4}$$
で示される．ただし，
$$E° = -\{(\mu°_{B_1} + \mu°_{B_2}\cdots) - (\mu°_{A_1} + \mu°_{A_2}+\cdots)\}/zF = -\Delta G°/zF \tag{3.5}$$
である（反応種，生成種が気体であるときは，式(3.4)において活量 a を分圧 p に置き換える）．式(3.4)を起電力に関するネルンスト(Nernst)の式という．また，$E°$ を標準起電力と呼ぶ．

便覧などに記載の熱力学データから，ある反応の $\Delta G°$ を知ることができれば，それを正味の反応とする電池の $E°$ を式(3.5)により計算できる．例えば，
$$CH_4(g) + 2\,O_2(g) = CO_2(g) + 2\,H_2O(l)$$
の $\Delta G°$ はそれぞれの生成自由エネルギーデータから $-817\,\text{kJ mol}^{-1}$ (298 K) と求まる．酸素の酸化数の変化を見ると $z = 8$ であるから，この反応を正味の反応とする電池（メタン燃料電池）の 298 K における標準起電力は $E° = 1.06\,\text{V}$ と与えられる．逆に，標準起電力を測定すれば反応の $\Delta G°$ と平衡定数 K

を知ることができる．式(2.76′)と(3.5)から
$$K = \exp(zFE°/RT) \tag{3.6}$$
を得る．

さらに，電池の起電力の温度変化を測定すれば正味の反応のエントロピー変化 ΔS とエンタルピー変化 ΔH を求めることができる．式(2.53)を用いれば，
$$\Delta S = -(\partial \Delta G/\partial T)_p = zF(\partial E/\partial T)_p \tag{3.7}$$
また，$\Delta G = \Delta H - T\Delta S$ の関係から，
$$\Delta H = -zFE + zFT(\partial E/\partial T)_p \tag{3.8}$$
である．電池はエネルギー変換装置として実用上重要であるばかりでなく，熱力学関数を定めるという基礎面でも重要な役割を果たす．

電気分解は本節冒頭でも述べたように，電池反応の逆反応である．水の分解反応は式(3.2)の逆で
$$H_2O = H_2 + 1/2\, O_2 \qquad \Delta G° = +237\,\text{kJ mol}^{-1}\ (298\,\text{K})$$
である（電極反応は式(3.2′)，(3.2″)において原系と生成系を入れ替えたものが進む）．したがって $\Delta G > 0$ であるから，外部から仕事（電気エネルギー）を与えないと進まない．電極間に加える電位差（電圧）を V，電子移動数を z とすれば，最小仕事の原理により
$$w = zFV \geqq \Delta G$$
であるから，
$$V \geqq \Delta G/zF \tag{3.9}$$
となり，298 K，標準状態での水の電気分解（$z=2$）には最低でも
$$237 \times 10^3\ [\text{J mol}^{-1}]/2 \times 96{,}500\ [\text{C mol}^{-1}] = 1.23\,\text{V}$$
の電圧の印加を要する．これが前節の図3.2において電流の立ち上がる電圧 V_d に当たる．式(3.9)において等号は可逆過程で成り立ちこれを熱力学的分解電圧という．電池反応とその逆の分解反応では，ΔG(電池) $= -\Delta G$(分解) の関係があるから，熱力学的分解電圧は熱力学的起電力と等しい（$V_d = E$）．つまり，電池の起電力を打ち消してから初めて電気分解が進むのである．

なお，水の分解反応は $\Delta H(=\Delta G + T\Delta S) = +297\,\text{kJ mol}^{-1}$ の吸熱反応であるが，このうち ΔG の分は外界から電気エネルギーの形で与えられる．残りの $T\Delta S = +60\,\text{kJ mol}^{-1}$ は熱の形で与えないとならない（そうしないと温度

が下がる).幸いなことに,ジュール熱などの損失によりこれを賄うことができる.これに対して電池では $T\Delta S$ の分も損失の分もともに発熱となるので,熱効率的には電気分解より不利なデバイスといえる.

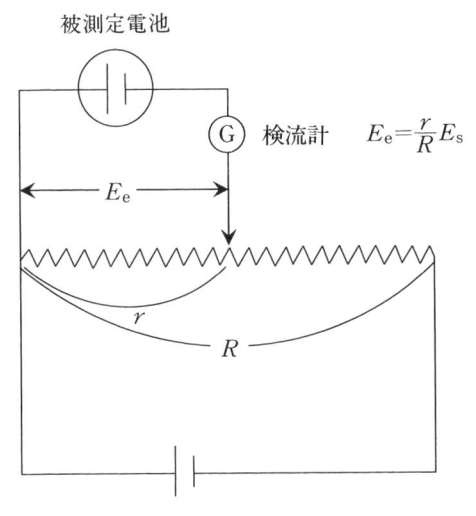

図 3.5 ポテンシオメータの原理

ここで,電池の起電力の測定法について簡単に触れる.以上の熱力学的起電力 $E(=-\Delta G/zF)$ は一対の電極反応(例えば,式(3.2′))がともに平衡を保ちつつ準静的に進行することを前提としている.したがって,実際に電荷移動が起こり電流が流れてはならない(電流が流れている状態は平衡状態ではなく,ジュール熱の発生など不可逆な現象を伴う).そのため,厳密には原理を図3.5に示すポテンシオメータで測定する.すなわち,電池の起電力をちょうど打ち消し回路に電流が生じない電圧 $(V=(r/R)E')$ を求め,それを起電力とする.実際には入力抵抗がきわめて大きい電圧計(エレクトロメータ)を用いて測定してもよい.

3.3 電極反応の平衡と電極電位

前節では電池の総反応（正味の反応）を問題としたが，ここでは個々の電極反応に着目する．上述のように，電池の熱学的起電力はこれらが化学平衡にあることを前提としている．

まず，式(3.2′)に見られるように，電子が左辺にある還元反応と右辺にある酸化反応があるが，以降の議論を簡単にするために電極反応はすべて還元反応（カソード反応）として次式のように書く．

$$2\,H^+ + 2\,e^- = H_2 \tag{3.10}$$

$$1/2\,O_2 + 2\,H^+ + 2\,e^- = H_2O \tag{3.11}$$

もちろんこれらは一種の化学反応であるが，電子があらわに反応種として存在することと反応種に電荷をもつイオンが存在するところが普通の化学反応と異なり電気化学反応と呼ぶ．電気化学反応も平衡条件は原形と生成系の化学ポテンシャルが等しいことである．ところが，電子やイオンのような荷電粒子のエネルギーは電位に依存するのでその分を化学ポテンシャルに付け加えなければならない．適当な基準から測った電位を ϕ とすれば，電子のエネルギーは $e\phi$ だけ基準点($\phi=0$)にあるより低くなる．これを電子の化学ポテンシャル μ_e に付加すれば，

$$\eta_e = \mu_e - e\phi \quad \text{または，} \quad \eta_e = \mu_e - F\phi \quad (\text{電子 1 mol 当たり})$$

となる．電気エネルギーを含めた化学ポテンシャル η を電気化学ポテンシャルという．符号を含めた荷電粒子 i の電荷数を n_i とすれば，その電気化学ポテンシャルは

$$\eta_i = \mu_i + n_i F\phi \tag{3.12}$$

で与えられる．当然ながら i が電荷をもたなければ $n_i=0$ であり $\eta_i=\mu_i$ であるが，それを承知で左右両辺の電気化学ポテンシャルの等しいことが平衡条件であるといってもよい．式(3.10)の電極反応については，

$$2\eta_{H^+} + 2\eta_e = \eta_{H_2}(=\mu_{H_2})$$

である．すなわち，

$$2(\mu_{H^+}^\circ + RT\ln a_{H^+} + F\phi_S) + 2(\mu_e^\circ + RT\ln a_e - F\phi_M) = \mu_{H_2}^\circ + RT\ln p_{H_2}$$

3.3 電極反応の平衡と電極電位

で示される．ここで，ϕ_S は H^+ のある電解質溶液の電位（電解質中では場所によらず一定とする），ϕ_M はこの反応の起こる電極（金属）の電位（これも同じく場所によらない）である[*3]．金属中の電子の活量は $a_e=1$ と見なして上式を整理すれば，

$$2F(\phi_M - \phi_S) = (2\mu°_{H^+} + 2\mu°_e - \mu°_{H_2}) + RT(2\ln a_{H^+} - \ln p_{H_2})$$

となる．ここで，

$$\phi_M - \phi_S = E \tag{3.13}$$

とおけば，

$$E = (1/2F)(2\mu°_{H^+} + 2\mu°_e - \mu°_{H_2}) - (RT/2F)\ln[p_{H_2}/(a_{H^+})^2] \tag{3.14}$$

となる．式(3.13)で与えられる電極と電解質の電位差 E を電極電位と呼ぶ．

以上の議論は，電解質が固体である場合を含め，一般の電極反応，

$$\alpha_1 A_1 + \alpha_2 A_2 + \cdots + ze^- = \beta_1 B_1 + \beta_2 B_2 + \cdots \tag{3.15}$$

についても成り立つ．左右両辺の電荷のバランス（$\sum \alpha_i n_i$（左辺）$-z = \sum \beta_i n_i$（右辺））に注意して移項・整理すれば，

$$E = \phi_M - \phi_S = E° - (RT/zF)\ln[\{(a_{B_1})^{\beta_1}(a_{B_2})^{\beta_2}\cdots\}/\{(a_{A_1})^{\alpha_1}(a_{A_2})^{\alpha_2}\cdots\}] \tag{3.16}$$

となる．ただし，

$$E° = (1/zF)[(\alpha_1 \mu°_{A_1} + \alpha_2 \mu°_{A_2} + \cdots + z\mu°_e) - (\beta_1 \mu°_{B_1} + \beta_2 \mu°_{B_2} + \cdots)] \tag{3.17}$$

式(3.16)をネルンストの式という（式(3.4)の起電力に関するネルンストの式と同形である）．$E°$ は反応種，生成種がすべて標準状態にあるときの電極電位で，これを標準電極電位と呼ぶ．式(3.15)の電極反応の標準ギブス自由エネルギー変化を $\Delta G°$ とすれば，

$$E° = -\Delta G°/zF \tag{3.17'}$$

とも書ける．

電極電位の絶対値は測定できない．電位差計（ポテンシオメータ）の端子を電解質に漬ければ，測定しようとする電極と端子を一対の電極とする電池が形成され，その起電力を測ってしまうからである．そこで，適当な電極を基準に

[*3] 正確には ϕ_M を内部電位という．表面の影響を受けない導体内部の電位で，真空中無限遠のところから電荷 q を導体内部に運び込むときの仕事を w とすれば，$\phi_M = \lim_{q \to 0} w/q$ で定義される．ϕ_M は実測不可能である．

選び，それとの相対値を測定し，計算する．基準には式(3.10)が標準状態で平衡にある電極

$$2\mathrm{H}^+(a_{\mathrm{H}^+}=1)+2\mathrm{e}^-=\mathrm{H}_2(p_{\mathrm{H}_2}=1\ \mathrm{atm})$$

が選ばれる．これを標準水素電極（SHE：Standard Hydrogen Electrode または NHE：Normal Hydrogen Electrode）という．金属を Pt とする場合，電極の標記法に従い，SHE は

$$\mathrm{Pt},\ \mathrm{H}_2(1\ \mathrm{atm})\,|\,\mathrm{H}^+(a_{\mathrm{H}^+}=1)$$

のように表される．SHE の電極電位を温度に関係なく 0 と規約する．そうすると，SHE と対象となる電極系を塩橋で結び（図3.6）1つの電池を構成すると，電池の起電力は電極電位の差であるから，その電池の起電力として対象電極の電極電位が測定される[*4]．

また，$E(\mathrm{SHE})=0$ を規約するということは式(3.14)を参照して，

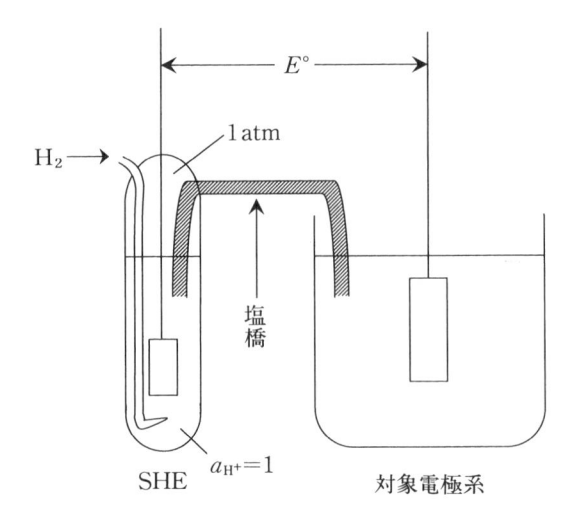

図3.6 塩橋で標準水素電極に結ばれた電極系

[*4] IUPAC（国際純正および応用化学連合）の規約によれば，「電極電位とは左側に標準水素電極をもち，右側に対象とする電極をもつ電池の起電力である」と定義される．

$$2\mu^\circ_{H^+} + 2\mu^\circ_e - \mu^\circ_{H_2} = 0 \qquad (3.18)$$

を規約するといってもよい．これをもとに熱力学データからいろいろな電極反応の E° を求めることができる．例えば，式(3.11)の E° は，

$$E^\circ = (1/2F)(1/2\mu^\circ_{O_2} + 2\mu^\circ_{H^+} + 2\mu^\circ_e - \mu^\circ_{H_2O})$$

である．式(3.18)により μ°_e を消去すれば，

$$E^\circ = (1/2F)(1/2\mu^\circ_{O_2} + \mu^\circ_{H_2} - \mu^\circ_{H_2O}) = -\Delta_f G_{H_2O}/2F$$

が得られる．便覧によれば 298 K における水の標準生成自由エネルギーは $\Delta_f G_{H_2O} = -237\,\mathrm{kJ\,mol^{-1}}$ であるから $E^\circ(298\,\mathrm{K}) = 1.229\,\mathrm{V}$ である．これを，

$$1/2\,O_2 + 2H^+ + 2e^- = H_2O \qquad E^\circ(298\,\mathrm{K}) = 1.229\,\mathrm{V\ vs.\ SHE} \qquad (3.19)$$

のように記す．"vs. SHE" は電極電位が SHE を基準（零点）にしていることを示している．このようにして様々な電極反応の E° が次々に求められてゆく．燃料電池に関連のある電極反応の $E^\circ(298\,\mathrm{K})$ を表 3.1 に示す．正味の反応が 2 つの電極反応の差である電池の標準起電力はそれぞれの E° の差で与えられる．例えば，この表から

$$O_2 + 2\,H^+ + 2\,e^- = H_2O_2 \qquad E^\circ = 0.68\,\mathrm{V\ vs.\ SHE}$$
$$2\,H^+ + 2\,e^- = H_2 \qquad E^\circ = 0$$

を選びその差をとれば，

$$O_2 = H_2O_2 - H_2 \quad \text{すなわち} \quad O_2 + H_2 = H_2O_2$$

であり，これを正味の反応とする電池の起電力は，$E = 0.68 - 0 = 0.68\,\mathrm{V}$ となる．実は，この反応が関与することが，燃料電池の起電力が理論値 $(-\Delta_f G_{H_2O}/2F)$ に達しない理由のひとつである．

なお，電極反応を何倍にしようと，それに応じて z もその倍数になるので E° の値は変わらない．式(3.19)について記せば，

$$O_2 + 4\,H^+ + 4\,e^- = 2\,H_2O \qquad E^\circ(298\,\mathrm{K}) = 1.229\,\mathrm{V\ vs.\ SHE}$$

である．

表 3.1 に示されるような E° の値は電池の標準起電力の計算に利用されるだけでなく，イオンの関与する反応の平衡定数を求めることにも使われる．一例として水の電離平衡，

$$H_2O = H^+ + OH^-$$

を取り上げよう．この反応の平衡定数は $a_{H_2O} = 1$ として，

表3.1 水溶液中における標準電極電位 $E°$ (298 K)
(主として燃料電池の電極反応に関連するもの)

電極反応	$E°$ (V vs. SHE)
$Li^+ + e^- = Li$	-3.045
$1/2\ H_2 + e^- = H^-$	-2.25
$2\ H_2O + 2\ e^- = 2\ OH^- + H_2$	-0.828
$O_2 + e^- = O_2^-$	-0.563
$CO_2(g) + 2\ H^+ + 2\ e^- = HCOOH(aq)$	-0.199
$CO_2 + 2\ H^+ + 2\ e^- = CO + H_2O$	-0.103
$O_2 + H_2O + 2\ e^- = HO_2^- + OH^-$	-0.076
$2\ H^+ + 2\ e^- = H_2$	0
$CO_2 + 6\ H^+ + 6\ e^- = CH_3OH + H_2O$	0.04
$CO_2 + 8\ H^+ + 8\ e^- = CH_4 + 2\ H_2O$	0.05
$CO_2 + 4\ H^+ + 4\ e^- = C + 2\ H_2O$	0.207
$O_2 + 2\ H_2O + 4\ e^- = 4\ OH^-$	0.401
$O_2 + 2\ H^+ + 2\ e^- = H_2O_2$	0.682
$HO_2^- + H_2O + 2\ e^- = 3\ OH^-$	0.878
$O_2 + 4\ H^+ + 4\ e^- = 2\ H_2O$	1.229
$F_2 + 2\ e^- = 2\ F^-$	2.87

$$K_w = (a_{H^+})(a_{OH^-})/a_{H_2O} = a_{H^+} a_{OH^-} \tag{3.20}$$

で表され，K_w を水のイオン積という．表から

$$2\ H_2O + 2\ e^- = H_2 + 2\ OH^- \quad E° = -0.828\ V\ vs.\ SHE$$

である．すなわち，

$$E° = (1/2F)(2\mu°_{H_2O} + 2\mu°_e - \mu°_{H_2} - 2\mu°_{OH^-}) = -0.828$$

となる．式(3.18)により $\mu°_e$ を消去すれば，

$$FE° = \mu°_{H_2O} - \mu°_{H^+} - \mu°_{OH^-} = -\Delta G° = RT \ln K_w$$

を得る．これより 298 K において $K_w = 1.01 \times 10^{-14}$ である．同様にして様々な難溶性の塩の溶解度積が求められる．

標準水素電極 SHE は規範的な基準電極であるが，実験上，ボンベから水素ガスを供給する必要があるなどで煩わしい．そのため，電位の測定・規制には以下のような安定な電位を与える電極で代用する．それらを参照電極という．参照電極は実験上の利便性を考慮して選択される．

（1） 銀-塩化銀電極

電極反応は

$$AgCl + e^- = Ag + Cl^- \qquad E° = +0.222 \text{ V vs. SHE}$$

である．Ag 線表面に AgCl 層を電解酸化により析出させたものを Cl^- を含む溶液に浸漬してつくる．通常，溶液として飽和 KCl 溶液が用いられる．この場合，SHE との差は $+0.199$ V である．

（2） カロメル（甘コウ）電極

電極反応は

$$Hg_2Cl_2 + 2e^- = 2Hg + 2Cl^- \qquad E° = +0.268 \text{ V vs. SHE}$$

で表せる．容器底部の Hg の上にカロメル（Hg_2Cl_2）をのせ，KCl 水溶液を満たした電極系である．通常，飽和 KCl 溶液を用い，これを飽和カロメル電極（SCE）という．SCE の電位は $+0.241$ V vs. SHE である．

3.4 ネルンストの式の応用

ネルンストの式はあらゆる電極反応を考察する際の土台（出発点）となるものであるが，その意味をよりよく理解するのに役立つと考え，具体的な応用例を以下に挙げる．

3.4.1 電位と pH の関係

ネルンストの式（式(3.16)）で与えられる電位は，いうまでもなく正方向の電極反応（カソード反応）と逆方向のアノード反応が釣り合った状態の平衡電位である．これを強調するためにネルンストの式の電位を E_{eq} と書くことにする．電位がこれより低くなれば電子のエネルギーが高くなりカソード反応が進む．電極反応が

$$2H^+ + 2e^- = H_2$$

であれば，水素の発生が起こる．逆に電位が E_{eq} より高くなれば電子のエネルギーが減少するので水素のプロトン（H^+）への酸化反応（燃料電池のアノード反応）が起こる．この反応のネルンストの式は式(3.14)であるから，E_{eq}

は温度,水素の圧力およびプロトンの活量の関数である.温度を 298 K,水素圧を標準圧(1 atm)とすれば,

$$E_{eq}(H_2)=E°(SHE)-(RT/2F)\ln(1/(a_{H^+})^2)=0.026\ln a_{H^+}$$

となる.水素イオン指数の定義,pH$=-\log a_{H^+}(=-(\ln a_{H^+})/\ln 10)$ から

$$E_{eq}(H_2)=-0.059\,\text{pH} \tag{3.21}$$

となり電位は pH が増すと直線的に低下する.一方,燃料電池の酸素電極の反応,

$$1/2\,O_2+2\,H^++2\,e^-=H_2O$$

に対するネルンストの式は

$$E_{eq}(O_2)=E°(O_2)-(RT/2F)\ln[a_{H_2O}/(p_{O_2})^{1/2}(a_{H^+})^2] \tag{3.22}$$

である.ここで,$a_{H_2O}=1$ とおけるから,298 K,$p_{O_2}=1$ atm では水素電極の場合と同様にして,

$$E_{eq}(O_2)=1.229-0.059\,\text{pH} \tag{3.23}$$

となる.$E>E_{eq}(O_2)$ では逆反応の酸素発生が起こる.図 3.7 に $E_{eq}(H_2)$ と $E_{eq}(O_2)$ の pH 依存性を示す.$E_{eq}(O_2)$ も $E_{eq}(H_2)$ も pH に依存するが,その差(燃料電池の熱力学的起電力)は 1.229 V で一定である.両電位の内側の領域では酸素の発生も水素の発生も起こらず,水は安定に存在する.こういう

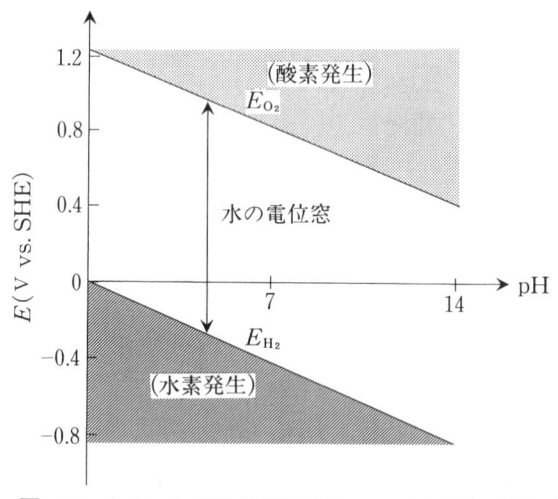

図 3.7 水素および酸素電極電位の pH 依存性と電位窓

3.4 ネルンストの式の応用　53

領域を（水の）電位窓と呼ぶ．ネルンストの式から得られる電位と pH の関係を表す図はプルベー（Pourbaix）ダイヤグラムと呼ばれ，物質の安定領域を推定するため便利に使われる．

3.4.2　濃淡電池の起電力とセンサ

希硫酸中に一対の Pt 電極を浸漬し，それぞれに酸素分圧の異なる酸素と不活性気体との混合気体を導入すると両電極間には起電力が生じる．このように同一の電極反応系（この場合は，$1/2\,O_2 + 2\,H^+ + 2\,e^- = H_2O$）でありながら反応に係わる物質の圧力や活量が異なるために起電力を発生する電池を濃淡電池という．

この例において，一方の酸素分圧を p_1，他方を $p_2 (>p_1)$ とすれば，それぞれの電位は式(3.22)から

$$E_1 = E° - (RT/2F) \ln [a_{H_2O}/(p_1)^{1/2}(a_{H^+})^2]$$
$$E_2 = E° - (RT/2F) \ln [a_{H_2O}/(p_2)^{1/2}(a_{H^+})^2]$$

となる．起電力は

$$E = E_2 - E_1 = (RT/4F) \ln (p_2/p_1) \tag{3.24}$$

で与えられる．全圧 $p=1$ atm の純酸素（$p_2=1$）と空気（$p_1=0.21$）の濃淡電池の 298 K における起電力は 0.010 V となる．濃淡電池は，通常，起電力が小さすぎるので動力を供給する電池には利用できないが，ガスセンサなど化学

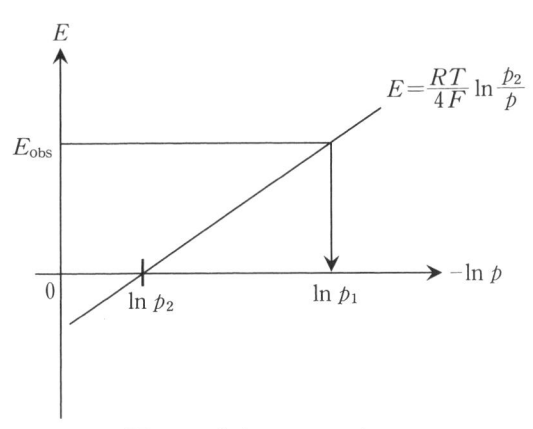

図3.8　酸素センサの原理

センサには広く応用されている．式(3.24)において $p_2=px_0$ を既知として起電力 E を測定すれば $p_1=px$ が求まり酸素の濃度 x を決定できる（図3.8）．これは酸素センサの原理である．同様の原理で様々なガスセンサが構成できる．また，同一の電極反応系で溶液中の反応種の濃度（活量）だけが異なる濃淡電池を構成すれば反応種の濃度を決定できる．例えば，一方を SHE（$a_{H^+}=1$, すなわち pH＝0），他方を未知の pH の $2H^++2e^-=H_2$ とすれば，その起電力は式(3.21)であるから直ちに pH が求まる．これが pH センサの基本原理である．実際の pH センサでは，使いやすさのため様々な工夫がされている．

3.5 電極反応の速度

これまでの数節では電極反応が釣り合って酸化反応も還元反応も進まず，したがって電流が生じないことを前提として議論してきた（静的電気化学または平衡電気化学）．そのようにして求めた平衡電位 E_{eq} から電位をずらせば電子のエネルギーが変化して酸化反応あるいは還元反応が進行し電流が生じる．逆にある電流を流せばそれに応じて電位が変化する．では，電位と電流はどういう関係にあるのか，つまり，図3.2の領域Ⅲの動的電気化学現象についてこれからの数節で述べる．

3.5.1 平衡論と速度論

2章では「水素の燃焼反応の $\Delta G°$ は $-237\,\mathrm{kJ\,mol^{-1}}$（298 K）であるから自発的に進行する反応である」というような述べ方をした．しかし，25℃で水素と酸素を単に混合しても水の生成は起こらない．このような事例は普通に存在する．炭素やアルコールも燃焼反応の ΔG は大きな負の値であるが，それらは空気中で安定に存在する．電気化学系についても同様で，水の分解電圧は 1.23 V であるといいながら，水銀を電極とする場合では 2 V 以上電圧を加えても分解は起こらない．その理由は，反応物が生成物に変わるときエネルギーの高い遷移状態（反応中間体）を経由しなくてはならないからである（図3.9）．原系と遷移状態のエネルギー差を活性化エネルギー（E_a）という．E_a が非常に大きければ，このエネルギー障壁を越えることができず反応速度は実質

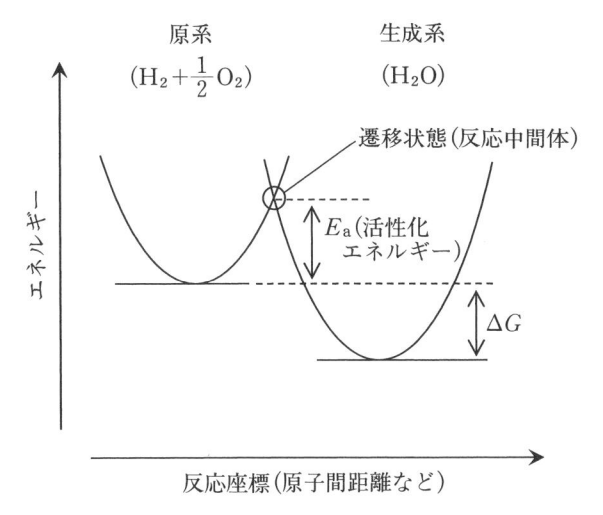

図中:
原系 (H₂+½O₂) — 書き下し: 原系 ($H_2 + \frac{1}{2}O_2$)
生成系 (H_2O)
遷移状態(反応中間体)
E_a(活性化エネルギー)
ΔG
エネルギー
反応座標(原子間距離など)

図3.9 反応のエネルギーダイヤグラム

的に零となる．触媒を用いれば E_a が小さくなり反応速度が増加して，室温でも水素の燃焼反応が進むようになる．水の電気分解も水銀に替えて Pt 電極を用いると E_a が低下して平衡論的な分解電圧に近い 1.6 V 辺りから進むようになる．このように，平衡論は所与の条件における反応の進むべき方向を示すだけであるが，速度論はその進行速度を議論するものである．いうまでもないが，平衡論で否定される $\Delta G > 0$ の反応はどんな触媒を用いても進行させることはできない．

3.5.2 反応の速度と反応速度定数

電気化学系の反応速度を論じる前に，反応速度に関する基礎的事項を簡潔にまとめておく．反応速度 v とは，反応物の減少速度あるいは生成物の増加速度である．例えば，

$$A + B = C \tag{3.25}$$

という反応では，それぞれの物質量 [mol] を n_A などで表せば，

$$v = -dn_A/dt = -dn_B/dt = dn_C/dt \tag{3.26}$$

で与えられる．また，体積一定の溶媒中の溶質の反応などでは，それぞれのモ

ル濃度を［A］などで表して，
$$v=-{\rm d}[{\rm A}]/{\rm d}t=-{\rm d}[{\rm B}]/{\rm d}t={\rm d}[{\rm C}]/{\rm d}t \tag{3.26'}$$
と書いてもよい．

反応速度は温度が一定なら反応物の濃度の積に比例することが知られている．式(3.25)の反応では，
$$v=k[{\rm A}][{\rm B}] \tag{3.27}$$
となる．k は温度のみの関数で反応速度定数と呼ばれる．その中味は
$$k=k_0\exp(-E_{\rm a}/RT) \tag{3.28}$$
で与えられる．$E_{\rm a}$ は図3.9の活性化エネルギーである．k_0 は，通常，温度によらない定数と考え頻度因子という．したがって，式(3.27)は
$$v=[{\rm A}][{\rm B}]k_0\exp(-E_{\rm a}/RT)$$
と書ける．ボルツマンの分布則を考慮すると，指数項は反応物がエネルギー $E_{\rm a}$ の中間体を経て生成物になる確率を，前指数項は反応物が十分近づき中間体になろうとする頻度と解釈できる．

一般の反応の速度が
$$v=[{\rm A}]^\alpha[{\rm B}]^\beta[{\rm C}]^\gamma\cdots \tag{3.29}$$
で与えられるとして，$(\alpha+\beta+\gamma\cdots)$ を反応の次数という．速度が式(3.27)である反応は2次反応である．もっとも簡単な反応，すなわち A＝B は1次反応であり，
$$v=-{\rm d}[{\rm A}]/{\rm d}t=k[{\rm A}]$$
となる．この微分方程式は直ちに解け，初期濃度を $[{\rm A}]_0$ とすれば
$$\ln([{\rm A}]/[{\rm A}]_0)=-kt$$
となる．初期濃度の半分になるまでの時間 $(t_{1/2}=(\ln 2)/k)$ を半減期という．半減期を測定すれば速度定数が求まる．

式(3.25)について逆反応も考えて，正逆反応を矢印で指定すれば
$$\vec{v}=\vec{k}[{\rm A}][{\rm B}]$$
$$\overleftarrow{v}=\overleftarrow{k}[{\rm C}]$$
で表される．両者の速度が等しければ，正逆反応が釣り合い正味の反応は起こらない．そのとき
$$[{\rm C}]/[{\rm A}][{\rm B}]=\vec{k}/\overleftarrow{k}$$

となる．ここで，$\vec{k}/\overleftarrow{k}=K$（平衡定数）とおけば式(2.77)の質量作用の法則と同じになる．式(3.29)が成り立てば一般の反応についても同じことがいえる．これが平衡定数（あるいは化学平衡）の速度論的解釈である．

3.5.3 電極反応の速度

電極反応が普通の化学反応と異なるところは電子が関与することである．式(3.25)に相当する反応を

$$O + ze^- = R \tag{3.30}$$

と書くことにする（Oは酸化体，Rは還元体を意味する）．O，Rは中性の原子や分子であってもよいし，イオンであってもよいが，それぞれの符号も含めた電荷を ν_O，ν_R とすれば，

$$z = \nu_O - \nu_R \tag{3.31}$$

が要求される．反応速度は式(3.26)にならって

$$v = -dn_O/dt = -(1/z)dn_e/dt = dn_R/dt \tag{3.32}$$

と書くことができる．しかし，電子は通常の化学種と異なり消滅・生成するものではないから dn_e/dt は電子が電極からOへ移動する速度と理解される．つまり，時間 dt 当たりに電極を通過する電子の量が dn_e[mol] であるといってもよい．電気量を Q とすれば，

$$dQ = Fdn_e \text{［クーロン］} \quad \text{また} \quad I\text{［アンペア］} = dQ/dt$$

であるから，電流に方向性を考えなければ（$I = |I|$），

$$v = I/zF \tag{3.33}$$

となる．これはまさにファラデーの法則（式(3.1)）の意味するところである．電気化学反応においては電流を測定すれば直ちに反応速度が求まる．

電極反応は電極表面での反応物との電子のやりとりであるから，反応速度は電極面積 S[cm^2] に比例する．したがって，式(3.27)に相当する式は酸化体Oの濃度を [O][mol cm^{-3}] とすれば，

$$v = k[O]S \tag{3.34}$$

となる．この場合，反応速度定数の単位は [cm s^{-1}] である．単位電極面積当たりの電流，すなわち電流密度 $i(=I/S)$ [A cm^{-2}] を用いれば，式(3.33)と比較して，

$$i = zFk[\text{O}] \tag{3.35}$$

という基本的な関係式が得られる．

式(3.30)のように電子が左辺（原系）にある還元反応をカソード反応といい，逆反応である酸化反応

$$\text{R} = \text{O} + ze^- \tag{3.36}$$

をアノード反応という．カソード反応に対応する反応速度，速度定数，電流密度は v_c, k_c, i_c と記し，アノード反応では v_a, k_a, i_a である．カソード電流とアノード電流は方向が逆であるが，アノード電流の符号を正と規約する．そうすると式(3.35)は

$$i_c = -zFk_c[\text{O}]$$

のように書ける．電極を通過する電流密度 i は

$$i = i_a - |i_c| = zF(k_a[\text{R}] - k_c[\text{O}]) \tag{3.37}$$

である．$i > 0$ なら全体として酸化反応が進んでいることになる．電極反応が平衡にあるとき，$i = 0$ である．すなわち，

$$i_a = |i_c| = i_0 \tag{3.38}$$

が得られ，i_0 を交換電流密度という．

3.6　電極反応の速度と電極電位

電極反応の特徴は速度と電流が式(3.33)というシンプルな関係で結ばれていることとともに，速度（つまり，電流）を電位を変化させることにより容易に，しかも大きな範囲で制御できることにある．これは速度定数を決める活性化エネルギーが電位によって変化するからである．

3.6.1　分　　極

電極が平衡電位 E_{eq}（式(3.16)の E）にあるときは電極反応の原形と生成系の電気化学ポテンシャルが釣り合っており反応は進行しない．速度論的にはカソード反応とアノード反応が等しい速度で進んでいるといってもよい．したがって正味の電流は流れない（式(3.38)）．電極の電位 E を E_{eq} から変化させると電流が生じる．逆に電流を生じさせると電位が E_{eq} からずれる．動的電極

の電位 E と平衡電位 E_{eq} の差 η, すなわち

$$\eta = E - E_{eq} \tag{3.39}$$

を電気化学的分極または単に分極という．また，過電圧ということもある（電気化学ポテンシャルと同じ記号を用いるので混同しないよう注意）．$\eta > 0$ のときアノード分極，$\eta < 0$ のときカソード分極と呼ぶ．

式(3.13)のように電位は導体（電極）と電解質の内部電位の差である．動的状態と平衡状態において

$$E = \phi_M - \phi_S$$

$$E_{eq} = \phi_{M,eq} - \phi_{S,eq}$$

これらの差をとれば，

$$\eta = (\phi_M - \phi_{M,eq}) + (\phi_{S,eq} - \phi_S) \tag{3.40}$$

である．分極 η が電極と電解質の内部電位にどのように割り振られるかは不明であるが，分配率に当たるものを α として

$$\phi_M - \phi_{M,eq} = \alpha\eta, \quad \phi_{S,eq} - \phi_S = (1-\alpha)\eta \tag{3.41}$$

とすれば，

$$\phi_M = \phi_{M,eq} + \alpha\eta, \quad \phi_S = \phi_{S,eq} - (1-\alpha)\eta \tag{3.42}$$

となる．アノード分極（$\eta > 0$）では電極の内部電位が上がり，電解質のそれが下がる．カソード分極ではその逆となる（図3.10）．なお，α は透過係数あるいは対称因子と呼ばれ，通常の反応では0.5に近い値をとることが知られて

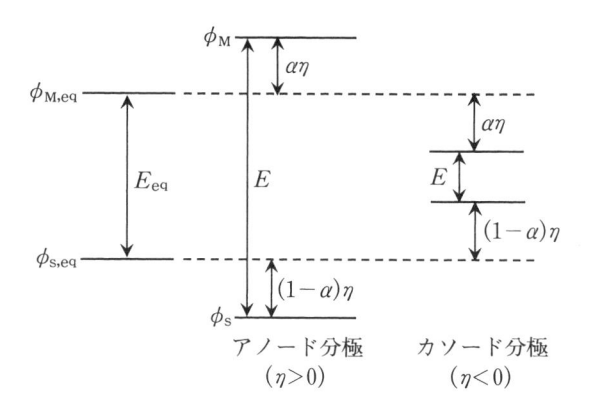

図3.10 分極に伴う電極と電解質の電位変化

いる．

分極に伴い電極（電極相）と反応物，生成物を含む電解質相のエネルギー変化を見るため，式(3.30)の反応を移項して

$$ze^- = R - O \tag{3.43}$$

と書いてみる．このように書いても反応が平衡にあれば両辺のエネルギー（電気化学ポテンシャル）は等しいのはもちろんである．式(3.31)を考慮すると，

$$z\mu_e - zF\phi_{M,eq}(\text{電極}) = \mu_R - \mu_O - zF\phi_{S,eq}(\text{電解質})$$

であり，分極 η のもとでは，電極側のエネルギーは

$$z\mu_e - zF\phi_{M,eq} - \alpha zF\eta$$

電解質側は

$$\mu_R - \mu_O - zF\phi_{S,eq} + (1-\alpha)zF\eta$$

になる．すなわち，アノード分極（$\eta>0$）のもとでは，電極のエネルギーは平衡状態より $\alpha zF\eta$ 低下し，電解質相のエネルギーは $(1-\alpha)zF\eta$ 上昇する．そのため反応は右辺から左辺に進む．つまり，電子が電解質側から電極側に移動してアノード反応（$R \to O + ze^-$）が起こる．カソード分極（$\eta<0$）ではこれと逆の事情になりカソード反応が起こる．

3.6.2　電位と速度定数

上述の分極に伴う電極系のエネルギー変化の様子を図3.11に示す．電極反応では，電極と電解質の界面近傍に電子移動に伴う活性化エネルギーが存在する．式(3.43)の反応が平衡にあれば（すなわち $\eta=0$ であれば）両側のエネルギーが等しいので，アノード反応とカソード反応の活性化エネルギーも等しくなる（a）．このときの活性化エネルギーを E_a とする．アノードおよびカソード反応の速度定数は

$$k_{eq,a} = k_{0,a} \exp(-E_a/RT) \tag{3.44}$$

$$k_{eq,c} = k_{0,c} \exp(-E_a/RT) \tag{3.44'}$$

平衡状態では両反応の速度が等しいから

$$v_{eq} = k_{0,a}[R]\exp(-E_a/RT) = k_{0,c}[O]\exp(-E_a/RT) \tag{3.45}$$

となる．

アノード分極状態（$\eta>0$）では，電解質側のエネルギーが高くなっているの

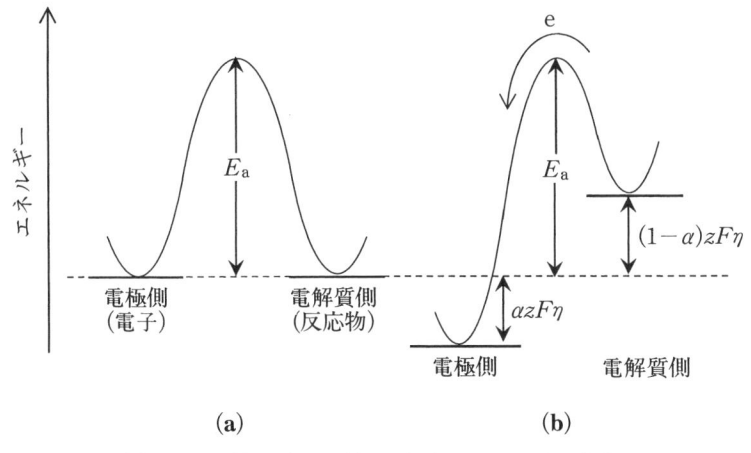

図 3.11 分極に伴う電極反応系のエネルギー変化
（a）平衡状態，（b）アノード分極状態．

でアノード反応の活性化エネルギー $E_{a,a}$ はその分小さくなる．逆に，カソード反応の活性化エネルギー $E_{a,c}$ は大きくなる（b）．すなわち，

$$E_{a,a} = E_a - (1-\alpha)zF\eta$$
$$E_{a,c} = E_a + \alpha zF\eta$$

このときのアノードおよびカソード反応の速度は

$$v_a = v_{eq} \exp[(1-\alpha)zF\eta/RT] \tag{3.46}$$
$$v_c = v_{eq} \exp(-\alpha zF\eta/RT) \tag{3.46'}$$

で与えられる．分極の増大とともにアノード反応は指数関数的に速くなり，カソード反応は指数関数的に遅くなる．カソード分極（$\eta<0$）ではこの逆となる．

3.6.3 電位と電流

電極系が平衡状態（$E=E_{eq}$，すなわち $\eta=0$）にあるときに対応する式 (3.45) に zF を乗ずれば，

$$zFv_{eq}(=i_0) = zFk_{0,a}[\text{R}]\exp(-E_a/RT)(=i_{a,0})$$
$$= zFk_{0,c}[\text{O}]\exp(-E_a/RT)(=|i_{0,c}|) \tag{3.47}$$

が得られ，これが交換電流密度 i_0 の意味である．触媒能の高い電極では E_a が小さく i_0 が大きくなる．また，一定の電極の材質（触媒）については温度と

ともに指数関数的に増大する。i_0 は燃料電池や電池の性能を決める重要なパラメータである．

分極状態におけるアノードおよびカソード電流密度は，

$$i_a = zFv_a = i_0 \exp[(1-\alpha)zF\eta/RT] \tag{3.48}$$

$$i_c = -zFv_c = -i_0 \exp(-\alpha zF\eta/RT) \tag{3.48'}$$

で示され，電極を通過する正味の電流密度は，

$$i = i_a + i_c = i_a - |i_c| = i_0[\exp\{(1-\alpha)zF\eta/RT\} - \exp(-\alpha zF\eta/RT)] \tag{3.49}$$

となる．これをバトラー-フォルマー（Butler-Volmer）の式という．物質輸送が十分速いときの電極の動的電位（$E = E_{eq} + \eta$）と電流密度の関係を与えている．図3.12はこの関係を示す概念図である．以上の議論は最も単純な電極反応（$O + ze^- \leftrightarrow R$）についてのものであったが，通常の電極反応（例えば，$1/2\ O_2 + 2H^+ + 2e^- = H_2$）でも成り立つことが実験的に知られている．

式(3.49)において，$zF|\eta|/RT \ll 1$ とすれば，$\exp(x) \doteqdot 1 + x$ としてよいから，

$$i = i_0(zF\eta/RT) \tag{3.50}$$

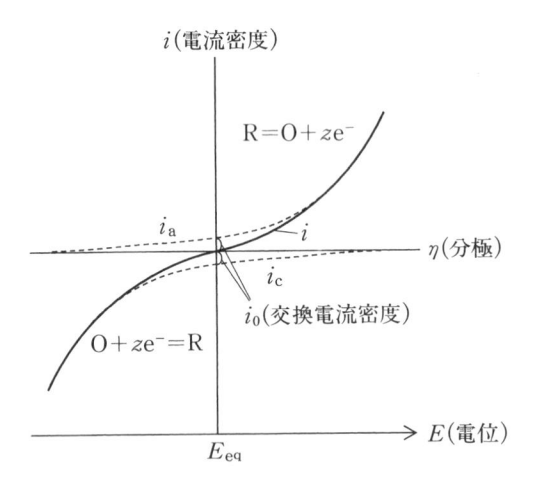

図3.12 分極と電流密度の関係（バトラー-フォルマーの関係）
i_a：アノード電流密度，i_c：カソード電流密度，$i(=i_a+i_c)$：全電流密度，i_0：交換電流密度．

となり，電流密度は分極に比例する．オームの法則（抵抗＝電圧/電流）のアナロジーから，

$$R_{ct} = \eta/i = RT/zFi_0 \tag{3.51}$$

で与えられる R_{ct} を電荷移動抵抗という．平衡電位近くにおける η と i の勾配から i_0 を求めることができる．

分極の絶対値が大きく $zF|\eta|/RT \gg 1$ であれば，式(3.49)の指数項の一方は他方に対して無視できるので i は次式で示される．

$$i = i_a = i_0 \exp[(1-\alpha)zF\eta/RT]$$
$$i = i_c = -i_0 \exp(-\alpha zF\eta/RT)$$

$|i|$ の対数をとれば，

$$\ln i_a = \ln i_0 + (1-\alpha)zF\eta/RT \quad (\eta > 0) \tag{3.52}$$
$$\ln(|i_c|) = \ln i_0 - \alpha zF|\eta|/RT \quad (\eta < 0) \tag{3.52'}$$

となる．これらをターフェル（Tafel）の式という．この関係を図示したもの（図3.13）をターフェルプロットと呼ぶ．バトラー–フォルマー式からの誤差は，$T=298$ K，$z=2$，$\alpha=0.5$ で $\eta=0.1$ V とすれば 0.04%，つまり分極の絶対値が 0.1 V を超えればよい近似式となる．η と i の実験データをターフェルプロットすれば，直線関係を外挿した電流軸切片から i_0 が求まり，直線の傾きから z，α についての情報が得られる．

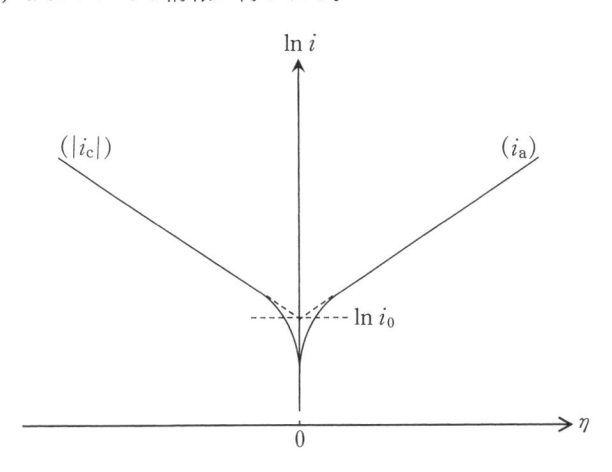

図 3.13 分極 η と電流密度 i のターフェルの関係

3.6.4 燃料電池の動的起電力

電池や燃料電池から電流を取り出すと種々の分極が生じるため両極の電位差は熱力学的起電力 ($-\Delta G/zF$) より小さくなる．分極には後の節で説明する物質輸送や電気抵抗に伴うものもあるが，ここでは以上の電子移動の分極だけを考え，電流が流れた状態の電位差を動的起電力と呼ぶことにする．

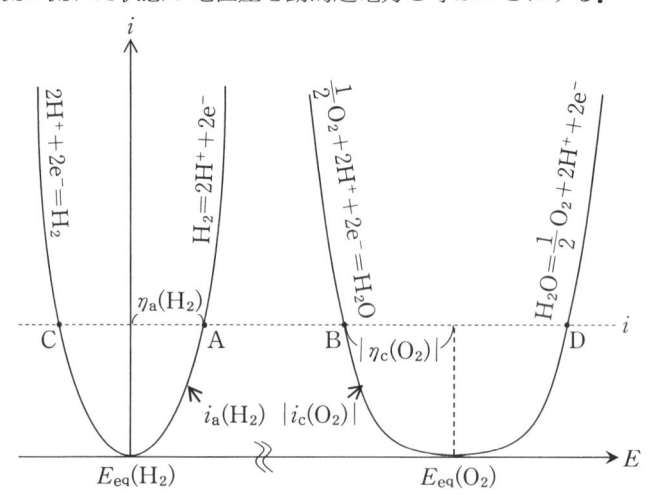

図 3.14 燃料電池の水素および酸素電極における電位と電流の関係

一例として，燃料電池に関係する電極反応，

$$2\,H^+ + 2\,e^- = H_2 \quad (H_2\,電極)$$
$$1/2\,O_2 + 2\,H^+ + 2\,e^- = H_2O \quad (O_2\,電極)$$

を取り上げよう．ネルンストの式から決まるそれぞれの電極の平衡電位を $E_{eq}(H_2)$，$E_{eq}(O_2)$ とすれば $\eta = E - E_{eq}$ であるから，電位 E とバトラー–フォルマー式で決まる電流の関係は図 3.14 のようになる（i_c は $|i_c|$ で示してある）．両極間の電位差 $V = (E(O_2) - E(H_2))$ は $i=0$ において，

$$V(0) = E_{eq}(O_2) - E_{eq}(H_2)$$

これは，式(3.3)で与えられる熱力学的起電力（$-(1/2F)\Delta_r G(H_2 + 1/2\,O_2 = H_2O)$）に等しい．燃料電池から電流（密度）$i$ を取り出せば H_2 電極ではアノ

ード電流 i_a が，O_2 電極ではそれと逆方向で絶対値の等しいカソード電流 i_c が流れ，それぞれにアノード分極（$\eta_a(H_2) > 0$）とカソード分極（$\eta_c(O_2) < 0$）が発生する．両極の電位差は

$$V(i) = V(0) - \eta_a(H_2) + \eta_c(O_2) = V(0) - (\eta_a(H_2) + |\eta_c(O_2)|) \quad (3.53)$$

$V(i)$ が電流密度 i における動的起電力で，図において AB がこれにあたる．H_2 電極，O_2 電極の交換電流密度 i_0 を 10^{-3} および 10^{-5} A cm^{-2}，透過係数 α を 0.5 とすれば $\eta_a(H_2) = 0.18$ V，$|\eta_c(O_2)| = 0.30$ V となるから，動的起電力は熱力学的起電力より 0.48 V 小さくなる．同様の考慮から，水の動的分解電圧は，

$$V_d(i) = V(0) + |\eta_c(H_2)| + \eta_a(O_2)$$

となる．すなわち，図の CD で与えられ，熱力学的分解電圧より大きくなる．

熱力学的に決まる静的電位あるいは電圧と電流の存在するときのそれらとの偏差を一般に分極（過電圧）というが，これは以下の節で述べるようにいくつかの他の要因によっても生じる．以上の電子移動過程の分極は，他と区別して活性化分極（活性化過電圧）といわれる．

3.7　電極反応と物質輸送

バトラー-フォルマー式で与えられる電流（図 3.12）は分極を増大すれば指数関数的に増大するが，実際は図 3.15 のようにある電流で飽和する．これは電流がある程度以上大きくなると反応場（電極面）への反応物の供給が追いつかなくなるからである．つまり，電子移動速度が十分速ければ，物質輸送（移動）が律速過程となる．この場合の物質輸送は濃度勾配を駆動力とする拡散によって起こる．

3.7.1　フィックの法則

拡散現象はフィック（Fick）の法則により論じられる．物質は濃度 C [mol cm^{-3}] の高いところから低い方へ輸送され，物質の流束 j [mol cm^{-2} s^{-1}]（単位断面積を単位時間に通過する物質量）は濃度勾配に比例する．1次元の場合

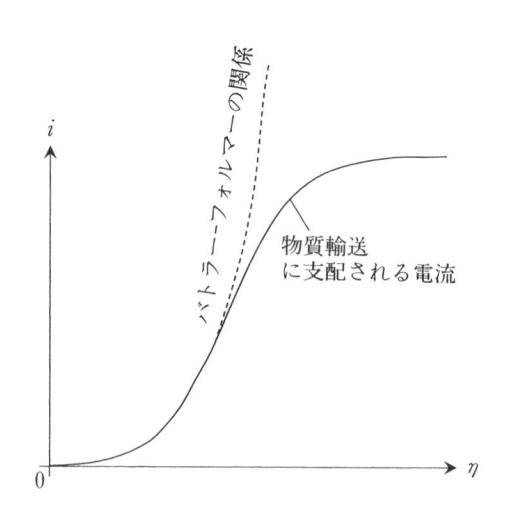

図 3.15 物質輸送速度の影響を受けるときの分極と電流密度の関係

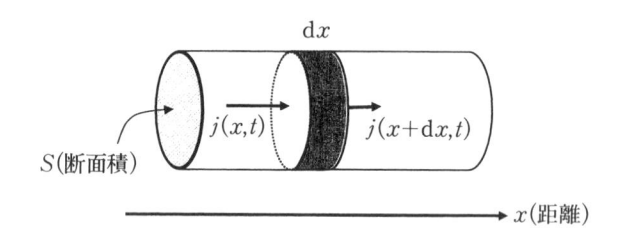

図 3.16 フィックの第 2 法則を導くための 1 次元拡散モデル

$$j = -D\partial C(x, t)/\partial x \tag{3.54}$$

で示される．これをフィックの第 1 法則という．比例係数 D [cm² s⁻¹] を拡散係数と呼ぶ．溶液中の物質の D は室温において 10^{-5} cm² s⁻¹ 程度の値をとることが多い．

断面積 S の円筒の中の 1 次元拡散を考えよう（図 3.16）．位置 x と $x+\mathrm{d}x$ にある断面に囲まれる微小体積 $S\mathrm{d}x$ に流入する物質量は，微小時間 $\mathrm{d}t$ 当たり

$$Sj(x, t)\mathrm{d}t$$

であり，流出量は

である．この差を Sdx で割れば dt の間の濃度変化 dC になる．
$$dC = S\{j(x,t) - j(x+dx, t)\}dt/Sdx$$
すなわち，
$$\partial C/\partial t = \{j(x,t) - j(x+dx, t)\}/dx = -(\partial j/\partial x)$$
が得られ，これに第1法則を代入すれば，D が定数のとき，
$$\partial C(t,x)/\partial t = D\partial^2 C(t,x)/\partial x^2 \tag{3.55}$$
となる．この式をフィックの第2法則，または拡散方程式という．拡散現象を含む諸問題はこの偏微分方程式を所定の初期および境界条件で解くことに帰着する．

拡散現象ではある条件を変化させてから十分長い時間が経つと，各位置の濃度が時間によらず一定となることがある．この状態を定常状態という．定常状態においては $\partial C/\partial t = 0$ であるから式(3.55)の解は a, b を定数として
$$C = ax + b \tag{3.56}$$
の形となる．

3.7.2 限界電流密度

電極反応が進行し電流が流れるためには，電極面（電気二重層領域）へ反応物が輸送されてこなくてはならない．電極反応
$$R = O + ze^-$$
において反応物 R が電解質溶液中にある系を考える．電極から十分離れた部分の電解質を"沖合"あるいは"バルク部分"と呼ぶが，ここでは撹拌や対流の効果で反応物（あるいは生成物）の濃度は場所によらず一定に保たれているものとする．バルクより内側の厚さ L の電解質層（図3.17）には電極面との間の付着力（摩擦）のため撹拌などの効果が及ばず，電極反応の進行に伴って反応物や生成物の濃度分布が生じる．この層を付着層（あるいは拡散層）という．その厚さ L は撹拌や対流の程度や溶液の粘度などによって決まる．通常の条件では $L = 10^{-3} - 10^{-2}$ cm である．

いま，考えやすい例として十分に高い濃度の硫酸水溶液中に溶存している水素の酸化反応，

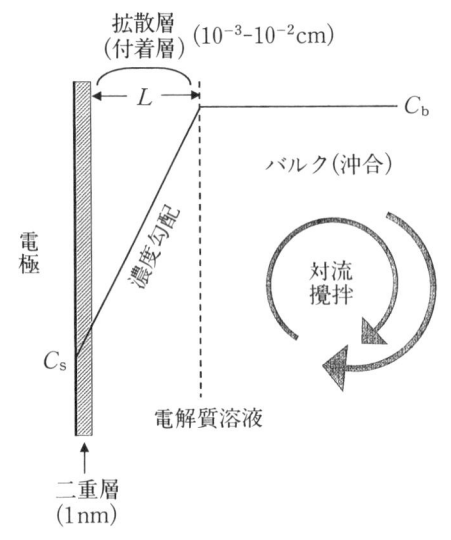

図3.17 電極付近における電解質溶液の層状構造

$$H_2 = 2H^+ + 2e^-$$

を取り上げる。平衡状態では電極面の溶存水素の濃度 C_s とバルクの濃度 C_b は等しいから，このときの電位は

$$E_{eq} = E_0 - (RT/2F)\ln(C_b/(a_{H^+})^2)$$

で示され，この状態にある電極にアノード分極 $\eta(>0)$ を印加すれば，回路の電気抵抗を無視できる場はほぼ瞬時に C_s は次の式を満足するべく低下する。

$$E_{eq} + \eta = E_0 - (RT/2F)\ln(C_s/(a_{H^+})^2)$$

この場合 H^+ の濃度（活量）に実質的な変化がないと考えられるので，両式の差から

$$C_s = C_b \exp(-2F\eta/RT) \tag{3.57}$$

となる。分極が大きければ（例えば $\eta > 0.1$ V），表面濃度（C_s/C_b）は実質的に 0 となるが，溶液中の H_2 濃度 $C(t, x)$ は時間とともに図3.18にあるように変化し，その勾配を駆動力として水素が拡散し電極に供給される（濃度に時間変化のあるときの拡散（非定常拡散については後述する））。濃度分布のある領域を拡散層と呼ぶ。拡散層の厚さ l は，およそ

3.7 電極反応と物質輸送

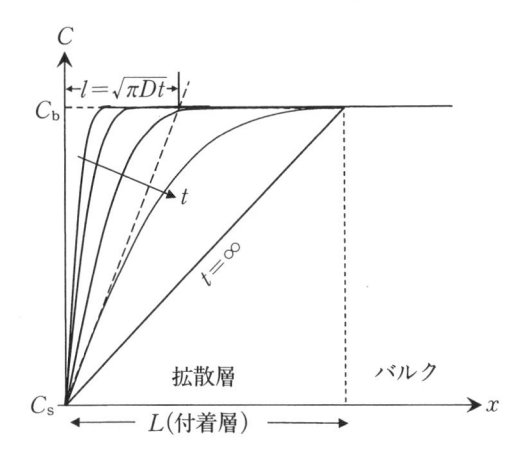

図3.18 拡散層（付着層）における濃度分布の時間変化

$$l=(\pi Dt)^{1/2}$$

に従って時間とともに厚くなる．l が付着層の厚さ L に到達すると定常拡散に移行する．$D=10^{-5}\,\mathrm{cm^2\,s^{-1}}$，$L=10^{-3}\,\mathrm{cm}$ とすれば $t=0.03\,\mathrm{s}$，すなわち，通常では0.1秒もすれば定常状態が実現され，付着層内の濃度 C は直線的に変化するようになる（式(3.56)）．

電極面からの距離を x とすれば，濃度 C は

$$C=(C_\mathrm{b}-C_\mathrm{s})x/L+C_\mathrm{s} \quad (0<x<L)$$

で示され，水素の流束は x に関係なく，

$$j=-D(C_\mathrm{b}-C_\mathrm{s})/L$$

となる．電極面から沖合に向かうアノード電流（密度）は

$$i=-2Fj=2FD(C_\mathrm{b}-C_\mathrm{s})/L=2FDC_\mathrm{b}(1-\exp(-2F\eta/RT))/L \quad (3.58)$$

であり，これが拡散速度によって決まる電流 i_d である．バトラー–フォルマーの式(3.49)に従う電子移動速度で決まる電流 i_ct とを図3.19に比較する．電流は小さい方に支配されるので i_d の最大値

$$i_\mathrm{d,max}=2FDC_\mathrm{b}/L$$

を越えることはできない．一般に，電子移動数を z，反応物のバルク濃度を C_b として，

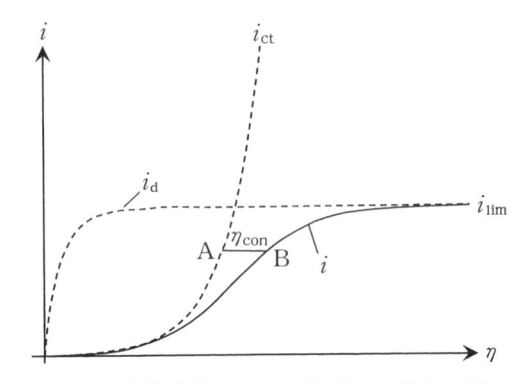

図 3.19 定常状態における過電圧と電流の関係
i_{ct}：電極反応速度が支配するときの電流（バトラー-フォルマー），i_d：拡散が支配するときの電流．

$$i_{lim} = zFDC_b/L \tag{3.59}$$

を限界電流密度と呼んでいる．実際の電流は図3.19の実線のようにi_{ct}からi_{lim}に滑らかに移行するが，その様子をつぎに考察する．

3.7.3 濃度分極

バトラー-フォルマーの式では物質移動が極めて速いことを前提に，電流が流れている状態でも表面濃度C_sはバルク濃度と等しいとしている．しかし現実には拡散層が存在し，それを通しての物質輸送過程があるので，分極の値に応じてC_sはC_bから変化する（式(3.57)）．このとき，式(3.37)は

$$i = zF(k_a C_{s,R} - k_c C_{s,O})$$

としなければならない．したがって，バトラー-フォルマーの式(3.49)は交換電流密度i_0の定義はそのままにして，

$$i = i_0[(C_{s,R}/C_{b,R})\exp\{(1-\alpha)zF\eta/RT\} - (C_{s,O}/C_{b,O})\exp\{-\alpha zF\eta/RT\}] \tag{3.60}$$

となる．分極$\eta(>0)$が十分大きければ後の指数項は無視できる．簡単のため$\alpha = 1/2$とし，$C_{s,R}$と$C_{b,R}$を単にC_s，C_bと書けば，

$$i = i_0(C_s/C_b)\exp(zF\eta/2RT) \tag{3.61}$$

である．

一方，表面濃度が C_s のとき定常拡散速度によって決まる電流は

$$i = zFD(C_b - C_s)/L \tag{3.62}$$

で示され，これらの電流が等しいとき，拡散で運ばれてきた反応物が過不足なく電極反応で消費される．実際にはこういう状態が実現される．式(3.61)，(3.62)から C_s を消去すれば

$$i = \{i_0 \exp(zF\eta/2RT)\}/\{1+(i_0L/zFDC_b)\exp(zF\eta/2RT)\} \tag{3.63}$$

が得られ，これが現実の i と η の関係で，図3.19の実線がこれにあたる．

式(3.61)の対数をとり整理すると

$$\eta = (2RT/zF)(\ln i - \ln i_0 - \ln C_s/C_b)$$

が得られる．また，濃度変化を考えないターフェルの式(3.52)において，$\eta = \eta'$，$a = 1/2$ とおいて同様に整理すると

$$\eta' = (2RT/zF)(\ln i - \ln i_0)$$

両者の差

$$\eta_{con} = \eta - \eta' = -(2RT/zF)\ln(C_s/C_b) \quad (>0) \tag{3.64}$$

を濃度分極または濃度過電圧と呼ぶ．図3.19のABがこれにあたる．表面濃度を下げるために必要な分極である．

以上の2項ではもっぱらアノード反応を考えたが，カソード反応についてもまったく同様に議論できる．読者自身で試されたい．

3.7.4 非定常拡散とコットレルの関係

分極を印加したあと，定常拡散に移る前は図3.18に示すように，濃度分布が時時刻刻変化する．また溶存水素の酸化反応をイメージしながら考えよう．非定常拡散の問題は拡散方程式(3.55)を該当する初期条件と境界条件のもとに解くことに帰着する．この場合の初期条件は，水素の濃度が電極面($x=0$)から沖合遠くまで一定値 C_b であることである．

$$C(t, x) = C_b \quad (t=0, x \geq 0)$$

分極が十分大きければ電極に到達した水素は直ちに消費されるので，境界条件は電極面の濃度が分極を印加した瞬間($t=0$)から後，一定値 $C_s = 0$ に保たれていることと考えてよい．

$$C(t, x) = 0 \quad (t>0, x=0)$$

電解質溶液が沖合方向に無限に続く半無限拡散媒体とすれば，これら条件下の解は次式で与えられることが知られている（時間が短ければ拡散層の厚さ $(\pi Dt)^{1/2}$ は薄いので通常の場合，半無限媒体と考えてよい）．

$$C(t, x) = C_b \, \text{erf}[x/2(Dt)^{1/2}] \tag{3.65}$$

ただし，$\text{erf}[p] = (2/\pi^{1/2}) \int_0^p \exp(-p^2) dp$ （誤差関数）

電極面での水素の流束は

$$j(t, x=0) = -D(dC/dx)_{x=0} = -DC_b/(\pi Dt)^{1/2}$$

これに対する電流密度は，

$$i = zFDC_b/(\pi Dt)^{1/2} \tag{3.66}$$

となる．水素の酸化では $z=2$ である．η が大きく電子移動速度が十分速ければこれが定常拡散に移るまでの過渡電流となり，コットレル（Cottrell）の式と呼ばれる．電流 i と $t^{-1/2}$ の関係は図 3.20 のように原点（$t=\infty$）を通る直線となる．実験的に得られる電流と時間の関係をコットレルプロットすれば，その勾配から拡散係数が求められる．しかし，図中の破線で示すように，実験的プロットは時間の短いところでは直線より下方へ，時間の長いところでは上方へずれることに注意する必要がある．前者は回路の抵抗や電子移動の影響のためであり，後者は定常拡散に移行するためである．

なお，$x=0$ における C の接線は $x=(\pi Dt)^{1/2}$ において $C=C_b$ を切る（図 3.18）．これは濃度変動のある領域の目安と見なされるので $l=(\pi Dt)^{1/2}$ を"拡

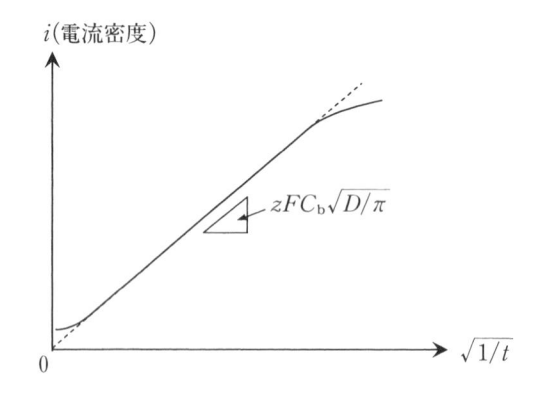

図 3.20 拡散支配の過渡電流（コットレルの関係）

3.7.5 限界電流現象とセンサ

式(3.59)を見ればわかるように，z, D, L が既知であれば限界電流密度 i_lim を測定すれば溶液中の反応物の濃度を決定できる．また，それらが未知であっても既知の濃度 C_b^* に対する限界電流 i_lim^* を同一拡散条件（攪拌の仕方など）で測定しておけば，

$$C_\text{b} = (i_\text{lim}/i_\text{lim}^*) C_\text{b}^*$$

により C_b が求まる．これは溶質種の定量分析に用いられる．

また，ガスセンサにも用いることもできる．気体を溶液に接しておけば，気体中のある成分（例えば H_2）の分圧（濃度）と溶液中のその成分のモル分率（濃度）はヘンリーの法則で結ばれる．したがって溶存気体の C_b を限界電流から求めれば気体中の濃度が決定できる．この原理によるものを限界電流式センサと呼んでいる．

3.8　電解質溶液の電気伝導

金属は電子が，半導体は電子か正孔（ホール）が電流を導くのに対し，電解質溶液（電解質）ではイオンが電流を運ぶ．電極反応はイオンの流れが電子の流れに変わる境界，つまり電極表面で進行する．電極反応自体がいくら速くとも，イオンの流れが速くなければ大きな電流を流すことはできない．これは電解質が次節で記す固体電解質であっても同じである．

3.8.1 燃料電池の動作電圧と電気抵抗

燃料電池から電流を取り出すと，水素および酸素電極に分極が生じるため動的起電力 $V(i)$ は式(3.53)で与えられるように熱力学的起電力から低下する．分極は電流密度 i と対数的関係にあるので電流が十分大きくなるとその影響は小さくなるが，今度は両極間の電解質の電気抵抗 R による電圧低下が問題となる．図 3.21 の等価回路からわかるように，電極面積を A とすれば，両電極間の電位差（動作電圧または端子電圧）V は

3 燃料電池の電気化学

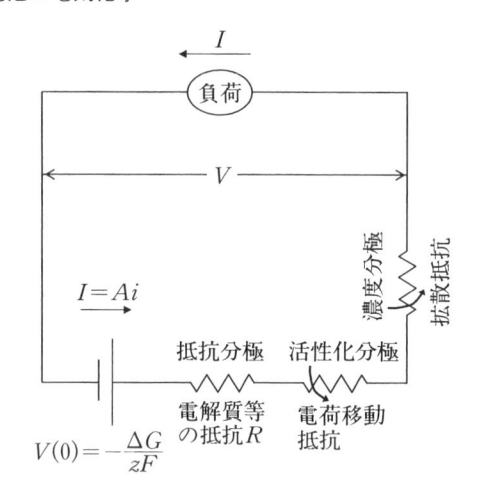

図 3.21 燃料電池の種々の内部抵抗と分極

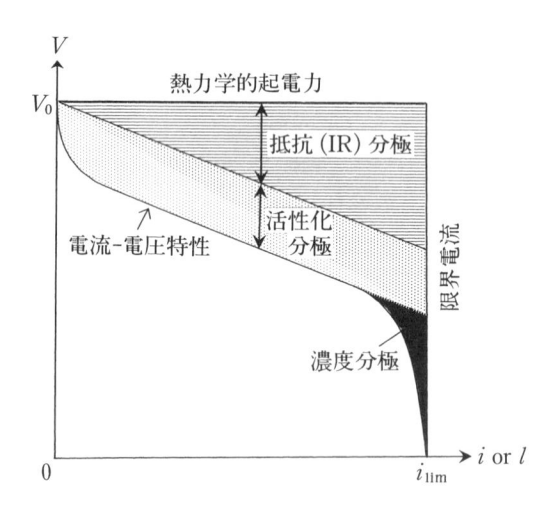

図 3.22 燃料電池の電流・電圧特性と分極の構成

$$V = V(i) - ARi (= V(I/A) - RI)$$

となり，電流 I の増大とともに線形関係で低下する（図3.22）．$ARi = RI$ を抵抗分極あるいはオーム損という．いま，$Ai = 1\,\mathrm{A}$，$R = 1\,\Omega$ とすれば抵抗に

3.8 電解質溶液の電気伝導

よるオーム損は 1 V にも達し，$V(0)=1$ V とすれば端子電圧は零で電池として機能しなくなる．このように電解質の電気抵抗は電池や燃料電池の動特性を決めるきわめて重要な因子である．電解質以外の部分（電極や端子）に無視できない抵抗があれば，それらは R に加算される．抵抗が比較的小さく，大きな電流が取り出せるときには，大電流密度領域で物質輸送（空気中の酸素の電極面への輸送など）が追随できなくなるため濃度分極が生じついには限界電流にいたることもある．このように電流が増加すると電池の動作電圧は 3 つの要因で低下するが，それらを電池の内部抵抗と呼んでいる．

3.8.2 オームの法則

荷電粒子（電子，イオン）の移動速度 v [cm s^{-1}] は電界の強さ（電位勾配）$\Phi(=-d\phi/dx)$ [V cm^{-1}] に比例する．

$$|v|=u|\Phi|=u|d\phi/dx| \tag{3.67}$$

で示される．比例定数 $u=|v|/|\Phi|$ を移動度（または易動度）という．単位は [cm^2 V^{-1} s^{-1}] である．荷電粒子の濃度 C [mol cm^{-3}] とすれば流束は

$$|j|=C|v|=Cu|d\phi/dx| \tag{3.68}$$

である．電流密度は，粒子 1 個当たりの正または負の電荷を ze，ファラデー定数を F とすれば

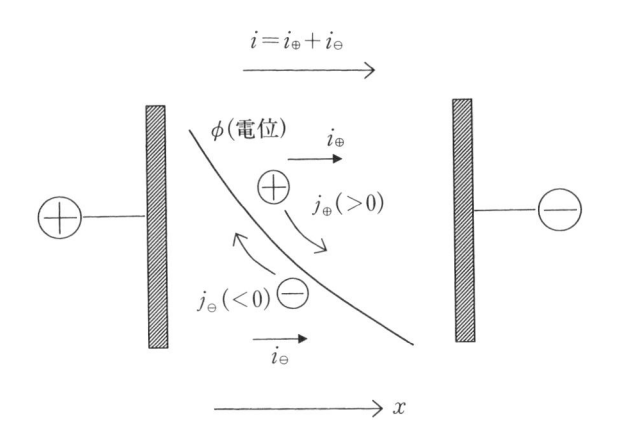

図 3.23 電位勾配下のイオンの動きと電流

$$|i|=|z|F|j|=Cu|z|F|\mathrm{d}\phi/\mathrm{d}x| \tag{3.69}$$

となる．図 3.23 のように，正電荷の粒子と負電荷の粒子では流束 j の向きが逆なので，電荷の符号に関係なく，粒子 k の電流密度は

$$i_k=-\sigma_k(\mathrm{d}\phi/\mathrm{d}x) \tag{3.70}$$

$$\text{ただし，}\sigma_k=C_k u_k|z_k|F \tag{3.70'}$$

と書ける．σ_k を粒子 k の導電率といい，単位は $[\Omega^{-1}\,\mathrm{cm}^{-1}=\mathrm{S}\,\mathrm{cm}^{-1}]$ である（$\mathrm{S}=\Omega^{-1}$ はジーメンスと読む）．複数種の荷電粒子がある場合，全電流は

$$i_\mathrm{t}=-(\sum \sigma_k)(\mathrm{d}\phi/\mathrm{d}x)=-\sigma_\mathrm{t}(\mathrm{d}\phi/\mathrm{d}x) \tag{3.71}$$

となり，σ_t を全導電率という．σ_t は物質固有の物性値である．また，全電流のうち k によって運ばれるものの比率は

$$t_k=\sigma_k/\sigma_\mathrm{t} \tag{3.72}$$

であるので，t_k を k の輸率という．当然ながら，

$$\sum t_k=1 \tag{3.73}$$

である．

オームの法則とは式(3.70)または(3.71)の関係をいう．断面積 A，長さ L，抵抗 R の物体(図 3.24)の両端に電圧 V をかけたときの電流 I を与える"いわゆるオームの法則"

$$I=V/R \tag{3.74}$$

との関連は次の通りである．図 3.24 の場合，

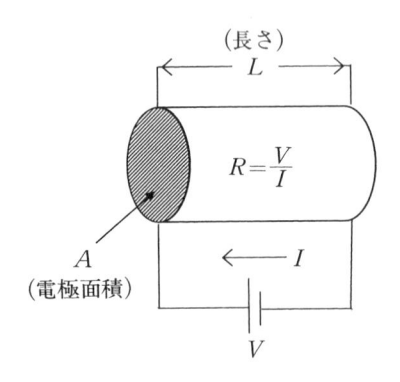

図 3.24　物体の電気抵抗とオームの法則

3.8 電解質溶液の電気伝導   77

$$i = I/A, \quad \Phi = -(d\phi/dx) = V/L$$

であるから，これを式(3.71)に入れて整理すれば，

$$I = (\sigma A/L)V$$

となり，これを式(3.74)と比較すれば，

$$R = (1/\sigma)(L/A) = \rho(L/A) \qquad (3.75)$$

が得られる．ここで，$\rho = 1/\sigma$ を比抵抗あるいは抵抗率という．この関係により，物性値 σ （あるいは ρ）から実抵抗 R を知ることができる．逆に R を測定すれば σ が求まる．

　本項で述べたことは電解質が固体であっても当然成り立つばかりでなく，電気伝導種が金属や半導体中の電子や正孔であっても成り立つ．なお，導電率の記号は慣習的に固体の場合 σ が，溶液の場合 $\varkappa$ が用いられることが多いが，両者を区別する必要はないので本書では σ に統一した．

3.8.3　モル導電率

　電解質溶液中の伝導イオン種は電解質の電離によって生じるので，一般に，その濃度 C が増加すれば導電率は大きくなる．濃度 [mol cm^{-3}] 当たりの導電率

$$\Lambda = \sigma_t/C \qquad (3.76)$$

をモル導電率 [S cm^2 mol^{-1}] という．便覧データには σ の代わりに Λ が記載される場合が多い．簡単のため A$_n$B$_m$ 型の強電解質（例えば KOH，SrCl$_2$）を考えよう．電離反応

$$\text{A}_n\text{B}_m = n\text{A}^{z_A} + m\text{B}^{-|z_B|}$$

はほぼ完全に進むので

$$C_A = nC, \quad C_B = mC$$

である．また，電荷のバランスから

$$nz_A = mz_B (\equiv n^*)$$

が成り立つ．したがって，導電率は $\sigma_t = n^* FC(u_A + u_B)$ と書けるから，

$$\Lambda = n^* F(u_A + u_B) \qquad (3.77)$$

となる．n^* で割って，

$$\Lambda_e = \Lambda/n^* = F(u_A + u_B) \qquad (3.78)$$

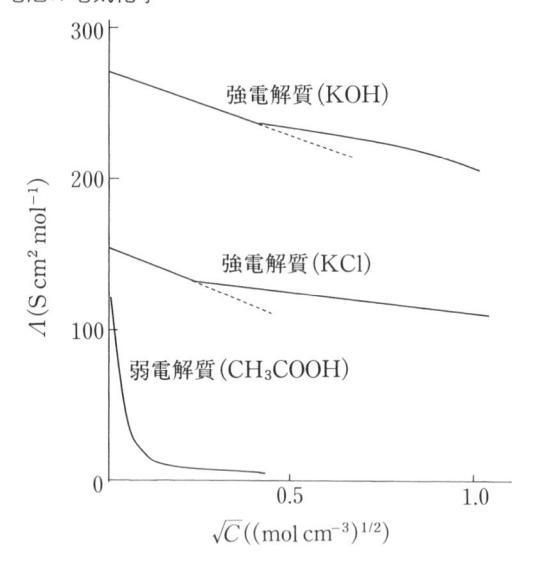

図 3.25 電解質溶液のモル導電率と濃度の関係（強電解質溶液のコールラウシュの法則）

が得られ，Λ_e を当量導電率と呼ぶ．

以上からわかるように，強電解質の Λ（あるいは Λ_e）は各イオンの移動度が一定であれば濃度に依存しない．しかし，実際には図 3.25 の KOH や KCl の例のように Λ は濃度の増加とともに減少する．濃度の低い領域では次式に従う．

$$\Lambda = \Lambda_\infty - AC^{1/2} \quad (A：定数) \tag{3.79}$$

これをコールラウシュの法則と呼び，Λ_∞ を無限希釈のモル導電率という．移動度の低下はデバイ-ヒュッケルのイオン雰囲気の理論で説明される．濃度が有限のときイオンの分布はランダムではなく，クーロン力のため陽イオンの回りには陰イオンが密度高く分布する（イオン雰囲気）．陰イオンの回りも同じである．イオンが静止していれば分布は球対称であるが，電界により中心の陽イオンが動くと回りの陰イオンはその動きに完全には追随できず，移動方向の反対面（背後）の分布密度が高くなる．その結果，クーロン力で引き戻そうとする抵抗力が生じる．抵抗力は濃度が高く，イオン同士の距離が短いほど強く

働くので，濃度とともに移動度が低下する．コールラウシュの法則はもともとは経験則であるが，こういう理論で導出することが可能である．

つぎに弱電解質の場合について考えよう．弱電解質 AB の解離度を α とすれば，それぞれの濃度は

$$C_A = C_B = \alpha C$$

であり，電荷数の絶対値を z とすれば，モル導電率は

$$\Lambda = \alpha z F(u_A + u_B) \tag{3.80}$$

となり，α に依存する．解離反応の平衡定数を K とすれば

$$\alpha = (K/2C)(-1 + (1 + 4C/K)^{1/2})$$

であるから $C \to 0$ で $\alpha \to 1$．したがって

$$\Lambda \to zF(u_A + u_B) = \Lambda_\infty \quad (C \to 0)$$

である．また，$C \gg K$ では $\alpha \sim (K/C)^{1/2}$ である．したがって，Λ は図 3.25 の CH_3COOH の例のように C の増大とともに急速に減少する．

3.8.4　イオンのモル導電率

各イオンの導電率に着目すれば，式 (3.70′) から，

$$\lambda_k = \sigma_k / C_k = u_k |z_k| F \tag{3.81}$$

で示され，この λ_k をイオン k のモル導電率という．$A_n B_m$ 型の電解質については，

$$\Lambda = (1/C)(C_A \lambda_A + C_B \lambda_B)$$

で Λ と λ の関係が与えられる．無限希釈状態 ($C \to 0$) では強電解質でも弱電解質でも $\alpha \to 1$ であるから，

$$\Lambda_\infty = n\lambda_{A,\infty} + m\lambda_{B,\infty} = nz_A F(u_{A,\infty} + u_{B,\infty}) \tag{3.82}$$

無限希釈における各イオンのモル導電率 λ_∞ および移動度 u_∞ は電解質の種類によらない．つまり，HCl の H^+ も CH_3COOH の H^+ も同じ値をとる．したがって，便覧に記載されているそれらの値から任意の電解質の Λ_∞ を知ることができる．

3.9 固体電解質

　固体でありながら電解質溶液のようにイオンが電流の担体となって電気伝導性を示す物質を固体電解質という．これを用いることにより電池や化学センサの固体化が実現できるので，近年，高導電性の固体電解質の開発が盛んである．代表的な固体電解質材料を表3.2に示す．このうち酸化物イオン（O^{2-}）とプロトン（H^+）を伝導種とするものは燃料電池材料として特に重要である．それらの詳細については7，8章および9章で記されるので，ここでは固体電解質の基本的な事項について簡潔に述べる．

3.9.1　イオン結晶の欠陥

　多くの場合，固体中のイオンの拡散や電気伝導は結晶中に生じる種々の欠陥を介して起こるので，まず，欠陥の種類とその制御について述べる．岩塩（NaCl）やKClのようなイオン結晶を加熱すると格子欠陥が生じる．欠陥の生成には仕事が必要であり，内部エネルギーは増加するが，反面，エントロピーが増大してある程度の欠陥が存在する方が自由エネルギーが小さくなるからである．KClの場合，実質的に負の電荷をもつK^+の空格子点（V'_K）と実質的に正の電荷をもつCl^-の空格子点（$V^·_{Cl}$）が同数生じる．同数生じるのは電気的中性の原理の要請による．このように陽イオンと陰イオンの空格子が対をなす欠陥をショットキー（Schottky）欠陥対と呼んでいる．欠陥対をつくるに要するエネルギーをE_f [J mol^{-1}]，モル体積をv_m [cm^3 mol^{-1}]とすれば，欠陥対の濃度C [mol cm^{-3}]は

$$C = (1/v_m)\exp(-E_f/2RT) \tag{3.83}$$

である．AgClも岩塩型構造であるが，この場合はAg^+の空格子（$= V'_{Ag}$）と格子間イオンAg^+（$= Ag^·_i$）が生じる．これはAg^+の分極率が大きく共有結合性が強いためである．空格子と格子間イオンが対をなす欠陥をフレンケル（Frenkel）欠陥対と呼ぶ．Cの温度依存性は前指数項が少し異なるだけで式(3.83)と同じである．

　欠陥の表記法は，通常，上記のようなKröger-Vink法によるが，これにつ

表3.2 主要な固体電解質

伝導イオン種	固体電解質（組成）	導電率（S cm^{-1}）（温度 °C）
O^{2-}	CSZ（$Zr_{0.87}Ca_{0.13}O_{1.87}$） YSZ（$Zr_{0.9}Y_{0.1}O_{1.95}$） GDC（$Ce_{0.8}Gd_{0.2}O_{1.9}$） $La_{0.8}Sr_{0.2}Ga_{0.8}Mg_{0.13}Ni_{0.07}O_{3-\delta}$	0.07（1000） 0.1（1000） 0.3（1000），0.1（800） 0.3（800）
H^+	$BaCe_{0.8}Y_{0.2}O_{3-\delta}$ CDP（CsH_2PO_4） $CsHSO_4$ $WO_3\,2H_2O$ SnO_2nH_2O ナフィオン（Nafion：商品名）	0.1（1000），0.05（800） 0.01（230） 0.01（150） 0.01（150） 0.01（150） 0.15（80）
Li^+	LiI LiI/Al_2O_3複合体 $La_{0.59}Ki_{0.27}TiO_3$ Li_2S-P_2S_5（ガラス） ポリエチレンオキシド/$LiClO_4$	10^{-7}（25） 0.01（300），2×10^{-5}（25） 0.1（300），10^{-3}（25） 10^{-3}（25） 3×10^{-4}（100），2×10^{-5}（25）
Na^+	β-アルミナ（$NaAl_{11}O_{17}$）	1（400）
Ag^+	α-AgI $RbAg_4I_5$	1（150） 0.3（25）

表3.3 イオン結晶の欠陥と表記法（Kröger–Vink notation）

欠陥の種類	欠陥の実体	表記法	実質電荷	例
空格子点 （空孔）	陽イオン M^{z+} の空孔 陰イオン X^{z-} の空孔	$V_M^{(z)'}$ $V_X^{(z)\cdot}$	$-z$ $+z$	V_K' $V_O^{\cdot\cdot}$
格子間イオン	格子間陽イオン（M^{z+}） 格子間陰イオン（X^{z-}）	$M_I^{(z)\cdot}$ $X_I^{(z)'}$	$+z$ $-z$	$Ag_i^\cdot$ F_I'
異種イオン （不純物）	M^{z+} を置換した A^{q+} X^{z-} を置換した B^{q-}	$A_M^{(q-z)\cdot}$ （$q>z$） $A_M^{(z-q)'}$ （$q<z$） $B_X^{(q-z)'}$ （$q>z$） $B_X^{(z-q)\cdot}$ （$q<z$）	$+(q-z)$ $-(z-q)$ $-(q-z)$ $+(z-q)$	$Ca_K^\cdot$ Ca_{Zr}' O_F' $F_O^\cdot$

（$z,\ q>0$）

いては表3.3を参照されたい．

　KCl水溶液に少量のCaCl$_2$を溶かし，結晶を析出させると陽イオンの格子点の一部がCaで置換されたKCl結晶ができる．このように母体結晶の構造が保たれる程度，異種物質を添加する操作をドーピングと呼ぶ．Kを置換したCa（Ca$_K^•$）は実質的に正の電荷をもつので，電気的中性の原理から，

$$[V_{Cl}^•] + [Ca_K^•] = [V_K']$$

が要請される（[ ]は各欠陥の濃度を意味する）．温度が十分低ければ熱的に生じる欠陥は無視できる（$[V_{Cl}^•] \ll [Ca_K^•]$）ので，$[V_K'] = [Ca_K^•]$．すなわち，K$^+$の空格子濃度はドーパント（ドーピングされた異種イオン）の濃度で決まる．温度が高くなると熱的生成が優勢となり，空格子濃度は式(3.82)に従う．欠陥濃度と温度の関係を $\log C$ と $1/T$ の形で示すと図3.26のようになり，低温領域においてV_Kが飛躍的に増大する．これは一例であるが，一般に母体結晶のイオンと価数の異なるイオンをドーピングすることにより熱的に生成する欠陥濃度よりはるかに高い欠陥濃度を実現することができる．高温固体電解質燃料電池（SOFC）に用いる酸化物イオン伝導体YSZもZrO$_2$にY$_2$O$_3$をドーピングすることにより高い$V_O^{••}$濃度を実現させたものである．フレンケル欠陥をつくる場合も同様で，AgClにCdCl$_2$をドーピングすると低温領域におけるV_{Ag}'はCd濃度により決まる．

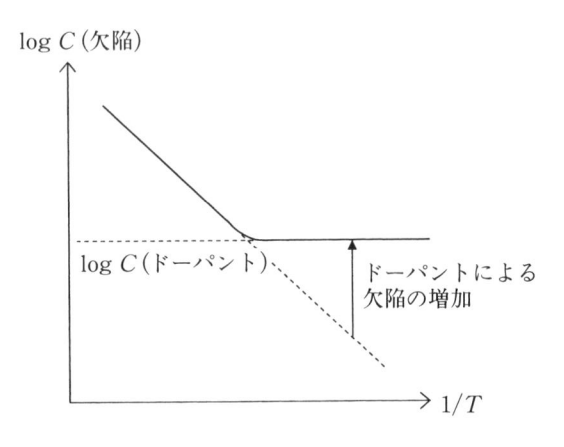

図3.26　ドーピングされた結晶における欠陥濃度の温度依存性

3.9.2 イオンの拡散機構

　イオン結晶中のイオンは欠陥の移動によって拡散する．主要な拡散機構を図3.27に示す．同図(a)のように，格子点のイオンと空格子が位置交換によって移動する場合を空孔拡散機構という．(b)は格子間イオンが隣接する空いた格子間位置にジャンプするもので格子間拡散機構という．(c)も同じく格子間イオンが関わるものであるが，直接格子間をジャンプするのではなく格子間イオンが格子にあるイオンを格子間に突き出すもので，準格子間拡散機構と呼ばれる．

　空孔や格子間イオンが前のジャンプに関係なくまったくでたらめに運動している（ランダムウォークあるいは酔歩という）とすれば，フィックの式(3.54)における拡散係数 D [$cm^2 s^{-1}$] は次式で与えられる．

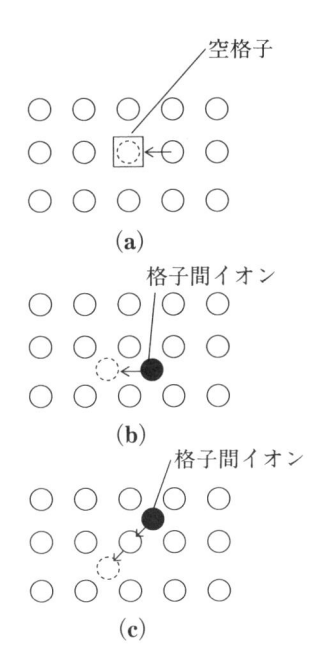

図3.27　固体内イオンの拡散・伝導機構
(a)空孔機構，(b)格子間機構，(c)準格子間機構．

$$D = a^2 p/m \tag{3.84}$$

ここで，a は 1 回のジャンプの距離 [cm]，p は単位時間当たりのジャンプ回数 [s^{-1}]，m はジャンプの方向数で 3 次元格子では m=6 である．格子振動数を ν，ジャンプ経路のエネルギー障壁を E_a [J mol^{-1}] とすれば，p は障壁を越える回数であるから

$$p = \nu \exp(-E_a/RT)$$

したがって，通常の 3 次元格子では

$$D = (a^2\nu/6)\exp(-E_a/RT) \tag{3.85}$$

と書ける．

3.9.3 拡散とイオン伝導

電界を印加すれば，拡散する欠陥は電位勾配の方向に輸送され電気伝導現象を示す．導電率は電解質溶液と同じく式(3.70′)で与えられる．すなわち，

$$\sigma = Cu|z|F$$

となる．固体電解質の場合，C は結晶中を拡散し得るイオンの濃度で，格子間（あるいは準格子間）拡散の場合は格子間イオンの濃度，空孔拡散の場合は空孔濃度である（空孔に隣接するイオン以外は動けない）．したがって，C は温度とともに図 3.26 のように変化する．移動度 u と拡散係数 D は以下のアインシュタインの関係式で結ばれる*5．

$$|z|FD = uRT \tag{3.86}$$

拡散係数 D が式(3.85)の場合，導電率は

---

*5 イオン伝導体にその分解電圧以下の電圧を印加した場合，十分長い時間が経過すれば正味の電流は零となる．これは電位勾配によって運ばれるイオン流速と濃度勾配によって運ばれるそれとが釣り合うからである．すなわち，

$$-(\sigma/zF)(d\phi/dx) - D(dC/dx) = 0$$

荷電粒子（イオン）がボルツマン分布すれば $C = C_0 \exp(-zF\phi/RT)$ であるから，

$$(-(\sigma/zF) + zFCD/RT)d\phi/dx = 0$$

これがどこでも成り立つには括弧内が零．$\sigma = zFCu$ であるから式(3.86)が得られる．

$$\sigma = C\{a^2\nu(zF)^2/6RT\}\exp(-E_a/RT) \tag{3.87}$$

で示される．イオン結晶の全導電率は，この形の陽イオンおよび陰イオン導電率の和となるが，通常どちらかの導電率が優越する．KCl では，$D(V_K')\gg D(V_{Cl}^\cdot)$，つまり，$u_{K^+}\gg u_{Cl^-}$ であり，σ_{K^+} は高温領域（真性領域）で

$$\sigma = (A/T)\exp\{-(E_f/2+E_a)/RT\}$$

（A：a などを含む定数）

低温領域（構造敏感領域）で

$$\sigma = (A'/T)\exp(-E_a/RT)$$

となる．したがって，$\log(\sigma T)$ と $1/T$ の関係は図 3.28 のように傾きの異なる 2 つの直線となる．これからわかるように，ドーピングによって低温領域の導電率が飛躍的に大きくなる．多くの固体電解質はドーピングによる欠陥制御でつくられる．固体電解質の導電率と温度の関係は，通常，$\log(\sigma T)$ と $1/T$ のプロットで示される．しかし，T があまり高くなく，また，その範囲が広くなければ $\log \sigma$ vs. $1/T$ もほぼ直線関係になるので，見やすさを優先するときにはこの形のプロットも用いられる．

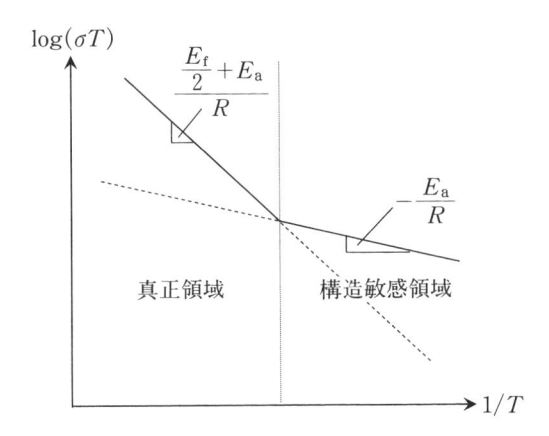

図 3.28 ドーピングされた結晶のイオン導電率の温度依存性（縦軸は導電率と温度の積，本文参照）

3.9.4 超イオン伝導体

ヨウ化銀（AgI）は150℃付近で六方晶ウルツ型結晶構造の β-AgI から立方晶系の α-AgI に相転移するが，これに伴って銀イオンの導電率が4〜5桁ジャンプして硫酸水溶液などの電解質溶液と同等あるいはそれ以上のイオン伝導性を示すようになる（図3.29）。明確な定義があるわけではないが，電解質溶液に匹敵するイオン導電率をもつ固体（あるいは，その物質の溶融状態と同じくらいの導電性を固体状態でも示すもの）を超イオン伝導体と呼んでいる。α-AgI のきわめて高い導電性は空孔や格子間イオンなどの点欠陥によるものではなく結晶全体の「構造的欠陥」に由来する。この結晶の陰イオン（I^-）は図3.30のように体心立方格子をつくっており Ag^+ はその4配位の隙間（12 d 位置）を占める。ところが，この隙間は単位格子当たり12個あるのに対し，Ag^+ は2個しか存在しないため占有率1/6で隙間に統計的に分布している。このため Ag^+ は大部分の空いた隙間を液体中のイオンのように速く拡散する。実際，$\beta \rightarrow \alpha$-AgI の転移エントロピーは AgI の融解エントロピーとほぼ等し

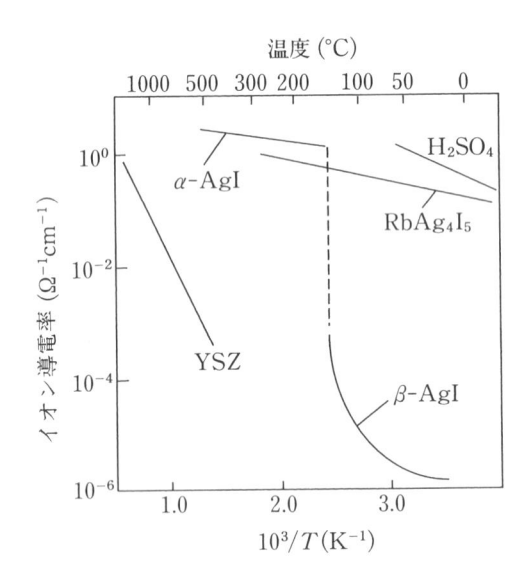

図3.29 超イオン伝導体（AgI）のイオン伝導性

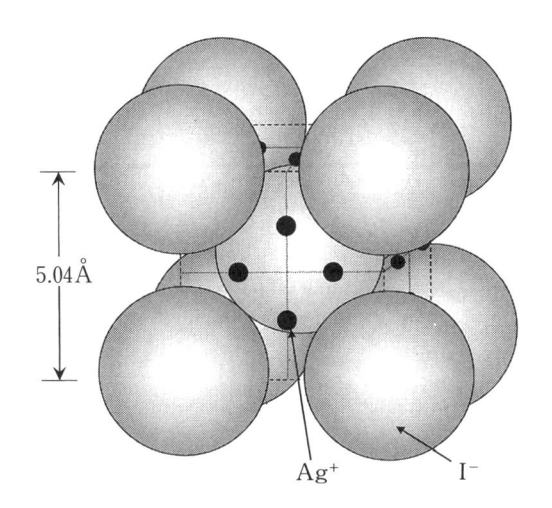

図 3.30　α-AgI の結晶構造

く，転移温度における陽イオン格子の融解（半融状態）を示唆する．"超イオン伝導現象"はこのような格子点の部分的な占有状態（構造的欠陥）によってもたらされる．$RbAg_4I_5$ のように室温で超イオン伝導性を示す化合物も知られているが，分解電圧が低いなどのデメリットがあるため実用電池への応用は実現していない．

　層状構造をとる Na_2O-Al_2O_3 系複合酸化物（β-アルミナ）は層間の Na^+ の位置が実質的に部分占有状態になっている一種の超イオン（Na^+）伝導体であるが，この仲間の材料は電力貯蔵や電気自動車に用いる新型蓄電池として期待されるナトリウム–硫黄電池の固体電解質として使われる．

　燃料電池に有用な酸化物イオン（O^{2-}）あるいはプロトンを伝導種とする超イオン伝導体は残念ながらいまのところ知られていない．しかし，$CsHSO_4$ のように構造相転移に伴うプロトン導電率のジャンプが観測される物質があるので，こういう物質の研究からプロトン超イオン伝導体が開発される可能性は残されている．

3.9.5 高分子固体電解質

現在，開発が急がれている電気自動車用燃料やメタノール燃料電池の多くはプロトン伝導体としてナフィオン（商品名）と総称されるパーフルオロスルホン酸系高分子膜が用いられる（8章および9章参照）．この膜は水に膨潤した状態で高いプロトン伝導性を示すが，乾燥状態では導電率が急減する．活性化エネルギーは10-20 kJ mol^{-1} 程度と小さく溶液系のそれに近い．したがって，固体電解質と電解質溶液の中間的なイオン伝導体といえる．

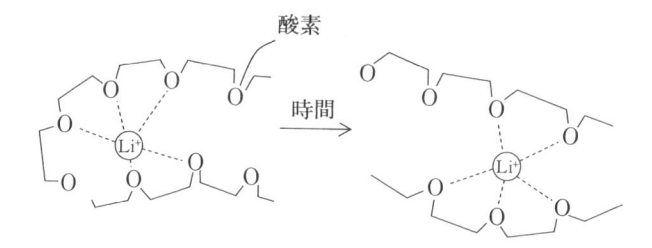

図 3.31 ポリエチレンオキシド（PEO）系高分子固体電解質中のイオンの動き

エーテル系高分子（例えば，ポリエチレンオキシド：PEO）とリチウム塩（例えば，LiClO$_4$）の複合体は室温で 10^{-5}-10^{-4} S cm^{-1} 程度の比較的高い Li$^+$ 伝導性を示す．これは極性ポリマー中で解離した Li$^+$ がエーテル鎖の熱運動とともにエーテル酸素と会合・脱会合を繰り返しながら運動するからである（図3.31）．このような場合，$\log \sigma$ あるいは $\log(\sigma T)$-$1/T$ の関係は直線的でなく上に凸の曲線となる．これはポリマー鎖の熱運動がガラス転移温度付近で急速に凍結されるからである．この種の高分子電解質を用いてリチウム電池の全固体化が進められている．

3.9.6 混合伝導現象

固体電解質と電解質溶液の重要な相違は，前者において全導電率に対する電子や正孔の導電率の寄与を無視できないことである．一例として，酸化物イオン（O^{2-}）を伝導種とする酸化物固体電解質について考える．この固体電解質を還元性の（低酸素分圧の）雰囲気におけば，

$$O_O^\times = 1/2 O_2 + V_O^{\cdot\cdot} + 2e^-$$

の反応によって伝導電子を生じる．酸素空孔 $V_O^{\cdot\cdot}$ の濃度はドーピングにより十分大きくなっているとすれば，電子の濃度は K をこの反応の平衡定数として

$$C_e = K^{1/2}(p_{O_2})^{-1/4}$$

で与えられる．したがって，電子導電率は

$$\sigma_e = C_e u_e F = \sigma_{e,0}(p_{O_2})^{-1/4} \tag{3.88}$$

となる．ここで，$\sigma_{e,0}$ は温度のみに依存する．温度一定なら σ_e は酸素圧の減少とともに大きくなる．一方，酸素圧の高いときは

$$1/2 O_2 + V_O^{\cdot\cdot} = O_O^\times + 2h^+$$

の反応で正孔が生じる．正孔導電率は

$$\sigma_h = \sigma_{h,0}(p_{O_2})^{1/4}$$

である．これらに対し，イオン導電率 σ_I は温度一定ならドーパントによって生成する空孔濃度で決まるから酸素圧に依存しない．各導電率の酸素圧依存性

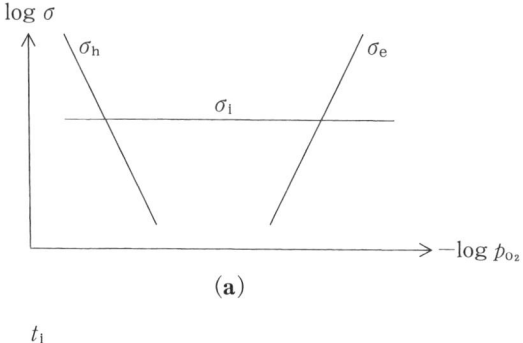

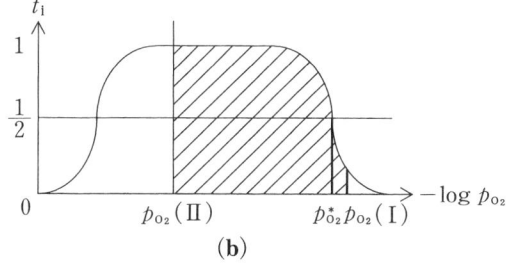

図 3.32 酸化物混合伝導体における荷電粒子の導電率およびイオン輸率の酸素圧依存性

を図3.32(a)に示す．イオン輸率は

$$t_\mathrm{i} = \sigma_\mathrm{i}/(\sigma_\mathrm{i} + \sigma_\mathrm{e} + \sigma_\mathrm{h})$$

であるが，図3.32(b)にその酸素圧依存性を示す．$t<1$でイオンのみならず電子（あるいは正孔）も電気伝導に関与する現象を混合伝導といい，そのような現象を呈する物質を混合伝導体と呼ぶ．固体電解質は，一般に，温度や雰囲気を変えると混合伝導体になったり，電子あるいは正孔伝導体となったりする．

固体電解質で構成される電池において，固体電解質が混合伝導を示すと電池が内部短絡した状態が生じ，起電力の低下が起こる．上記の酸化物イオン伝導体用いて構成される酸素濃淡電池（7章の固体酸化物燃料電池SOFCの基本原理），

$$O_2(p_{O_2}(\mathrm{I})), \mathrm{Pt}|\text{固体電解質}|\mathrm{Pt}, O_2(p_{O_2}(\mathrm{II}))$$

において，固体電解質のイオン輸率をt_iとすれば，起電力は

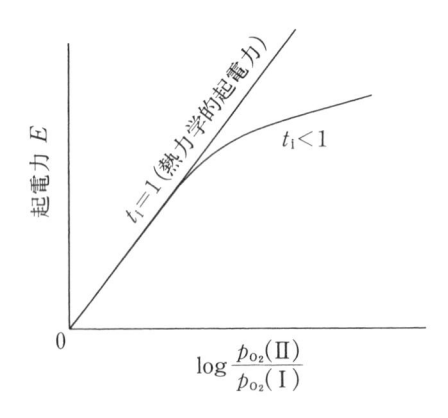

$$E = (1/4F)\int_{\mu_{O_2}(\mathrm{I})}^{\mu_{O_2}(\mathrm{II})} t_\mathrm{i}\,d\mu_{O_2} = (RT/4F)\int_{p_{O_2}(\mathrm{I})}^{p_{O_2}(\mathrm{II})} t_\mathrm{i}\,d(\ln p_{O_2}) \tag{3.89}$$

図3.33 酸素濃淡電池（固体酸化物燃料電池）の起電力と酸素圧の関係

---

*6 荷電粒子（O^{2-}，e^-）の流束がその電気化学ポテンシャルの勾配に比例することと，$1/2\,O_2 + 2\,e^- = O^{2-}$の局所平衡が成立していることから導かれるが，詳細は省略．

で与えられる[*6]（μ_{O_2}は酸素の化学ポテンシャルである）．$t_i=1$であれば，
$$E=(RT/4F)\ln(p_{O_2}(\mathrm{II})/p_{O_2}(\mathrm{I}))$$
になる．これは酸素濃淡電池の熱力学的起電力に一致する．一般には，図3.31（b）の斜線部分の面積に$RT/4F$をかけたものであるから，$p_{O_2}(\mathrm{II})$において$t_i=1$である場合，$p_{O_2}(\mathrm{I})$を小さくしてゆくとEは図3.33のように変化する．したがって，低酸素圧でイオン輸率の低下する固体電解質を用いる燃料電池では起電力が熱力学的起電力より小さくなってしまう．GDC（表3.2）はYSZより大きなO^{2-}導電率を有するが，このような欠点があるのでSOFCへの応用にはその対策が必要である．なお，電子導電率が式(3.88)で与えられるとき，低酸素圧でのイオン輸率は
$$t_i=1/(1+(p^*/p_{O_2})^{1/4})$$
と書ける．ここで，p^*は温度一定なら定数であり，その温度でイオン輸率が$1/2$になる酸素圧に相当する．式(3.89)の積分を実行すれば
$$E=(RT/F)\ln[\{(p_{O_2}(\mathrm{II}))^{1/4}+(p^*)^{1/4}\}/\{(p_{O_2}(\mathrm{I}))^{1/4}+(p^*)^{1/4}\}] \qquad (3.90)$$
である．この式により，低酸素圧で$t_i<1$となる酸化物固体電解質を用いる燃料電池の起電力が計算できる．

参 考 文 献

1. 渡辺　正, 金村聖志, 益田秀樹, 渡辺正義, 電気化学, 丸善（2001）．
2. 前田正雄, 電極の化学, 技報堂（1963）．
3. 電気化学会編, 電気化学便覧, 丸善（2000）．
4. 藤嶋　昭, 相澤益男, 井上　徹, 電気化学測定法（上, 下）, 技報堂（1984）．
5. 工藤徹一, 笛木和雄, 固体アイオニクス, 講談社サイエンティフィク（1986）．
6. T. Kudo and K. Fueki, Solid State Ionics, Kodansha/VCH（1990）．

アルカリ型燃料電池

　前述のように実用的アルカリ型燃料電池の原型は1952年にイギリスのベーコンにより開発され，アポロ計画の宇宙船に採用された．この型の燃料電池は電解質にアルカリ水溶液を用いるので，この名称が用いられる．英語の頭文字を用い AFC（Alkaline Fuel Cell）とも称せられる．アルカリ型燃料電池は，他の燃料電池に比べ低温（60-90℃）での作動が可能で，高いエネルギー変換効率，および比較的安価であることを特徴とする．これらの特徴を活かし，これまでは宇宙船，潜水艦，バス用電源として開発されてきたが，低温作動型のポリマー燃料電池が開発されるようになり，現在では宇宙船以外の用途は見当たらない．問題点は，電解質にアルカリを用いているため，炭酸ガスを含む化石燃料の改質ガスをそのまま用いることができず純水素を燃料とするので民生用としては制約されることである．また，酸化剤として空気を用いるさいには，空気中の炭酸ガスの除去が必要となる．宇宙船用では，燃料に純水素，酸化剤には純酸素が供給されるので，これらの問題は発生しない．

　燃料電池に関心がもたれて以来すでに半世紀近くになるが，いまだ広範には実用化にいたっていない．その最大の問題はそのコストにある．アルカリ型燃料電池は，電解質がアルカリであるがゆえに多量の貴金属触媒を用いることなく高い出力が得られ，さらに汎用な金属の利用が可能で，潜在的に安価な電池システムの作製が可能である．今後，民生用としても見直されてくるであろう．以下に，アルカリ型燃料電池の原理，構造，構成材料，特性等を述べる．

4.1　作動原理と効率

　アルカリ型燃料電池は，電解質にアルカリ水溶液（主に KOH 溶液）を用い

4 アルカリ型燃料電池

ることが特徴である．燃料はリン酸型，ポリマー型と同様に水素を用い，酸化剤として酸素または空気を用いる．図4.1にアルカリ型燃料電池の原理図を示した．電解質にKOH溶液を用いるので，燃料極（負極，アノード）では，水素が電解液中のOH⁻と電極上で反応して水を生成し，次式のように電子を放出する．

$$\text{燃料極（負極）：} \quad H_2 + 2\,OH^- = 2\,H_2O + 2\,e^- \tag{4.1}$$

この電子が外部回路を流れ，酸素極側（正極，カソード）で酸素を還元し，OH^-を生成する．電極反応は

$$\text{酸素極（正極）：} \quad 1/2\,O_2 + H_2O + 2\,e^- = 2\,OH^- \tag{4.2}$$

であり，全反応は次式で示す水素と酸素から水が生成する反応である．

$$\text{全反応：} \quad H_2 + 1/2\,O_2 = H_2O \tag{4.3}$$

この電池の標準状態（25℃で，酸素，水素の活量が1）での起電力は，反応(4.3)の標準自由エネルギー変化（$\Delta G°$）（25℃で$-237\,\text{kJ mol}^{-1}$）から次式で求まる．

$$E_c = -\Delta G°/nF \tag{4.4}$$

ここで，Fはファラデー定数，nは反応に関与する電子数で2であり，標準状態での起電力は1.23Vとなる．水素と酸素を用いた燃料電池の欠点の1つはその起電力が低い点にあり，高出力のエネルギー源として用いる際には，数

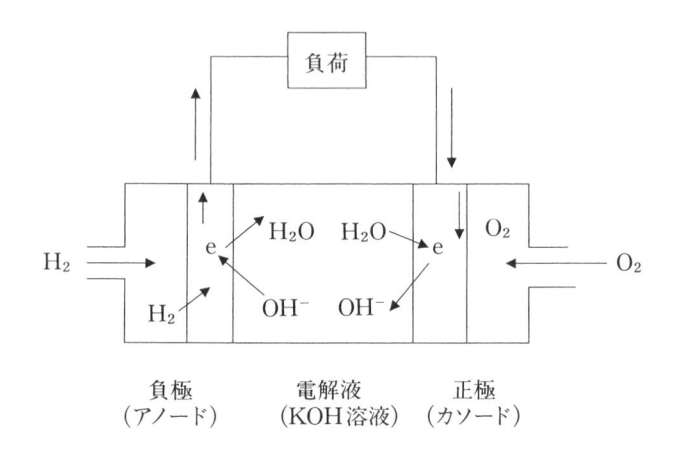

図4.1 アルカリ型燃料電池の原理図

4.1 作動原理と効率

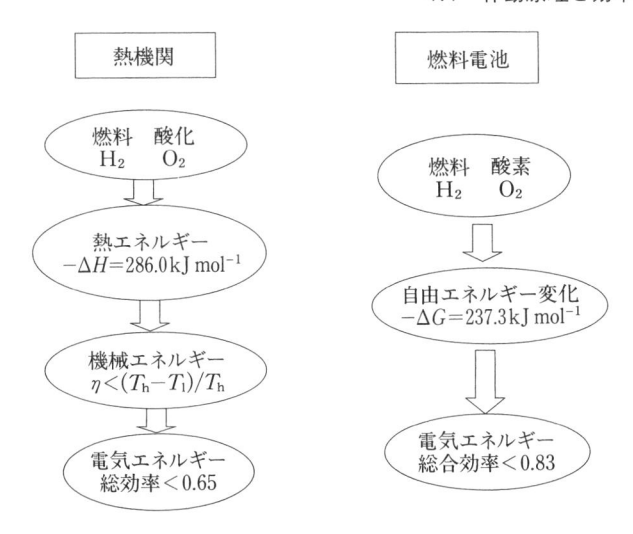

```
┌─熱機関─┐                    ┌─燃料電池─┐

  燃料  酸化                    燃料  酸素
   H₂   O₂                      H₂   O₂
     ↓                            ↓
  熱エネルギー                  自由エネルギー変化
 $-\Delta H=286.0\,{\rm kJ\,mol^{-1}}$    $-\Delta G=237.3\,{\rm kJ\,mol^{-1}}$
     ↓                            ↓
  機械エネルギー                電気エネルギー
 $\eta<(T_{\rm h}-T_{\rm l})/T_{\rm h}$      総合効率<0.83
     ↓
  電気エネルギー
  総効率<0.65
```

図 4.2 熱機関と燃料電池の熱効率

10 から数 100 個の単電池を直列に連結する必要がある．個々の単電池の特性が異なると電池システムとして最大の特性を出すことができなくなるという技術的な問題がある．

燃料電池の最大の特徴は，他の発電システムに比べ高いエネルギー変換効率が期待できる点にある．燃料電池は一種の発電装置であるが，通常の発電装置（蒸気発電，ガスタービン発電，内燃機関発電）との違いは，図 4.1 に示したように，直接燃料の電気化学的酸化（燃焼）反応を利用して電力を得る点にある．通常の発電装置では，図 4.2 に示したように，①燃料の化学エネルギー（ΔH）をいったん熱エネルギーに変換し，②その熱エネルギーを機械エネルギーに変換した後に，③電気エネルギーとする過程を経る．①，③の変換効率は 90%以上と高いが，②の効率は可逆熱機関の効率（カルノーサイクルの効率）で制限される．この効率 η は 2.4 節で述べたように，熱機関の高温側の温度 $T_{\rm h}$ と低温側の温度 $T_{\rm l}$ により次式で与えられる．

$$\eta = 1 - T_{\rm l}/T_{\rm h} \tag{4.5}$$

現在の火力発電所で用いられている蒸気タービン発電では，蒸気の温度に限界があり 600°C 程度で，低温側を室温としても，カルノー効率は 0.65 となる．

現在の蒸気タービン発電の効率は 40% が限界である．最近のガスタービンと蒸気タービンを複合するコンバインド発電方式では 50% の発電効率が得られている．一方，燃料電池は熱機関を経ず，直接化学エネルギーを電気エネルギーに変換するので，このカルノー効率の制約をうけない．しかし，反応(4.3)の全発熱量($-\Delta H$)を電気エネルギーに変換することはできず，エントロピー変化の寄与する分は電気として得ることができない．すなわち，自由エネルギー変化分 $-\Delta G = -\Delta H + T\Delta S$ のみが利用できる．反応(4.3)での$-\Delta H$，$-\Delta G$ は，標準状態（25°C，酸素，水素分圧1気圧）での値はそれぞれ -285.8 kJ mol^{-1}，-237.3 kJ mol^{-1} である[*1]．したがって，発熱量と比較すると得られる電気エネルギーは 82.9% となる．この計算値が，燃料電池が高いエネルギー変換効率が可能である拠り所となっている．表 4.1 に反応(4.3)の各温度での $\Delta G°$ および $\Delta H°$，およびその比 $\Delta G°/\Delta H° = \eta_m$（理想効率）を示した．この表では，比較のために，25°Cで生成する水は気体とした値である．高温になるほど，$\Delta G°/\Delta H°$ は小さくなり，1000°C（固体酸化物燃料電池の作動温度）では，71.2% となる．エネルギー変換効率では，燃料電池の作動温度が低いほど有利である．

表 4.1 反応 $H_2(g) + 1/2\,O_2(g) = H_2O(g)$ の熱力学値

温度（°C）	$\Delta H°$ (kJ mol^{-1})	$\Delta G°$ (kJ mol^{-1})	η_m
25	-241.8	-228.6	0.945
200	-243.5	-220.4	0.905
400	-245.3	-210.3	0.857
600	-246.9	-199.7	0.809
800	-248.2	-188.7	0.760
1000	-249.3	-177.5	0.712

[*1] 生成する水が気体（水蒸気）であるか液体（水）であるかにより $\Delta H°$ の値が異なる．水蒸気の生成エンタルピーは -241.8 kJ mol^{-1} で，水のそれは -285.8 kJ mol^{-1}．水蒸気を基準とする効率を LHV（Low Heating Value），水を基準とする効率を HHV（High Heating Value）と呼ぶ．HHV を用いると分母が大きくなりエネルギー効率は小さくなる．

水素/酸素燃料電池の理想効率は，低温で作動させるほど高いが，実用燃料電池では，高温作動の燃料電池（溶融炭酸塩型，固体酸化物型）のほうが高いエネルギー変換効率が得られている．実際の燃料電池の効率 ε は，電流を取り出すことで生ずる電圧降下（図 3.22 および図 4.3 参照）および燃料の不完全利用のため，次式のように理想効率より低くなる．

$$\varepsilon = \eta_m \cdot \varepsilon_v \cdot \varepsilon_f \tag{4.6}$$

ここで，ε_f は燃料の利用率，ε_v は反応(4.3)の自由エネルギー変化から計算される起電力 E_c と電池作動下での電圧 E_e の比で，次式で与えられる．

$$\varepsilon_v = E_e / E_c \tag{4.7}$$

低温で作動可能なアルカリ型燃料電池では，η_m は約 0.9 であるが，火力発電より高いエネルギー変換効率（約 40%）を得るには，$\varepsilon_v \cdot \varepsilon_f > 0.45$ が要求される．すなわち，燃料利用率 0.7 以上で，0.65 V 以上の作動電圧が要求される．この燃料利用率と作動電圧を基準として，その作動条件での電流値が燃料電池の重要な特性値となる．

燃料電池では，外部に電流を取り出すと分極現象のため開路電圧 E_c は過電圧 η だけ低下する．この過電圧は図 4.3 に示すように，電流の増大に伴い増大する．過電圧は大別すると，(1) 電解質，電極の抵抗による電圧降下 η_r，(2) 反応(4.1)の遅れによる電圧降下 η_a（アノードの活性化過電圧），および

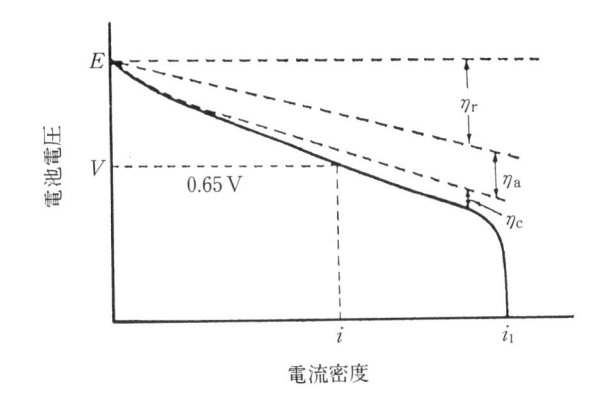

図 4.3 燃料電池の放電特性
［高橋武彦, 燃料電池 2 版, 共立出版 (1998) p. 34 より］

(3)反応(4.2)の遅れによる電圧降下 η_c（カソードの活性化過電圧）からなる．電極での過電圧 η_a および η_c は，電極の構造，電極触媒により大きく影響をうけるので，過電圧を低くするために多くの努力がはらわれた．高電流密度での急激な電圧の降下は，限界電流密度（i_{lim}）と称し，電極反応物質が電極に十分供給されないことによる．水素，空気が必要量電極に供給されるような構造が要求される．アルカリ燃料電池では，低温で作動させるので，とくに，酸素極での過電圧が支配的であることを特徴とする．電極の構造，電極触媒については，4.2節で詳説する．抵抗による過電圧 η_r は，電流密度に比例して増大するので，高電流密度での放電では無視できなく，ときには支配的となる．一般に電極間距離を狭くし，導電率が最も高くなる組成（KOHで約30%）の電解質を用いる．

4.2 電極反応および電池の構造

水素電極反応(4.1)および酸素電極反応(4.2)は，ガス，電解質，および電子伝導体である電極構成材が接触する場所でしか起こらない．実際には，電解質に溶解したガスも電極反応に関与するので，上述の三者の接触線の付近のある幅をもった帯の上で電子授受反応が起きる．このような場所を三相帯（three phase zone）と呼んでいる．ガスが関与する電極反応は次のステップで進行する．

① 反応ガスの電極材への拡散，
② 電極材上への反応ガスの吸着，
③ 吸着ガスの原子への解離，
④ 解離原子への電荷移動，
⑤ それに伴うイオン反応．

ステップ①は，電極上へのガスの拡散過程で，電極反応で消費される量だけ供給する必要があり，供給が遅れると，電極表面の反応ガス濃度が低くなり平衡電位からずれる．水素電極の電位 E_H は電極上での水素の活量 a_{H_2}，および電解液中での OH^- の活量 a_{OH^-} と次式の関係がある（ネルンストの式）．

$$E_H = E_H^\circ - (RT/2F)\ln a_{H_2} \cdot (a_{OH^-})^2 \tag{4.8}$$

E_H° は $a_{OH^-}=a_{H_2}=1$ での電位である．供給が遅れ水素の活量が平衡値より低くなるほど電極電位は増大する．酸素極では，

$$E_O = E_O^\circ - (RT/2F)\ln(a_{OH^-})^2/a_{O_2}^{1/2} \tag{4.9}$$

であるから，電極上での酸素活量 a_{O_2} が低くなるほど E_O は小さな値となる．電池の電圧 E は $E=E_O-E_H$ で与えられ，酸素および水素の実効的活量が低くなるほど理論値より低い電圧となる．

ステップ③，④は金属等の触媒を用いることで，促進可能である．ガス拡散電極で高性能化をはかるには，まずスムーズに反応ガスを電極上に供給し（ステップ①），電極上での電気化学反応を触媒を用いて促進させることである．②〜⑤のステップは，燃料極，酸素極でそれぞれ異なる．

アルカリ溶液での水素の電気化学的酸化反応は，つぎの反応機構が考えられる．

$$M + H_2 + OH^- = MH + H_2O + e^- \tag{4.10}$$
$$MH + OH^- = M + H_2O + e^- \tag{4.11}$$

または，

$$2M + H_2 = 2MH \tag{4.12}$$
$$MH + OH^- = M + H_2O + e^- \tag{4.11}$$

ここで，M は触媒金属，MH は水素が金属上に解離吸着した状態を表す．どの反応が律速（最も遅い）であるかを知ることが，電池性能の向上には重要である．電荷移動反応は，電流-過電圧曲線から予想することが可能である（3.6 節参照）．電荷移動反応(4.10)，(4.11)は，電流が流れていない状態では，可逆的な平衡電位 E_r であるが，電流が流れると，その電極電位 E は過電圧 η_a だけ変動し，次式で示される．

$$E = E_r + \eta_a \tag{4.13}$$

水素酸化反応では，この過電圧はプラスで電極電位は増大する．すなわち，電池電圧は低下する方向である．平衡電位 E_r は，水素の活量を 1 とすると，0 V である（水素電極基準 NHE）．ターフェルは実験的にこの過電圧と電流密度との関係を次式で示した．

$$\eta_a = a + b \log i \tag{4.14}$$

ここで，a，b は電極反応により決まる定数である．理論的な解析によると，

ターフェル式の定数 a および b は，過電圧が高い領域では（>0.05 V 以上）次式となる（3.6.3項参照）．

$$a = -(2.303RT/\alpha nF)\log i_0 \tag{4.15}$$
$$b = 2.303RT/\alpha nF \tag{4.16}$$

ここで，R はガス定数，T は絶対温度，α は透過係数（静電エネルギーの中で酸化反応に寄与する割合を示す係数），n は反応に関与する電子数，F はファラデー定数，および i_0 は交換電流密度である．b は25℃では，

$$b = 0.0591/\alpha n \quad [\text{V}] \tag{4.17}$$

であり，α を0.5とすると $0.118\,n$ [V] となる．ターフェル曲線の傾斜から，反応に関与する電子数が求まる．表4.2に，各種電極での 1 M（mol dm^{-3}）の KOH 溶液での電気化学的水素酸化反応におけるターフェル式の b，交換電流密度 i_0 を示した．Pt 黒電極でのターフェル傾斜は室温で106 mV と，α を

表 4.2 1 M KOH 中での電気化学的水素酸化反応のパラメータ

電極触媒	温度（℃）	交換電流密度 (mA cm^{-2}) i_0	ターフェル曲線の傾斜 b (mV)	平衡電位での活性化エネルギー (kJ mol^{-1})
Pt	25	3.42×10^{-1}	106	19.7
	40	5.11×10^{-1}	111	
	55	8.54×10^{-1}	119	
	70	9.10×10^{-1}	120	
Ni	25	2.50×10^{-2}		25.2
	40	4.40×10^{-2}		
	55	7.00×10^{-2}		
	70	1.03×10^{-1}		
Ni-Pt	25	8.10×10^{-3}	229	14.0
	40	1.07×10^{-2}	211	
	55	1.31×10^{-2}	188	
	70	1.85×10^{-2}	169	
Ni-Ti	25	1.12×10^{-3}	784	17.9
	40	1.34×10^{-3}	824	
	55	1.81×10^{-3}	796	
	70	2.95×10^{-3}	531	

[G. Couturier et al., Electrochimica Acta, **32**, 995 (1987) より]

0.5 とし反応電子数を 1 とした理論値 118 mV ときわめて近い値である．このことは，水素の電気化学的酸化は 1 電子反応で，反応(4.10)か(4.11)が律速反応であることがうかがえる．

Ni 電極ではターフェル傾斜は得られていない．いずれの温度でも 0.08 mA cm^{-2} の電流密度で表面に不動態膜が形成するためである（室温での電極電位が 50 mV）．また，Ni 合金でも大きなターフェル傾斜が観測されたが，不動態膜の形成が影響していると考えられる．Ni 電極触媒を使用する際には，表面積の大きい Ni（ラネーニッケル[*2]），および少量の Ti を添加した電極で，電極電位を 50 mV 以下で作動させている（ジーメンス・ウェスチングハウス社製電池）．アルカリ燃料電池では触媒として Ni は用いにくいが，電池の構成材として，金属が利用できることは，リン酸型燃料電池やポリマー燃料電池に比べ大きな利点である．

酸素の電気化学的還元反応（燃料電池の酸素または空気極での反応）は，水素の酸化反応より複雑である．図 4.4 に各種電極での電流電圧曲線を，表 4.3

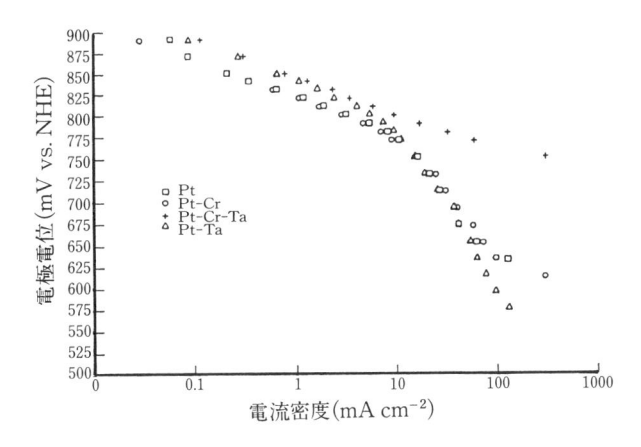

図 4.4 スパッタ Pt 電極のターフェル曲線（70°C，1 MKOH）
[G. Couturier et al., Electrochimica Acta, **12**, 995 (1987)より]

[*2] Al と Ni の合金に熱 NaOH 溶液を作用させ，Al と溶出することによって作製される高表面積ニッケル．ラネー（Raney）は発明者の名．

表4.3 電気化学的酸素還元反応のパラメータ

電極触媒	温度 (°C)	交換電流密度 (mA cm^{-2})		ターフェル傾斜 (mV)		平衡電位での活性化エネルギー (kJ mol^{-1})
		$i_{0,1}$	$i_{0,2}$	b_1	b_2	
Pt	25	4.17×10^{-8}	1.09×10^{-1}	51	242	6.0
	40	5.24×10^{-8}	1.00×10^{-1}	51	229	
	55	5.65×10^{-8}	8.20×10^{-2}	50	204	
	70	5.78×10^{-8}	1.21×10^{-1}	39	197	
Pt–Cr	25	8.38×10^{-9}	4.17×10^{-3}	47	141	10.4
	40	8.41×10^{-9}	2.93×10^{-2}	47	177	
	55	1.23×10^{-8}	4.14×10^{-2}	46	172	
	70	1.45×10^{-8}	3.06×10^{-2}	45	175	
Pt–Cr–Ta	25	3.51×10^{-8}	2.88×10^{-1}	48	303	15.0
	40	4.40×10^{-8}	2.73×10^{-1}	48	238	
	50	4.22×10^{-8}		45		
	70	7.72×10^{-8}		46		

[G. Couturier et al., Electrochimica Acta, **32**, 995 (1987) より]

に各種電気化学的パラメータを示した．低電流密度でのターフェル曲線の傾斜 b_1 はいずれの電極でも低く，50 mV 程度である．この低い値は，$2RT/3F$ または RT/F に対応する．ターフェル傾斜のみで酸素還元の機構を議論するのは困難であるが，つぎのような2つの反応機構が予想される．

反応機構 I

$$O_2 + 2M = 2MO \tag{4.18}$$

$$MO + e^- = MO^- \tag{4.19}$$

$$MO^- + H_2O = MOH + OH^- \tag{4.20}$$

$$MOH + e^- = M + OH^- \tag{4.21}$$

この機構では，反応(4.20)が律速過程である．

反応機構 II

$$M + O_2 + H_2O + e^- = MHO_2 + OH^- \tag{4.22}$$

$$MHO_2 + e^- = MO + OH^- \tag{4.23}$$

$$MO + e^- = MO^- \tag{4.24}$$

$$MO^- + H_2O + e^- = M + 2OH^- \tag{4.25}$$

この機構では，反応(4.23)が律速過程である．

高い電流密度での大きなターフェル傾斜 b_2 は説明できないが，電極表面に酸化物が形成されたか，もしくは不純物が析出した可能性がある．アルカリ溶液中での酸素還元触媒としては，高電流密度領域でも過電圧が高くならない Pt-Cr-Ta 合金が最適である．

電池特性の向上のためには，電極触媒の開発に加え，電極表面に有効に反応ガスを供給するような電極構造とすることも重要である．イギリスのベーコンは 1952 年にガス電極に関する英国特許を取得している．一般に，ガス電極では電解質が電極の細孔中に浸透するが，これがはなはだしいと電極の細孔中のガスを追い出して電極の作用面積を減少させる（ぬれ現象）．ベーコンはこの問題を解決するために，電解質に接する側を径 16 μm，ガス側を径 32 μm と 2 層構造の電極を考案した（図 4.5）．また 1970 年代以降では，撥水性のコロイド状ポリテトラフルオロエチレン（PTFE，商品名テフロン）で電極の表面を覆い，ぬれを防いでいる．

ジーメンス社アルカリ型燃料電池の基本構造を図 4.6(a)，(b)に示した．図(a)は電解質を石綿マトリックスに含侵させた構造で，宇宙用に利用されている．図(b)は電解質を循環させる構造で，潜水艦，バス用として開発された．水素ガス，酸素ガスを供給する層，燃料極（ラネーニッケル），電解質層（KOH 溶液），酸素極（銀合金），および集電板からなる．電解質循環型で

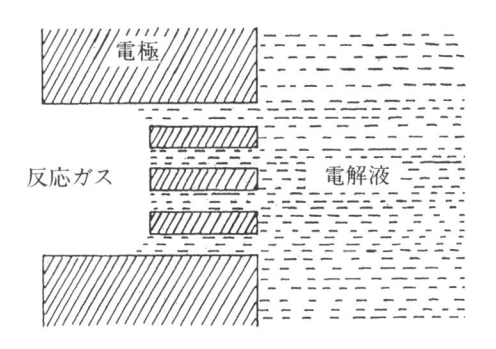

図 4.5 ベーコン型ガス拡散電極のモデル
[岡田達弘, 燃料電池, 3(4), 73 (2004) より]

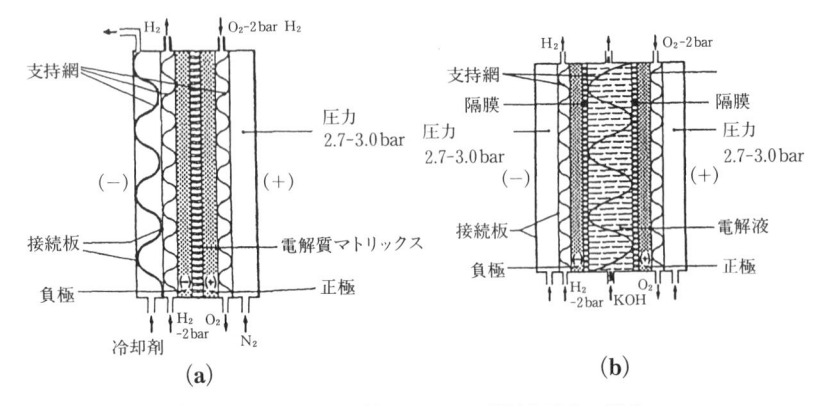

図4.6 ジーメンス社アルカリ型燃料電池の構造
（a）電解質マトリックス型，（b）電解質循環型．
[K. Strasser, Handbook of Fuel Cells. W. Vielstrich, A. Lomm and H. A. Gasteiger (eds.), Vol. 4, Part 2, John Wiley & Sons (2003) p. 775 より]

は，電解質を循環させることにより，セルの温度を一定に保つ．マトリックス型では，ガスを循環することで冷却する．いずれの型も約2気圧で作動できる構造である．

単電池の放電特性を図4.7に示した．高出力化のため，2-4気圧に加圧下で作動させている．電解質をマトリックスに含浸させた電池が，電解質循環型より高い出力密度を示している．4気圧の加圧下，100°Cの作動で，$0.8\,\mathrm{W\,cm^{-2}}$ ときわめて高い電極面積基準の出力密度が得られている．この出力密度は，後述の他の型の燃料電池に比べても高い値で，アルカリ型燃料電池の最大の特徴である．また電極触媒に高価なPtを多量に用いなくても，高い出力密度が得られるのはアルカリ型燃料電池の長所でもある．

具体的なセルの構造を図4.8に示した（富士電機）．カーボンと触媒との混合物をバインダと混合し，圧延する．疎水性層を同様に圧延し，両者をNi網上に圧着する．電極の厚みは約0.4 mmである．触媒としてのPtの量は，特性に影響するが，コストの関係でできるだけ少量が好ましく，0.5-0.3 mg cm^{-2} 程度用いられている．電解質のKOH溶液は，古くは石綿マトリックスを，最近では，チタン酸カリウム（$K_2O_6TiO_2$）とPTFE（テフロン）の複合

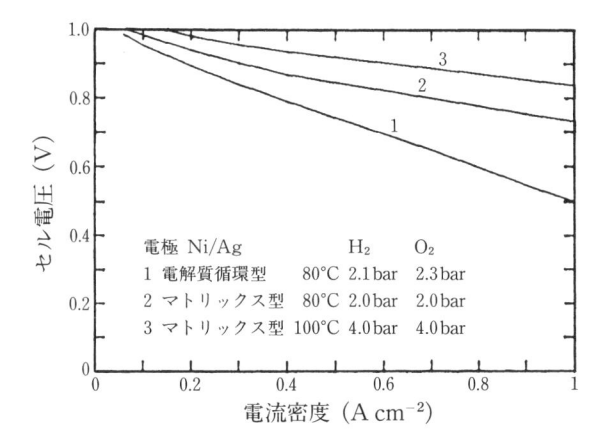

図 4.7 ジーメンス社アルカリ型燃料電池のセル特性
[K. Strasser, J. Power Sources, **99**, 149 (1990)より]

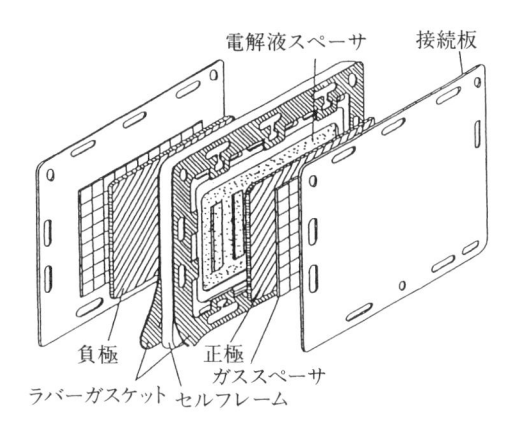

図 4.8 セルの構成（富士電機）
[K. Koseki et al., Fuel Cell Seminar, Abstract, p. 186 (1985)より]

体が用いられている．燃料極板と酸素極板とが電解質板で隔たれている．セルのフレームはポリプロピレンのようなプラスチックで，接続板は表面が Ag メッキした Ni またはステンレス板である．単セルの作動電圧は 0.7 V と低いので，システムとしては必要に応じて，直列に多くの電池が接続される．

4.3 アルカリ型燃料電池システムおよびその特性

　燃料電池を実際に作動させるためには，電池本体以外に多くの付属装置が必要である．図4.9に，ZEVCO社で開発された，自動車用アルカリ型燃料電池のシステム構成の一例を示した．空気を酸化剤として用いるので，空気中の炭酸ガスをあらかじめ除去するか，電解質を循環して，電解質中の炭酸塩を除去する必要がある．このシステムでは，アルカリ溶液中にバブルさせることで炭酸ガスをあらかじめ除去している．燃料の水素は，未反応分を循環させ再利用して燃料効率を上げている．電解質を循環して，電池温度および電解液濃度を一定に保っている．電解質循環に要する電力は5 kWシステムで50 Wと1%たらずである．電極の有効面積が170 mm×170 mmで24セルを直列に接続し，432 Wのモジュールを作成した．このモジュールで，作動温度70℃，電流密度100 mA cm^{-2}でエネルギー効率50%以上と高い効率が得られた．宇宙船用の燃料電池は電解液を循環しないマトリックス型で，純酸素を酸化剤とす

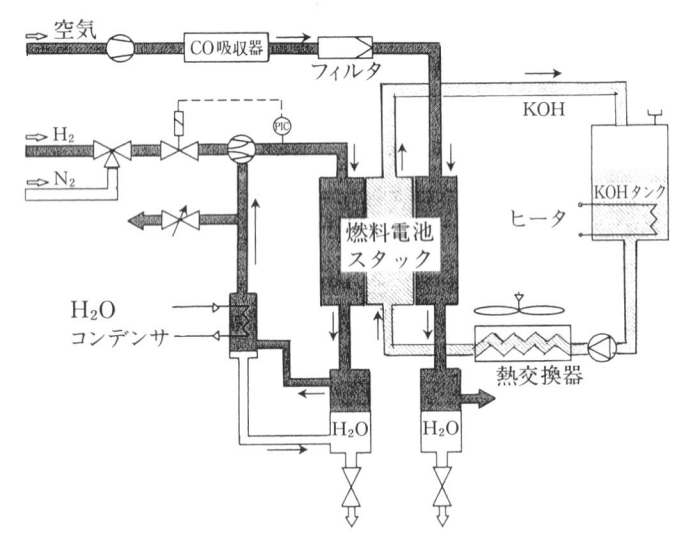

図4.9　ZEVCOアルカリ型燃料電池のシステム図
[E. D. Geeter et al., J. Power Sources, **80**, 207 (1999)より]

るので，炭酸ガス除去装置を必要としない．またエネルギー効率はあまり問題とならないので，燃料循環および電解質循環システムは除かれている．電解質の一時的な増減を制御するために Ni 多孔質板でできた電解質リザーバーを水素極の隣に設置している．電池温度は，酸素を冷却することで制御している．

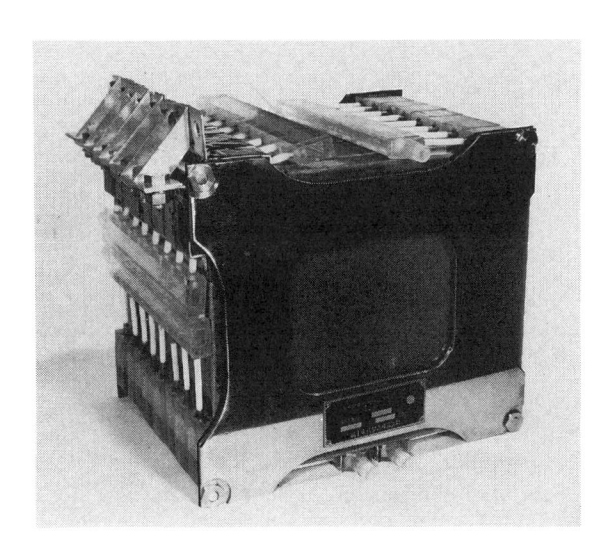

図 4.10 富士電機製 1 kW アルカリ型燃料電池の外観
[E. D. Geeter et al., J. Power Sources, **80**, 207 (1999) より]

アルカリ型燃料電池は，スタックとしては大型ではなく数 kW 程度である．バス，潜水艦用には，このスタックを並べることにより，必要な出力，容量を得ている．スペースシャトル用では 7 kW 級が用いられている．富士電機が開発した 1 kW スタックの写真を図 4.10 に，また，その特性を表 4.4 に示した．電解質はマトリックス型であるが，空気中の炭酸ガスで劣化した電解質は容易に交換できる構造となっている．電流密度 100 mA cm^{-2} で 0.76 V を維持し，エネルギー効率 50% で運転できる．また，アルカリ型燃料電池の特徴の 1 つである長寿命性については，100 mA cm^{-2} の放電電流で 2000 時間ほとんど電圧の低下は認められなかった．小型セル（電極面積 26 cm^2）での測定では，その寿命は 100 mA cm^{-2} の放電では 10000 時間，200 mA cm^{-2} では，6000 時

4 アルカリ型燃料電池

表 4.4 富士電機 1 kW アルカリ型燃料電池の特性

項目	特性
電圧	10.6 V
電流	100 A
作動温度	65℃
ガス圧力	0.17 MPa
セル数	14
電極面積	1000 cm²
大きさ	60×12×32 cm³
燃料	水素
酸化剤	空気

表 4.5 6-10 kW アルカリ型燃料電池の特性

	富士電機 7.5 kW	ジーメンス 6 kW	UTC 7 kW	ZEVCO 10 kW
電圧	94 V	46-48 V	27.5-32.5 V	
作動温度	35℃	〜80℃	82.5-110℃	70℃
ガス圧力	水素 0.17 MPa 酸素 0.17 MPa	水素 0.23 MPa 酸素 0.21 MPa	水素 0.41 MPa 酸素 0.41 MPa	水素 0.1 MPa 空気 0.1 MPa
大きさ	60×70×150 cm³	32.8×32.8×162 cm³	36.2×43.2×127 cm³	
全重量		215 kg	91 kg	
効率		61-63%		50-55%

間と予想された．セルの出力密度 0.43 kW L^{-1} は最近の高分子型燃料電池に比べ 1/2 以下である．ジーメンス社はより高性能化と低コスト化をめざし，高圧作動で，燃料極に Ni，酸素極に Ag 触媒を用いたアルカリ型燃料電池を開発している．この電池はきわめて高い出力密度 0.8 W cm^{-2} を 100℃，4 気圧で得た．表 4.5 に富士電機製 7.5 kW 級，ジーメンス製 6 kW 級，UTC 製 7 kW 級および ZEVCO 製 10 kW 級燃料電池を対比して示した．ジーメンス製の燃料電池は，80℃，2 気圧程度で作動させるので，35℃，1.5 気圧で作動させる富士電機製に比べ，3 倍以上の高出力密度が得られている．しかし 8 章で詳説するポリマー燃料電池に比べるとかなり見劣りがする．アルカリ型燃料電

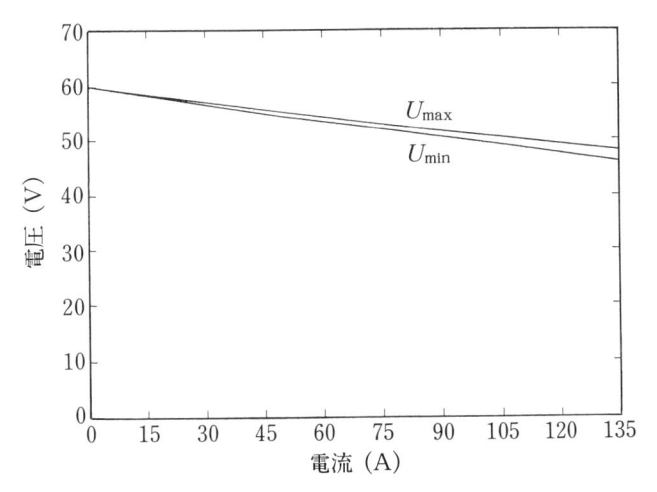

図4.11 ジーメンス社アルカリ型燃料電池の特性
80°C, 2気圧, 有効電極面積 340 cm², 60セル
[K. Strasser, J. Power Sources, **29**, 149 (1990)より]

池の最大の特徴は，高いエネルギー変換効率である．ジーメンス製のアルカリ型燃料電池は，通常の出力で61-63%，20%の負荷では71-72%ときわめて高いエネルギー変換効率が得られている．この変換効率は報告されているポリマー燃料電池（〜40%），リン酸型燃料電池（〜35%），溶融炭酸塩燃料電池（40%）および固体酸化物燃料電池（〜40%）に比べ高い効率である．この高いエネルギー変換効率は，電極での低い過電圧に起因する．図4.11にジーメンス社の6 kW級電池の出力電圧と放電電流との関係を示した．この電池は，燃料極にNiを，酸素極にAg触媒を用い，高価なPt触媒は利用していないが，$400~\mathrm{mA~cm^{-2}}$ の電流密度で0.8 Vの電圧が保たれている．この高い電池電圧がエネルギー変換効率を高めている理由である．最大70%，6 kW出力で60%の効率が得られている．長時間の特性変化についての報告はないが，700時間では特性の劣化はほとんど観測されていない．

4.4 アルカリ型燃料電池の応用

　アルカリ型燃料電池は，1952 年にベーコンが 5 kW の電池の実証試験に成功し，1958 年に米国ユナイテッド・エアクラフト社がベーコンから特許権を取得し，その実用化に成功した．1968 年にアポロ宇宙船に搭載されて以来，現在もスペースシャトルの電源に用いられている．しかし，1980 年代にポリマー燃料電池に関心がもたれて以来，アルカリ型燃料電池の開発意欲が停滞している．日本では富士電機が 1961 年より研究を始め，1978 年からは国家プロジェクトとして開発を進めてきたが，現在では中止している．ドイツ・ジーメンス社（現在のジーメンス・ウェスチングハウス社）も 1950 年代から研究を手がけ，潜水艦用電源として，高性能アルカリ型燃料電池を開発した．また，ヨーロッパの宇宙計画用としても開発したが，1994 年以降は開発を中止している．

　現在アルカリ型燃料電池を開発している企業は，宇宙船用としての米国のユナイテッドテクノロジー社（UTC）と，電気自動車用としてのベルギーのゼブコ社（ZEVCO）の 2 社にすぎない．UTC 社は古くから宇宙船用アルカリ型燃料電池を手がけており，水素を燃料，酸素を酸化剤，4 気圧，80°C で作動している．この電池では，コストより高性能化と高信頼性のため，多量の Pt が電極に用いられている．電解質はマトリックス型で，出力 7 kW，総重量 91 kg とジーメンスに比べ格段に軽い．ZEVCO の燃料電池は，ポリマー燃料電池に比べ，安価な材料を用い製造が簡単である点から，より安価な民生用燃料電池を目指して，おもに自動車用として開発を進めている．この電池は，酸化剤として空気を利用し，電解質を循環するタイプである．自動車（バス）用としては，蓄電池とのハイブリッドとして利用し，急激な電力の変化を蓄電池でカバーする形式である．しかし，現在では，ポリマー型を凌駕する特性が得られていないので，自動車用としての出番には疑問視せざるを得ない．アルカリ型燃料電池は，燃料に水素，酸化剤に酸素を用いる宇宙船用しか現時点では出番はないようである．しかし，後述のように第 1 世代といわれたリン酸型燃料電池がコストの面でその汎用な利用にまでいたっていない点を考慮すると，安

価なシステムの構築のポテンシャルをもつアルカリ型燃料電池は，将来その出番があるとも考えられる．

参 考 文 献

1. W. Vielstic, A. Lamm and H. A. Gasteiger (eds.), Handbook of Fuel Cells, Vol. 4, Part 4, John Wiley & Sons (2003).
2. 高橋武彦, 燃料電池 2版, 共立出版 (1998).

リン酸型燃料電池   5

　リン酸型燃料電池は電解質に濃厚リン酸を用いることを特徴とする．リン酸型燃料電池（Phosphoric Acid Fuel Cell）は英文の頭文字を用いPAFCと略称される．濃厚リン酸（H_3PO_4）は213℃まで安定で，それ以上でも脱水してピロリン酸（$H_4P_2O_7$）に変化するのみで，高温でも安定な酸である．燃料電池は高温で作動させるほど電極反応速度が速くなり特性が向上するので，できるだけ高い温度での作動が望まれる．高い温度まで安定な電解質溶液としてリン酸が燃料電池の電解質として採択された．リン酸型はアルカリ型に続いて登場した燃料電池であるが，実用燃料電池としては，第1世代の燃料電池といわれていた．電解質にアルカリ溶液を用いるアルカリ型燃料電池は酸化剤に空気を用いると，空気中の炭酸ガスと電解質との反応により電池特性が劣化する．あらかじめ炭酸ガスを除去するか，電解質を循環して再生する必要があるので，大型燃料電池システムには向かないと考えられた．リン酸型燃料電池は電解質が濃厚リン酸で，炭酸ガスとの反応は起こらないので空気を直接利用できる．アルカリ型燃料電池に比べての欠点は，通常の金属はリン酸で腐食されるので安価な金属を構成材として用いることができない点にある．主たる材料は比較的高価な炭素系および貴金属である．当初から大型の燃料電池を目指し，電気と熱を併用して供給できるオンサイト発電装置として，開発が進められてきた．1967年に米国ガス会社が中心となりTARGET（Team to Advance Research for Gas Energy Transformation）計画が発足し，12.5 kWリン酸型燃料電池の開発と，約60基の実証試験が，また，1977年にはGRI（Gas Research Institute）計画に引き継がれ，40 kWの開発とその実証試験が実施された．1991年に東京電力が1.1万kWのリン酸型燃料電池の実証試験を実施した．現在は，200 kW級の電池が主力で，世界で142台（26,950 kW）が

稼動中である（2003年3月）。燃料として改質天然ガスを主に用いているが、バイオマスを改質した水素も利用されている。将来的には、石炭ガスから作られた水素が用いられるであろう。

5.1 作動原理と構造

リン酸型燃料電池は電解質に酸性のリン酸を用いるので、アルカリ型と異なり炭酸ガスを含む化石燃料の改質水素の利用が可能である。水素を燃料として酸素で酸化する電池反応はアルカリ型と原理的には同じである。水が酸素極側に生成する点がアルカリ型燃料電池と異なる。酸素極での空気の利用率はエネルギー変換上あまり問題とならないので、過剰の空気が供給され電極で生成した水が容易に除去できるのも、アルカリ型に比べると利点となる。水素極および酸素極での電極反応は、

$$\text{燃料極（負極）：} \quad H_2 = 2H^+ + 2e^- \tag{5.1}$$

$$\text{酸素極（正極）：} \quad 1/2\,O_2 + 2H^+ + 2e^- = H_2O \tag{5.2}$$

である。

$$\text{全反応：} \quad H_2 + 1/2\,O_2 = H_2O \tag{5.3}$$

全反応はアルカリ型燃料電池と同じで水の生成反応である。したがって、理論起電力はアルカリ型燃料電池と同一である。しかし、水素が電極反応で酸化され、H^+ と電子となり、この H^+ が電解質を移動して、酸素極側で酸素と反応し水を生成するので、燃料極、酸素極での電極反応のステップはアルカリ型とは異なる。

Pt電極上での反応(5.1)はつぎの2つの素反応からなる。

$$H_2 + 2M = 2MH \tag{5.4}$$

$$2MH = 2M + 2H^+ + 2e^- \tag{5.5}$$

図5.1に、黒鉛上に担持したPt電極の電流-電圧曲線を示した。アルカリ溶液で見られるようないわゆるターフェル曲線は得られず（4.2節参照）、電流密度とともに急激に過電圧が増大する。表5.1に、各種電極での水素酸化の電気化学的パラメータを示した。交換電流密度はいずれの電極も同じで、約20 mA cm^{-2} とアルカリ溶液に比べかなり高い値である（水素が酸化されやす

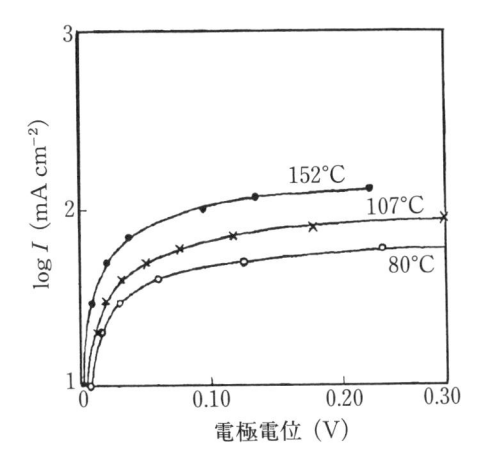

図 5.1 リン酸電解質での水素電極反応の分極曲線
電極：黒鉛に Pt を担持（5 重量%），燃料：40%H_2-60%N_2．
[W. Vogel et al., Electrochimica Acta, **20**, 79 (1975) より]

表 5.1 Pt 触媒上での水素の電気化的酸化反応のパラメータ（22°C）

電極	交換電流密度 (mA cm^{-2})	活性化エネルギー (kJ mol^{-1})
平滑 Pt	27	17
Pt 黒	21	
炭素上の Pt	18	

[W. Vogel et al., Electrochimica Acta, **20**, 79 (1975) より]

い)．反応の活性エネルギーは，17 kJ mol^{-1} とアルカリ溶液とほぼ同等である．電極反応の解析から Pt 上での水素酸化の律速過程は，反応(5.4)の水素の解離吸着過程と考えられている．Pt 触媒は容易に CO で被覆されることが知られている．CO が触媒表面に吸着すると律速反応(5.4)が阻害される（これを CO による被毒という）．

図 5.2 に，メタンの改質ガスを想定して CO 1.7%，CH_4 0.3%，CO_2 18%，H_2 80%模擬ガスを用いた，Pt 黒電極の水素酸化の電流電圧曲線を示した．100°Cでは，CO を 1.7%添加すると極端に分極が増大し，数 mA cm^{-2} 程度し

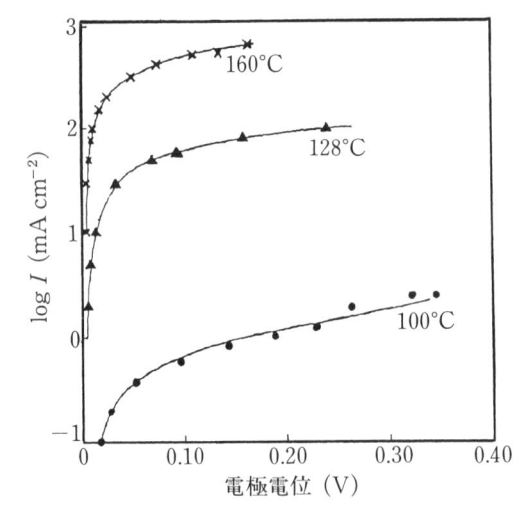

図 5.2 リン酸電解質での水素電極反応への CO の影響
電極：Pt 黒，燃料：1.7%CO, 0.3%CH$_4$, 18%CO$_2$, 80%H$_2$.
[W. Vogel et al., Electrochimica Acta, **20**, 79 (1975)より]

か電流が取り出せなくなる．160°Cになると，COによる被毒の影響はほとんどなくなる．リン酸型燃料電池は約200°Cで作動させるので，メタン改質ガス中のCO濃度1%程度でも運転可能である．8章で詳説するポリマー燃料電池では，作動温度が100°C以下のため，CO濃度を100 ppm以下におさえる必要がある．複雑な改質装置を必要としない点は，ポリマー燃料電池に比ベリン酸型燃料電池の特徴の1つである．

酸素の還元反応(5.2)は，アルカリ電解質と同様に複雑な反応段階を経て進行する．その反応過程には多くの説がある．例えば，Ptのような金属（M）電極上では，電極への吸着過程がまず起こり，過酸化水素が生成する．酸性溶液でも，次式で示す過酸化水素の生成過程が提案されている．

$$O_2 + H^+ + e^- + M = M \cdot O_2H \tag{5.6}$$

この金属上の過酸化水素のO-O結合が下記の反応で切れる．

$$M \cdot O_2H + M = M \cdot O + M \cdot OH \tag{5.7}$$

この解離したラジカルが次の電荷移動反応で水を生成する．

$$M \cdot OH + M \cdot O + 3H^+ + 3e^- = 2M + 2H_2O \tag{5.8}$$

このようにして,触媒表面 (M) では,酸素が低い過電圧で,容易に水に還元される.反応(5.6)が律速過程であるならば,ターフェル傾斜は $4.6RT/F$ で,反応(5.7)が律速過程ならば,ターフェル傾斜は $2.3RT/F$ と予想される.図5.3に,テフロン上に分散された Pt 黒電極での酸素還元特性を示した.低電流密度と高電流密度で異なったターフェル傾斜を示している.表5.2に酸素還元の電気化学的パラメータを示した.b は低電流密度でのターフェル傾斜で,

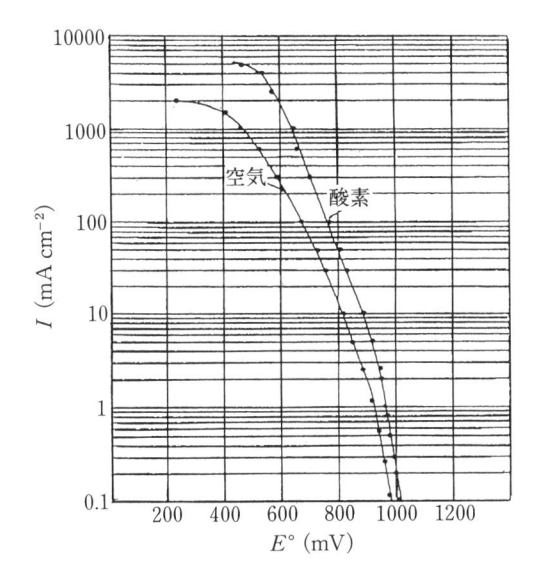

図5.3 リン酸電解質 (80%) での酸素電極の分極特性
電極:Pt 黒/テフロン薄膜,1.42 mgPt 黒 cm^{-2},温度:120℃.
[W. Vogel et al., Electrochimica Acta, **17**, 1735 (1972) より]

表5.2 Pt 黒/テフロン電極上での酸素還元の電気化学的パラメータ (120℃)

Pt (mgPt cm^{-2})	b (mV)	b' (mV)	i_0 (mA cm^{-2})
0.70	58	115	4.2×10^{-7}
0.89	57	122	6.5×10^{-7}
1.42	54	126	3.2×10^{-7}

[W. Vogel et al., Electrochimica Acta, **17**, 1735 (1972) より]

b' は高電流密度でのターフェル傾斜である．交換電流密度 i_0 は平衡電位 1.175 V まで外挿した値である．観察されたターフェル傾斜は，律速反応過程式(5.6)，(5.7)の計算値 156 mV および 78 mV とかなり異なった値である．この差については明確ではないが，電極の構造に起因すると考えられている．

燃料電池を効率よく作動させるには，いかに，水素酸化反応と酸素還元反応を低い過電圧で行うかである．電解質が酸であるため，アルカリ型と異なり Ni のような金属を電極材に使用することができない．基本的には，電極材に炭素を用いている．炭素電極上では，水素の酸化反応，酸素の還元反応がスムーズに進行しないので，触媒を必要とする．通常の金属はリン酸と反応するので触媒には利用できない．実用的には，Pt がもっぱら用いられている．電極反応をより円滑にするため，電池の作動温度はできるだけ高いことが望まれ，リン酸の分解温度（脱水温度 213℃）に近い 200℃で運転される．高温での作動は，燃料ガス中に含まれる CO の触媒被毒の影響を抑制するのにも役立つ．リン酸型燃料電池開発の最大の課題は，いかに触媒の量を少なくして，特性を向上させるかであった．多量の Pt の使用は，コストの面のみならず世界の Pt 資源量からも大きな問題である．現在では負極（0.25 mg cm^{-2}）と正極（0.5 mg cm^{-2}）を合わせて 0.75 mg cm^{-2} 程度を使用している．しかし，この量でも，100 万 kW（通常の火力発電，原子力発電の 1 基分）で 3 トンの Pt を必要とする．この量は現在の Pt の年間生産量の 1.5%に相当する膨大な量である．残念ながら，現時点では，Pt に変わり得る触媒は開発されていない．

表 5.3 リン酸型燃料電池の構成材料

	材料	摘要
燃料極	カーボン紙，Pt 触媒	厚さ約 0.4 mm 触媒量 0.25 mg cm^{-2}
空気極	カーボン紙，Pt 合金触媒	厚さ約 0.4 mm 触媒量 0.5 mg cm^{-2}
電解質	濃厚リン酸，SiC 基盤	厚さ 0.2–0.015 mm
セパレータ	カーボン繊維，フェノール樹脂	
冷却管	ステンレススチール	

5.1 作動原理と構造　119

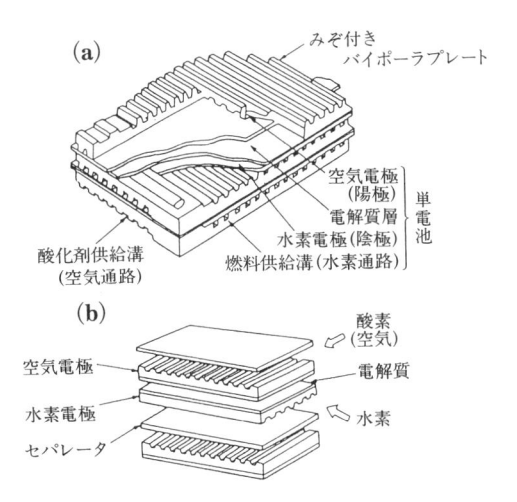

図5.4 リン酸型燃料電池の基本構造
[高橋武彦, 燃料電池 2版, 共立出版 (1998) p.69 より]

図5.4にリン酸型燃料電池の基本構造を，表5.3にその構成材料を示した．電極基板は，主に厚さ0.38 mmのカーボン紙が用いられている．この基板はガスが透過するために多孔性で，そのポロシティー（空隙率）は80%程度である．この表面をテフロン（PTFE）で被覆し，撥水性を保つ．担体（炭素微粉末）に担持したPt（またはPt合金）触媒をカーボン紙上につける．水素極では約0.25 mg cm^{-2}のPtを，空気極では，約0.5 mg cm^{-2}のPt合金を塗布する．電解質は，炭化ケイ素粉末（粒径5-10 μm）をテフロンバインダーで固めた支持板に含浸させたものを用いている．厚さ50-15 μmの電解質板の作成も可能である．ガスを供給し，かつ，電池を直列に接続するセパレータ（バイポーラ板）も重要な構成材である．金属が使用できないので炭素材を用いるが，コストの面から炭素を樹脂で固めた複合体が一般的である．ここでの問題は，リン酸に腐食されない樹脂の選択である．多くの樹脂が検討されたが，初期特性はよくても，長期間にはいずれの樹脂も劣化現象が現れた．現在では，カーボン繊維とフェノール樹脂との混合物をグラファイト化したものが用いられている．リン酸型燃料電池は作動温度が200°Cとアルカリ型に比べ高いの

で，電池反応に伴い発生する熱の利用が電池システムの総合効率の向上に重要となる．電池を一定温度に保つため数セルごとに冷却管が挿入されている．これまでに各種の材料が用いられてきたが，ステンレス管が現在では主に使用されている．リン酸型燃料電池は据え置き型として長期間（50,000時間以上）運転するので，その耐久性，とくに冷却水による腐食が問題となる．冷却水の導電率は1-2 μS cm^{-1}，溶存酸素 50-150 ppb（ppbは10億分の1）が要求される．

5.2 電極触媒

リン酸型燃料電池は電解質に濃厚リン酸を用いるので，アルカリ型燃料電池で用いられたNiを電極基体に用いることができなく，触媒能の低い炭素材を用いざるを得ない．少量の触媒で電極反応をスムーズに進行させるためには，触媒を炭素材表面にどのように担持させるかが肝要である．多くのこれまでの研究では，燃料極ではPt触媒が，空気極ではPt合金触媒が，最適であると報告されている．その理由は，（1）リン酸中で安定，（2）優れた触媒能，および（3）比較的容易に入手可能，などのためである．

水素の酸化反応は酸性溶液中では可逆的に進行する．しかし，実用電池の燃料として用いる天然ガスなどの改質水素は，通常1%程度のCOを含む．低温では，PtがこのCOで覆われると，触媒能が低下する．8章で詳説するポリマー燃料電池は，作動温度が100°C以下で，このCOが問題となり，その濃度を下げるために複雑な改質器を必要とする．リン酸型燃料電池では，作動温度が200°Cと高いので，1%程度のCOの混入では，Pt触媒の被毒はない．一方，空気極での酸素還元は，リン酸溶液中で大きな過電圧を発生し電池電圧の低下につながる．軍事目的では，多量のPt（5 mg cm^{-2}）が用いられたが，この量は実用的ではない．触媒の高分散化により少量の触媒でも優れた性能が得られるようになり，現在では，0.5 mg cm^{-2}のPt量まで低減することができた．初期の電極では，テフロンに分散させたPt黒がカーボン紙に塗布されていた．Pt黒の表面積は30 m^2 g^{-1}（結晶粒の直径10 nm）程度で，高性能化には多量のPtを必要とした．また燃料電池を長時間作動すると，Ptの凝集が起

こり，電池特性の劣化の原因となった．

現在では，担持量が少なくても触媒能を上げるために，伝導性の微粒子担体にPt超微粉末（平均粒径10 nm以下）を担持させる方法が一般である．図5.5に，伝導性カーボン（ケッチェンブラック）に担持させた触媒の透過電子顕微鏡写真を示した．平均粒径3 nmのカーボンにPtが高分散しているのが認められる．触媒担体の比表面積は470 $m^2 g^{-1}$で，Ptの比表面積は40 $m^2 g^{-1}$である．触媒の単位重量当たりの活性は，Ptの粒径（表面積）に依存する．図5.6にPt触媒の比表面積と，その活性との関係を示した．ここでは，電極電位900 mVでの電流値を触媒活性のパラメータとした．Ptの表面積が増大するに従い，単位重量当たりの触媒能が増大することがうかがえる．すなわち，Ptの表面積を大きくすればするほど担持するPt量が少なくてすむ．

高価なPtの量を削減する目的で，安価な金属との合金系が検討されてい

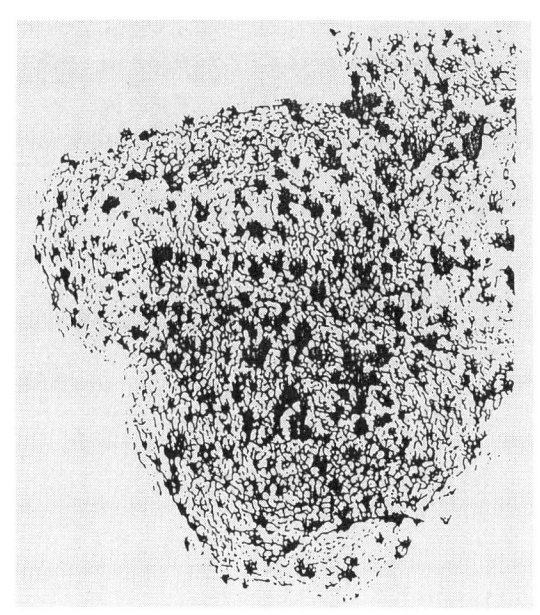

図5.5 燃料電池用触媒の透過電子顕微鏡写真（石福金属興業）
［小栗, 井上, 燃料電池, **3**(4), 57 (2004) より］

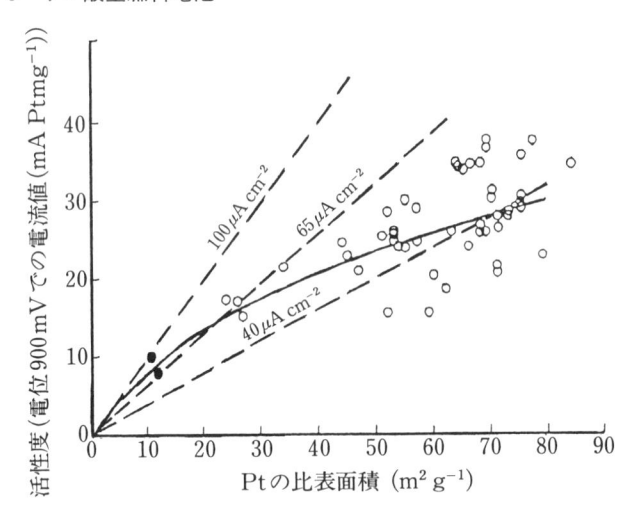

図5.6 リン酸（99%）電解質での酸素の電気化学的還元におけるPt触媒の比表面積と触媒活性との関係
温度：177°C，電極：伝導性炭素（Valcan XC 72）に担持したPt黒，実線：測定値のフィッティング曲線，点線：各電流密度での活性が一定としての計算値．
　　　　　　［J. L. Bregol, Electrochimica Acta, **23**, 489 (1978)より］

る．酸素還元反応の律速過程は反応(5.6)，または(5.7)で示されるように表面吸着過程であり，この表面吸着エネルギーは触媒表面の原子配列の影響をうけると考えられる．Ptを合金化し，原子間距離の変化に伴う酸素還元触媒能への影響が検討された．図5.7に各種Pt合金電極での酸素還元特性と合金中の最近接原子間の距離との関係を示した．最近接原子間距離が短くなるほど酸素還元特性が向上する．表5.4に各種合金系触媒の特性を示した．Pt-VおよびPt-Cr合金は純Ptに比べ優れた酸素還元触媒特性を示している．電解質は99%リン酸で190°Cでの測定値である．電極面積は25.8 cm²での測定値で，20 mA mgPt^{-1} の活性度は1 mgPtの担持で電位0.9 Vで0.75 mA cm^{-2} の電流密度が得られることになる．電流密度215 mA cm^{-2}（触媒の担持量は0.5 mg cm^{-2}）での電極電位は，電極特性を示すパラメータとなる．触媒量を増大すると，電極特性が向上し過電圧が低下するが，215 mA cm^{-2} での電極電位により，担持すべき触媒量が推定できる．

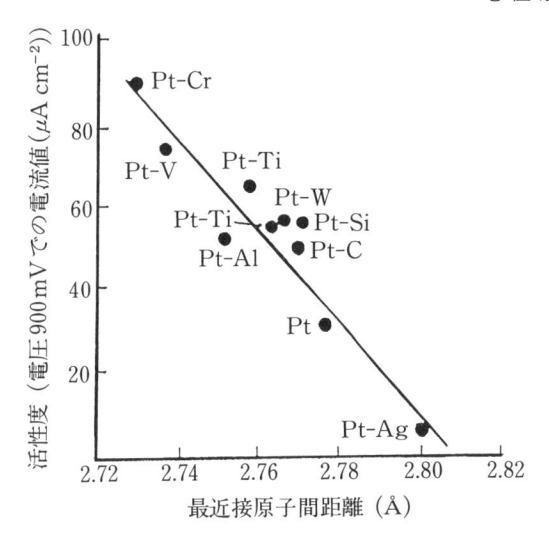

図 5.7 Pt 合金電極での酸素の電気化学的還元における触媒活性と最近接原子間距離との関係
電解質：99%リン酸，温度：190°C.
[V. Jalan et al., J. Electrochem. Soc., **130**, 2299 (1983) より]

表 5.4 各種 Pt 合金系触媒の酸素還元触媒特性

触媒	活性度 0.9 V での mA mgPt^{-1} (酸素)	215 mA cm^{-2} 放電での 電極電位 (V) (空気)
Pt	20	0.680
Pt–V	39	0.720
Pt–V–Co	42	0.735
Pt–Cr	43	0.735
Pt–Cr–Co	52	0.724

[F. J. Luczat et al., US. Patent 4,613,582 (1986) より]

Pt と V，Cr，Co などとの合金は，酸素還元触媒能を向上させるが，それらの合金中の非貴金属の量が増大すると，腐食の問題が発生するので，長期間作動させる目的では Pt を主体とした触媒が用いられている．現在のリン酸型

燃料電池での触媒量は空気極 0.5 mg cm^{-2}，燃料極 0.25 mg cm^{-2}，トータル 0.75 mg cm^{-2} と少量である．実用電池では，0.6 V，215 mA cm^{-2} の特性であるから，5.8 g kW^{-1} の Pt を必要とする．Pt のコストは kW 当たり 1 万円強とかなりの値段となる．将来的には，Pt の回収が必要となるであろう．

5.3 リン酸型燃料電池の燃料

　分散型電源としてのリン酸型燃料電池の燃料には水素を用いるが，その水素はナフサ（石油精製ガス），天然ガス，石炭ガスから作られる．初期にはナフサがおもに用いられていたが，現在は天然ガスの改質ガスが主流である．将来的には石炭ガスも利用されるであろう．基本的には，原料ガスを脱硫したのち，改質器で H_2 と CO に改質し，さらに CO 変性器で CO を H_2 と CO_2 に転換する．S（イオウ成分）は改質触媒を被毒するので，できるかぎり低くする必要がある．炭化水素の改質には各種の方法があるが，燃料電池システムの用途により，最適な方法がとられている．

　都市ガス（主成分 CH_4）を燃料とする分散型電源としてのリン酸型燃料電池では，スチームリフォーミング法（steam reforming）が主に用いられている．図 5.8 に都市ガスからの燃料電池用水素製造のフローチャートを示した．都市ガス中には付臭剤としてきわめて反応性の低い有機硫黄化合物を含むので，水添脱硫触媒で反応性の高い硫化水素に替え，酸化亜鉛を用いて吸着除去する．この方法で 1 ppm 以下に脱硫できるが，微量な S が改質触媒に影響を与えるので，最近では，ppb レベルまで完全に脱硫可能な技術も開発されている．脱硫された CH_4 は次式に示されるように，触媒を用い水と反応させ H_2

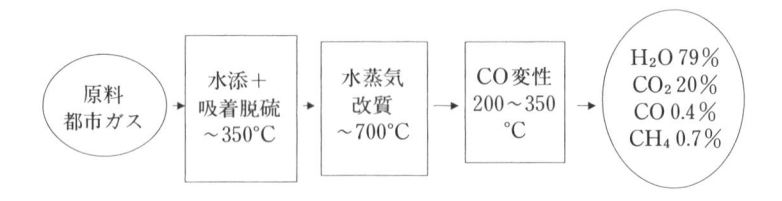

原料都市ガス → 水添＋吸着脱硫 ~350°C → 水蒸気改質 ~700°C → CO 変性 200～350 °C → H_2O 79%　CO_2 20%　CO 0.4%　CH_4 0.7%

図 5.8　都市ガス改質方法

と CO に変化させる．

$$CH_4 + H_2O = 3\,H_2 + CO \qquad (5.9)$$

反応温度は 700°C 前後である．この反応は吸熱反応で，外部から加熱する必要がある．触媒に Ni を用いるが，Ni 上には水蒸気が少ないと炭素が析出するので，水蒸気を過剰に供給する．水蒸気と CH_4 との比は S/C 比と呼ばれるが，炭素析出を避けるため，通常 3.5 以上とする．水蒸気を過剰にすると，燃料電池システムとしてのエネルギー変換効率が低下するので，できるだけ S/C 比を理論値に近い値で運転するのが望まれる．改質器のあと CO のシフト反応にも水蒸気が使われるので，S/C の理想値は 2 である．

改質器から出たガスは 15% 程度の CO を含むので，直接燃料電池セルに供給することはできず，CO を除去する必要がある．変性器といわれる装置で水蒸気と反応させることにより H_2 と CO_2 に変性させる．変性反応（シフト反応）は 200-350°C で行うが，効率を上げるために，高温変性（〜350°C）と低温変性（〜200°C）の 2 段で変性することがある．変性反応は，

$$CO + H_2O = CO_2 + H_2 \qquad (5.10)$$

で示され CO 濃度を 1% 以下とする．この変性反応には Cu-Zn 系触媒が広く用いられている．ポリマー燃料電池では，作動温度が 80°C とリン酸型に比べ低いので，1% 以上の CO 濃度では，図 5.2 に示したように触媒が被毒されるので，10 ppm 程度まで CO 濃度を下げる必要があり，さらに，CO 除去装置を必要とする．1% 程度の CO の存在でも作動できるのは，リン酸型燃料電池の特徴の 1 つである．

メタンの改質反応は，上記の水蒸気改質以外にも部分酸化による改質も可能である．部分酸化反応（partial oxidation）は，次式で示すメタンと酸素から，炭酸ガスと水素を生成する反応を利用する．

$$CH_4 + O_2 = 2\,H_2 + CO_2 \qquad (5.11)$$

この反応は反応(5.9)と異なり，発熱反応である（$\Delta H = -305\,\mathrm{kJ\,mol^{-1}}$，1000 K）．水蒸気改質とシフト反応では 1 mol の CH_4 から 4 mol の水素が生成するが，部分酸化反応では，2 mol の水素が生成するのみである．反応(5.9)の吸熱反応（$\Delta H = 226\,\mathrm{kJ\,mol^{-1}}$，1000 K）および反応(5.10)の発熱反応（$\Delta H = -40\,\mathrm{kJ\,mol^{-1}}$，500 K）の全熱量は 186 kJ mol^{-1} の吸熱となる．電気エネルギ

ーとしては，976 kJ mol^{-1} のエネルギーが取り出せる．全エネルギーは 790 kJ mol^{-1} となる．一方，部分酸化では，電気エネルギーは 438 kJ mol^{-1} と半減するが，熱エネルギーとして 305 kJ mol^{-1} 取り出せるので，全エネルギーは 743 kJ mol^{-1} となる．部分酸化反応では，水蒸気の供給を必要とせず，改質器を外部熱で加熱する必要がない利点がある．水蒸気改質と，部分酸化反応の欠点を補う方法として，両者を組み合わせたオートサーマル法（authothermal）が開発された．ここでの反応は，

$$CH_4 + mO_2 + 2(1-m)H_2O = 2(2-m)H_2 + CO_2 \tag{5.12}$$

であり，$m=1$ では，部分酸化反応であり，$m=0$ では水蒸気改質反応である．1000 K での反応熱の計算から，$m=0.385$ で ΔH は 0 となる．この条件では，1 mol のメタンから 3.23 mol の水素が生成することになり，部分酸化反応の 2 mol より多く，かつ加熱する必要がない．数 10 kW 以上の発電システムでは，水蒸気の供給，および改質器の加熱などの全体の熱バランスから，スチーム改質が一般的に用いられるが，数 kW 以下の小型システムでは，オートサーマル法がコンパクトにできるので多く用いられている．

5.4 実用電池の特性

1967 年に米国では国家プロジェクト（ターゲット計画）として，リン酸型燃料電池の実用化に向けての開発研究が始まった．約 10 年かけ，12.5 kW（PC-11 型）の実用電池 64 台を試作しフィールドテストが進められた．さらに引き続き，1977 年から 10 年計画で，GRI 計画が米国ガス協会を中心に進められた．この計画では，40 kW（PC-18）の電池 49 台が作成されテストされた．この計画とは別に，電力用大型電池が FCG 計画として進められ，1 MW，4.5 MW および 11 MW が試作テストされた．これらの燃料電池は主に，米国ユナイテッドテクノロジー社（UTC）で製作された．日本では，米国で開発された燃料電池が，73 年に PC-11 を 4 台，84 年に PC-18 を 40 台，ガス会社に導入されフィールドテストが行われた．また，電力会社では，83 年に 4.5 MW，98 年に 11 MW の燃料電池がテストされた．一方，国産のリン酸型燃料電池の開発も進められ，1981 年には，国産初の 30 kW の燃料電池

が富士電機で開発された．また，国家プロジェクトとして，1981年にムーンライト計画が発足し，その一環として1 MWおよび200 kWのリン酸型燃料電池の開発がスタートした．この間，多くの技術開発で信頼性が確立され，商用機が完成した．とくに，セル特性が向上し，1980年には放電電流密度は100-120 mA cm^{-2} であったが，現在では250 mA cm^{-2} 以上と2倍以上になった．また電池寿命も50,000時間以上となり，商用化の目標値を達成している．

表5.5に，現在商業的に生産されている2機種の特性を，図5.9に東芝IFC 200 kWの主要部分の外観を示した．これまでに多くの企業がリン酸型燃料電池を開発してきたが，現在では富士電機と東芝IFC（東芝とUTCとの合弁会社）の2社のみである．リン酸型燃料電池では，その発電効率は40％と火力発電の効率と同等程度である．100-200 kWと火力発電所の出力100万kWに比べ格段に低い出力でも高い効率が得られるのがリン酸型燃料電池の特徴である．この特徴を活かしたオンサイト発電が可能で，その排熱が有効に利用できる．表5.5に示したように，排熱の利用により，全熱効率80％以上も可能である．この排熱利用は燃料電池導入の要になる．図5.10に，エネルギーシステムフロー（富士電機システムズ）の一例を示した．ここでは，吸収式

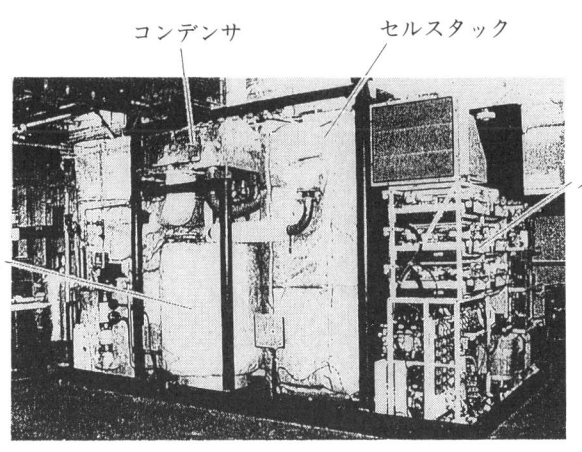

図5.9　東芝IFCリン酸型燃料電池の外観
［J. M. King et al., Handbook of Fuel Cells. W. Vielstrich, A. Lomm and H. A. Gasteiger (eds.), Vol. 4, Part 2, John Wiley & Sons (2003) p. 832 より］

表 5.5　リン酸型燃料電池の特性

メーカー	富士電機システムズ	東芝 IFC
発電出力	100 kW	200 kW
出力電圧	200 V	400 V
発電効率（LHV）	40%	40%
総合効率	87%	81%
排気特性	NO_x 5 ppm 以下 SO_x 検出下限以下	NO_x 5 ppm 以下 SO_x 微量
騒音特性	65 dB 以下	60 dB
寸法，重量	3.8×2.2×2.5 m，10 t	5.5×3.0×3.0 m，18.2 t
熱出力形態	高温水（90℃往 85℃還）180 MJ h^{-1} 低温水（50℃往 40℃還）234 MJ h^{-1} 160℃飽和蒸気	温水（60℃），高温水（90-120℃） 蒸気（160℃，5.3 atm）
燃料	都市ガス LPG	天然ガス，都市ガス，LPG，バイオガス

冷温水機に排熱を供給している．実際にホテルでの導入実績によると，総合効率 70%以上が得られている．また，表 5.6 に示すように，従来の火力発電に比べ，エネルギー消費量削減 20%，CO_2 の排出量削減 33%，および NO_x 削減 85%の効果が得られた．とくに，リン酸型燃料電池での NO_x 排出量は格段に少なくなる．この燃料電池の燃料はメタンの改質水素であるが，この水素は前述のように水蒸気改質で，その改質温度は約 700℃である．NO_x の生成は主にこの改質反応で発生する．NO_2 の発生量は反応温度に依存し，高温になるほど多くなる．NO_2 は改質器中で N_2 と O_2 との反応で生成するが，火力発電での天然ガスの燃焼温度に比べると格段に低いので，NO_x の発生が抑制される．

　燃料電池の導入により，表 5.6 に示したようにエネルギー消費量の削減，ひいては CO_2 発生の抑制，さらには，NO_x 発生が抑制される効果があるので，広範な導入が進むと考えられてきたが，実際には，予想したように導入は進ん

5.4 実用電池の特性

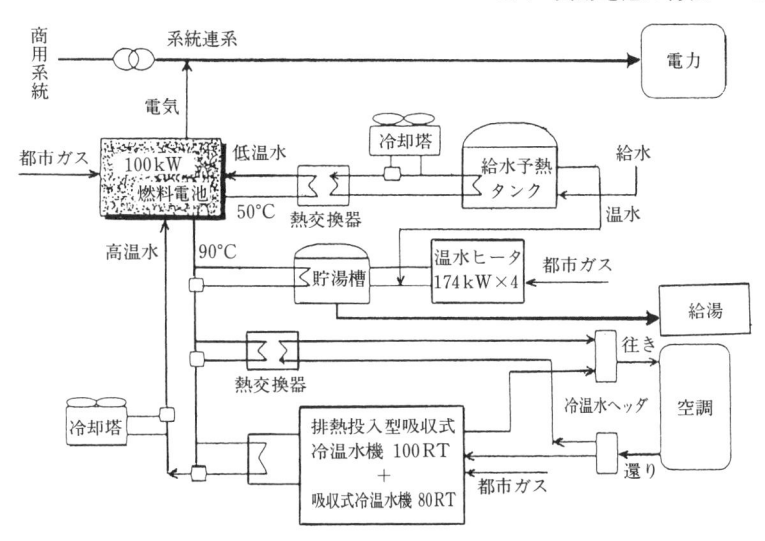

図5.10 富士電機100 kW リン酸型燃料電池のエネルギーフロー
[浅井, 燃料電池, **3**(3), 35 (2004) より]

表5.6 燃料電池による省エネルギー性・環境性の一例

		年間燃料消費量 (m^3N, MWh)	年間1次エネルギー消費量(GJ/年)	CO_2排出量 (tCO/年)	NO_x排出量 (tNO/年)
従来システム	燃料（都市ガス）	58,258 m^3N	2680	137	13
	商用電力	811 MWh	8315	535	260
	計	10,995	672	272	
燃料電池	燃料（都市ガス）	191,345 m^3N	8802	450	42
	商用電力	0	0	0	0
	計		8802	450	42
削減効果	削減量		2193	223	42
	削減%		20%	33%	85%

[浅井, 燃料電池, **3**, 35 (2004) より]

でいない．富士電機はこれまでに 100 台以上のリン酸型燃料電池を出荷した．また，世界最大のリン酸型燃料電池の供給会社である東芝 IFC は 280 台の 200 kW システムを出荷したが，2003 年 3 月現在では，142 台（26,950 kW）が世界で稼動しているにすぎない．

日本では，これまでに 209 台（51,428 kW）のリン酸型燃料電池が導入されたが，1996 年以降は稼動台数が減少し，現在では 43 台（7950 kW）が稼動しているにすぎない．当初の計画としては，2010 年に 220 万 kW の燃料電池導入を見込んでいたが，その達成はかなり困難のようである．リン酸型燃料電池の導入が進まない最大の原因は，そのコストにある．現在のコストは 45 万円/kW で，商用電力，および競合するマイクロガスタービン，ガスエンジンに比べ，2 倍強の価格である．導入を促進するには，さらなる価格の低減が必要である．しかし，環境負荷低減に寄与するリン酸型燃料電池は将来的に期待される燃料電池系であることには変わりはない．

参 考 文 献

1. W. Vielstic, A. Lamm and H. A. Gasteiger (eds.), Handbook of Fuel Cells, Vol. 4, Part 5, John Wiley & Sons (2003).
2. Fuel Cells. Their Electrochemistry, McGraw-Hill (1969).

溶融塩燃料電池

6

6.1 高温燃料電池の一般的特徴と利点

3.5節で述べたように，一般に電極反応速度は高温になるほど速くなる．したがって，室温付近では進行しにくい活性化エネルギーの高い反応も，高温になれば容易に進行できるようになる場合が多い．200°C以下の低温領域では，PtやRuなどの高価な貴金属触媒を用いなければ円滑に進行しない電極反応も数100°Cの高温では反応原系が活性化エネルギーの山を越える確率がずっと高くなるので電極反応がすばやく進行する．

燃料電池の電極の場合，このことは高温になるほど電流を取り出しても電位変化が小さいこと，すなわち，分極が小さいことを意味する．したがって，5章までに述べられた200°C以下の低温型燃料電池で不可欠であった電極への高価な貴金属触媒の添加が不必要で，安価な触媒に置き換えることができる．このような状態で高出力密度発電を行い得るので低温型に比べて高い発電効率が期待できる．また，高温になると，電極反応全般が円滑に進むようになり，種々の燃料を使うことも可能になる．

高温燃料電池のもう1つの特徴は，高温作動による排熱の利用がしやすいことである．2章で述べたように，一般に熱源の温度が高いほどこの熱エネルギーの利用効率は高くなる．例えば，8章で述べる高分子固体電解質膜燃料電池の排熱は高々80°C程度であるが，この程度の温度はせいぜい暖房に用いることができるだけである．これに対して，高温燃料電池では，発電により得られた電気エネルギーのほかに数100°Cという質の高い排熱を利用できる．この場合には，この排熱でさらにタービン発電機やゼーベック効果による熱電発電によ

り発電し，そのあと冷房や暖房の熱源として利用できる．そのために，もとの燃料の燃焼エネルギーに対する変換電力と利用熱エネルギーの総和の割合，いわゆる総合エネルギー効率が低温型燃料電池の場合に比べて一段と高くなる．

なお，「高温燃料電池では電池を高温に保つために余分のエネルギーがいるので熱効率的に損ではないか？」という素朴な疑問を抱く読者もあろう．燃料電池反応で発生するエネルギーのうち電気エネルギーにならなかった分はすべて熱エネルギーになってしまうので，この熱をうまく利用すれば電池を高温に保つことは容易である．ただし，小規模電池で発熱量が小さく保温が十分ではないときには高温に保つことができないので外部から加熱をする必要がある．外部加熱をしなくても高温を保って電池が稼動する状態を「電池が熱自立している」という．高温燃料電池は，電池が熱自立し，なおかつ余分に発生する熱エネルギーをも利用しようとするものである．ただ，発電のスタートアップ時には何らかの方法で加熱する必要がある．

6.2 高温燃料電池のエネルギー変換効率

1 mol 当たりの電池反応に対して取り出し得る電気エネルギーは，その反応の Gibbs の自由エネルギー変化 $-\Delta G$ に相当する値が最高値である．しかし，実際に利用できるのはこの値から各部材の電気抵抗によるオーム損失や電極での分極損失さらには電池補機に要する電力などを差し引いた残りの電気エネルギーである．したがって電池の効率 ε_C は

$$\varepsilon_\mathrm{C} = \frac{W}{-\Delta G} \tag{6.1}$$

で表される．ここで，W は 1 mol 当たりの反応で実際に取り出し得る電力（ワットアワー）を ΔG と同じエネルギー単位で表したものである．

通常の燃焼反応で発生する熱エネルギーは反応のエンタルピー変化 $-\Delta H$ に相当する量であり，火力発電などと比較する場合にはこの $-\Delta H$ を基準にして考える必要がある．3 章の熱力学の基本式から

$$\Delta G = \Delta H - T\Delta S \tag{6.2}$$

であり，この場合 $-T\Delta S$ は正の値をとるので，$-\Delta G < -\Delta H$ となり燃焼熱

を基準にしたエネルギー変換効率 ε は

$$\varepsilon = \frac{W}{-\Delta G} \cdot \frac{-\Delta G}{-\Delta H} = \frac{W}{-\Delta H} \tag{6.3}$$

で評価しなければならない．

H_2 の燃焼反応と CO の燃焼反応について各温度での $\Delta G°$ と $\Delta H°$ ならびにその比 $\Delta G°/\Delta H°$ を表 6.1 に示した．いずれの場合も温度の上昇とともにこの比は減少するので，高温ほど電気エネルギーへの変換効率の最大値は小さくなる．

しかし，高温になるほど電解質の抵抗や電極での分極が小さくなるので電池反応速度は増大し，$\Delta G°/\Delta H°$ の値により近い電力変換効率が得られるようになる．とはいっても，その上限は，例えば，1気圧の水素と酸素を燃料とした場合，表 6.1 に見られるように，600°Cで81%，1000°Cで高々71%（実際には50-60%）程度である．したがって残りの40-50%の熱をどのように利用するかが問題で，冷暖房用熱源やボトミングサイクルを活用することにより，総合エネルギー効率80%程度を狙って開発が行われている．

高温型燃料電池では，このほかにも，熱管理プロセス面でも低温型よりもシンプルな場合がある．燃料として炭化水素類を用いるとき，低温燃料電池ではこれを H_2 と CO_2 に改質する必要があるが，この改質に数100°Cの温度を必要とし，いったんこれを，熱交換して低温燃料電池の温度まで下げて用いなければならない．しかし，高温燃料電池では改質燃料ガスをそのまま電池に供給す

表 6.1 燃焼反応の標準エンタルピー変化 $\Delta H°$ と標準 Gibbs 自由エネルギー変化 $\Delta G°$

温度 (°C)	標準生成熱力学関数値 (kJ mol^{-1})					
	$2H_2(g)+O_2(g)=2H_2O(g)$			$2CO(g)+O_2(g)=2CO_2(g)$		
	$\Delta H°$	$\Delta G°$	$\Delta G°/\Delta H°$	$\Delta H°$	$\Delta G°$	$\Delta G°/\Delta H°$
600	−493.8	−399.3	0.809	−566.0	−413.6	0.731
700	−495.2	−388.4	0.784	−565.4	−396.1	0.701
800	−496.4	−377.4	0.760	−564.7	−378.7	0.671
900	−497.6	−366.2	0.736	−564.0	−361.5	0.641
1000	−498.5	−355.0	0.712	−563.1	−344.2	0.611

ることができるので余分な冷却器もしくは熱交換器が不要になる．また，改質自体を高温電池の内部で行うこともできる．

数100℃の高温で燃料電池の電解質として使用し得るイオン伝導性物質として考えられるのは溶融塩と固体電解質である．いずれの場合も伝導イオン種として酸素もしくは水素を含む必要があり，それらの種類はおのずと限られてくる．

本章では高温溶融塩燃料電池について，次章では高温固体電解質燃料電池について述べる．

6.3 溶融塩燃料電池

高温燃料電池の電解質として溶融塩を用いる試みは古く，19世紀末から20世紀初頭にかけて行われている．当初は，苛性カリや苛性ソーダのような水酸化アルカリを用いていたが，これらはCO_2ガスと容易に反応して炭酸塩となってしまうので，このような溶融燃料電池では長時間発電することはできなかった．そこで，炭酸塩そのものを電解質とする電池が考案された（1921年）が，当初は性能的にはきわめて低いものであった．第二次世界大戦以降も溶融塩燃料電池は炭酸塩を主成分とする電解質を用いて開発研究が進められてきた．溶融炭酸塩を電解質とするこのタイプの燃料電池は第二世代の燃料電池とも呼ばれ，今日では，第一世代のPAFCにつぐ大規模発電装置の開発が進められている．溶融炭酸塩を用いた電池は，その英語名の頭文字をとってMCFC（Molten Carbonate Fuel Cell）と略称されている．

6.4 MCFC用溶融塩とその性質

溶融塩とは，固体塩がその融点以上の温度で融解して液状となっている状態をいう．一般に，固体状態ではそのイオン導電率はきわめて低いが，融解するとその物質を構成している各イオンが容易に動き得るようになり，そのイオン導電率は飛躍的に増大する．溶融塩の導電率はその塩の水溶液に比べても高い．これは，水溶液に比べて温度が高くイオンの移動度が大きいこと，導電に

あずかるイオン種の濃度が高いことなどの理由による．溶融塩の導電率は狭い温度範囲では一般に温度の上昇とともにほぼ直線的に増大する．また，導電率の大小はその溶融塩の粘度にも大きく依存する．溶融塩は，一般に，多くの固体と容易に反応し，その固体の性能を劣化させる．また，高温になるほど蒸気圧が飛躍的に高くなり，短時間のうちに蒸発または分解してしまうおそれがある．

2種類以上の塩を混合して溶融すると，多くの場合，その溶融点が単独塩の融点よりもかなり降下する．このような現象を共融といい，共融する温度を共融点という．多くの実用的な溶融塩はこのような混合溶融塩を使用してその融点を下げ，所定の温度での粘度を下げてイオン導電率を高めるとともに，その化学反応性や蒸発性を抑えている．後述するように溶融塩燃料電池でも同じ手法がとられている．

燃料電池用の溶融塩としては，酸化剤である酸素あるいは酸素を含む原子団のイオン，もしくは燃料の構成成分である水素や炭素を含むイオンが導電にあずかる必要がある．このようなイオン種として，O^{2-}，CO_3^{2-}，NO_3^-，SO_4^{2-}，OH^-，H^+，NH_4^+ などがある．それらのうちで高温の酸素や二酸化炭素が共存する燃料電池条件で安定に存在し得るのは，ある温度領域の酸素酸イオンだけである．しかも，これらの酸素酸イオン CO_3^{2-}，NO_3^-，SO_4^{2-} などを用いる場合には，後述するように，電池反応でそれぞれ CO_2，NO_2，SO_2 などのガスを空気極側に必要とするので，実際に利用できるのは CO_3^{2-} イオンのみとなる．つまり，高温燃料電池用の溶融塩電解質としては溶融炭酸塩が唯一の材料であるといってよい．

溶融炭酸塩にもいろいろなものがあるが，燃料電池用としては，運転温度で① 化学的に安定で分解しないこと，② 炭酸イオンの導電率が高いこと，③ 蒸気圧ができるだけ低いこと，④ 電極材や周辺材料を侵さないこと，⑤ 安価であること，などの条件が必要である．これらの条件に合致するものとして Li_2CO_3，Na_2CO_3，K_2CO_3 などのアルカリ炭酸塩がある．そこで，今日開発が進められている溶融塩燃料電池ではすべてアルカリ炭酸塩を用いている．

その場合，これらの溶融塩は単独で用いるのではなく，2種または3種の炭酸塩を混ぜ合わせた混合溶融塩として用いている．これは，上述したように，

表6.2 アルカリ炭酸塩の単塩および混合塩の融解温度とその組成

アルカリ炭酸塩	組成比	融点または共融点（℃）
Li_2CO_3		720
Na_2CO_3		850
K_2CO_3		901
Li_2CO_3-Na_2CO_3	53.3：46.7	496
Li_2CO_3-K_2CO_3	62.0：38.0	488
Na_2CO_3-K_2CO_3	42.7：57.3	710
Li_2CO_3-Na_2CO_3-K_2CO_3	43.5：31.5：25.0	397

混合することによりその融解点が下がり，同じ温度での単独塩よりも粘度を下げて導電率を上げることができるためである．表6.2に各種アルカリ炭酸塩の融点と，それら相互の2成分系および3成分系の共融点とその際の組成比を示した．

6.5 作動原理

溶融炭酸塩を電解質とした燃料電池の作動原理を図6.1に示した．例えば，このような単電池の負極側に燃料ガスとしてH_2を，正極側にO_2とCO_2を導

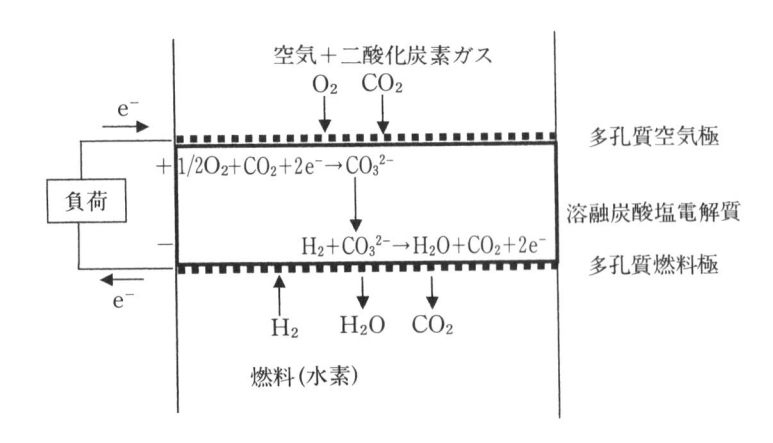

図6.1 溶融炭酸塩燃料電池の作動原理

入する．すると，H_2 は O_2 と反応しようとして，燃料極上で酸素源となる CO_3^{2-} と式(6.4)のような反応を起こそうとする．このとき，次式で示されるように電極に電子を放出するので燃料極は電子過剰となり負に帯電する．

　　　燃料極（負極）：　　$H_2 + CO_3^{2-} \longrightarrow H_2O + CO_2 + 2\,e^-$　　　　　(6.4)

　一方，空気極側では式(6.4)の進行によって不足する分だけ電解質中の CO_3^{2-} を補うべく，O_2 ガスと CO_2 ガスが式(6.5)の反応を進行させようとして空気極から電子を取り込もうとするので，この電極は電子不足となり正に帯電する．

　　　空気極（正極）：　　$1/2\,O_2 + CO_2 + 2\,e^- \longrightarrow CO_3^{2-}$　　　　　(6.5)

両極間を電気的に接続すれば，これら2つの電極反応が進行して次の電池反応が進む．

$$H_2 + 1/2\,O_2 + CO_2 \longrightarrow H_2O + CO_2 \tag{6.6}$$

　以上のことからわかるように，溶融塩中の CO_3^{2-} は，燃料を酸化（燃焼）させるために必要な酸素を空気中から取り込み，燃料極側に運ぶ役割を果たしている．式(6.5)および式(6.6)に示されているように，この電池反応を進行させるためには空気極に CO_2 を供給する必要があり，また燃料極では CO_2 が発生する．そのために，生じる起電力は各電極における CO_2 ガスの分圧にも依存する．このことを考慮して電池反応にネルンストの式(3.4)を適用し，その開路電圧 E_0 を求めると，

$$E_0 = E^\circ + \frac{RT}{2F} \ln \frac{P_{H_2} P_{O_2}^{1/2} P_{CO_2}(C)}{P_{H_2O} P_{CO_2}(A)} \tag{6.7}$$

となり，生じる電圧がそれぞれの電極での CO_2 分圧に依存していることがわかる．ここで E° は標準起電力（650℃で1.02 V），$P_{CO_2}(A)$ および $P_{CO_2}(C)$ はそれぞれ燃料極室および空気極室の CO_2 分圧である．

　このように，溶融炭酸塩燃料電池では空気極への CO_2 の供給が必須条件となるので純粋な H_2 ガスを燃料とする発電には不向きである．燃料としてCOガスおよび炭化水素ガスを用いる場合にはMCFC発電プラントのどこかで CO_2 が発生するのでこれを利用することができる．COのみを燃料とする場合にはそれぞれの電極反応は

　　　燃料極（負極）：　　$CO + CO_3^{2-} \longrightarrow 2\,CO_2 + 2\,e^-$　　　　　(6.8)

空気極（正極）： $\quad 1/2\,O_2 + CO_2 + 2\,e^- \longrightarrow CO_3^{2-}$ (6.9)

電池の全反応は

全反応： $\quad CO + 1/2\,O_2 + CO_2 \longrightarrow 2\,CO_2$ (6.10)

となる．これに式(3.4)を適用して開路電圧を求めると

$$E_0 = E^\circ + \frac{2F}{RT}\ln\frac{P_{CO}P_{O_2}^{1/2}P_{CO_2}(C)}{P_{CO_2}^2(A)} \tag{6.11}$$

となり，この場合も電圧は CO_2 分圧に依存して変化する．

　以上の説明から容易に推察できるように，溶融塩燃料電池の電解質として炭酸塩以外の酸素酸塩を用いようとすると，例えば，硝酸塩では NO_2 を，硫酸塩では SO_2 を，といったように，それに対応する酸化物のガスを用いなければならない．このようなガスを使うことは実用的ではないので，炭酸塩以外の溶融塩を用いた燃料電池は考えられない．

6.6 基本構造

　溶融炭酸塩燃料電池の基本構造を図6.2に示した．単セルは，基本的にはリン酸型燃料電池（PAFC）などと同じく，イオン伝導性液体（溶融塩）を保持している固体板を多孔質電子伝導体からなる2つの電極板で挟んだ構造をとっている．この単セル（単位電池）を，インターコネクタ兼セパレータの役割をもつバイポーラ板を介して何個も積層しスタックを構成している．

　MCFCは，溶融炭酸塩や電極材質を初めとする各種の電池構成材の熱的特性や周辺部材の性質との兼ね合いから，ふつう650℃付近で運転されている．このような高温では，すべての材料がそれらに接する固体，液体，あるいは気体と熱力学的に化学平衡に達するまで反応が進み得ることを念頭におかなければならない．したがって高温還元雰囲気と接する燃料極材には強い還元雰囲気でも安定な多孔質電子伝導体を，空気極材には高温空気でそれ以上酸化されない多孔質電子伝導体を用いる必要がある．このような要求から，燃料極には多孔質金属を，空気極には多孔質電子伝導性酸化物が用いられる．溶融塩は多くの物質を侵しそれらの機能を劣化させるので，電極材の材質の選択が難しい．ふつう燃料極にはNiを主体とした金属が，空気極にはLiを含有する酸化Ni

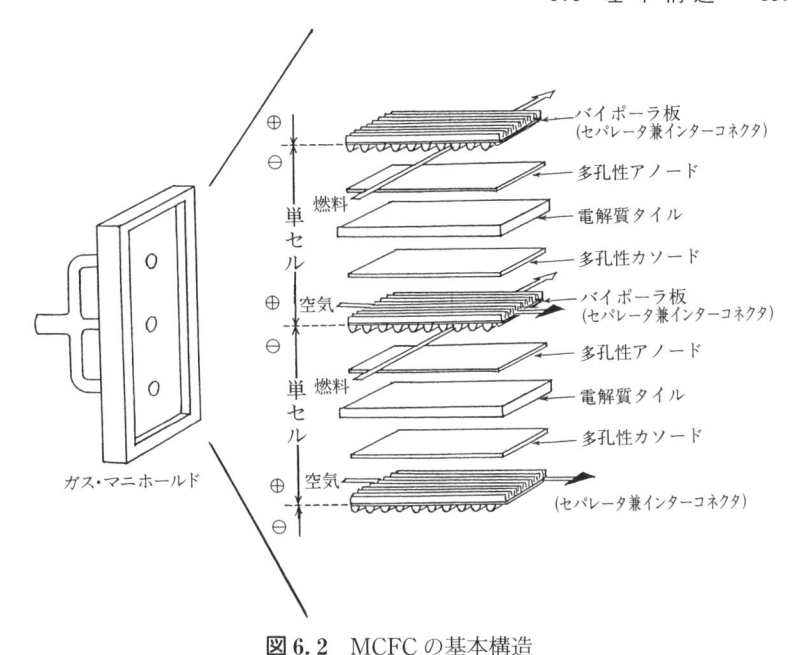

図 6.2 MCFC の基本構造
［電気化学便覧 第 3 版, 丸善（2001）p. 456 より一部改変］

が使われている．これらが使われる理由ならびに材質の詳細については次節で述べる．

　電解質は溶融して液状になっている炭酸塩であるが，これを両電極間に保持するために，多孔質セラミック板に含浸させて使用するか，または，絶縁性酸化物との混合物を薄いタイル状に成形して焼成したものを用いる．この場合の保持母体となる酸化物は運転温度で溶融炭酸塩によって侵されない化学的に安定な物質である必要がある．研究初期段階においては酸化マグネシウムの多孔質板に溶融塩を含浸させて用いたこともあったが，今日ではアルミン酸リチウム（$LiAlO_2$）を母体としたタイル状プレートが用いられている．

　他のタイプの燃料電池と同じく，MCFC も単電池で生じる電圧は開路状態で 1 V 前後であるので，これを直列に接続して高い電圧を得る必要がある．このために，PAFC の場合と同じように，電池を層状に重ねて隣り合う燃料

極と空気極とを隔てる電子伝導性のセパレータが必要となる．セパレータは燃料極側では高温 H_2 ガスのような還元雰囲気と，空気極側では酸化雰囲気に接することになる．そこで，両雰囲気に耐え，ガス透過がなく，かつ，電子伝導性の高い材料が必要となる．燃料電池部材の材質とそれらが使われている理由については，6.8節でやや詳しく述べる．

MCFCは，PAFCなどと同じくメタンなどの炭化水素燃料を外部の改質器で水素と二酸化炭素などに改質して電池に供給する方式のほか，高温で運転するので炭化水素燃料をそのまま燃料極室内に供給してそこで改質することもできる．つまり，図6.3(a)に示した外部改質方式のほか，図6.3(b)や図6.3(c)のような内部改質方式も可能である．その場合には発電に伴う発熱

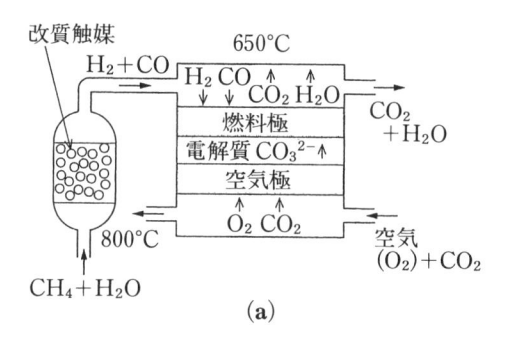

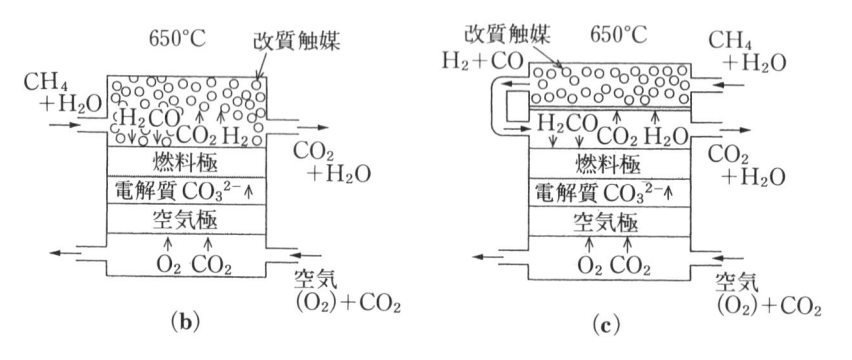

図6.3 外部改質方式と内部改質方式
(a)外部改質方式，(b)直接内部改質方式，(c)間接内部改質方式．
[電気学会編, 燃料電池の技術, オーム社 (2002) p.146 より]

（ジュール熱および分極による発熱）を，直接，吸熱反応である改質反応に利用できるので，原理的に高いエネルギー変換効率が期待できる．しかし，電池反応の制御が複雑になり，また，改質触媒が溶融塩によって被毒を受けやすいといった問題点があり，その対策が進められている．

6.7　MCFCの特徴と用途

このタイプの電池は，高温で作動させるという点では次章で述べる固体酸化物燃料電池（SOFC）と類似し，液体電解質を用いている点ではPAFCと類似している面もある．しかし，それらの電池とはその作動機構や構成部材が大きく異なり，また，使用上の特徴も違ってくる．MCFCの特徴を以下に列挙する．

① 高温で作動させるために，電極反応が円滑に進み，電気出力が高い，
② 高温で電極反応が円滑に進むために，Ptのような高価な触媒が不要，
③ 高温排ガスを有効に利用できるため，総合エネルギー効率が高い，
④ 炭化水素燃料やCOなど，多様な燃料を用いることができる，
⑤ 天然ガスなどを電池の内部で改質して用いることができる，
⑥ シート成型法によって電解質タイル，電極材などの大面積化が容易，
⑦ ガスシールがSOFCに比べて容易，
⑧ SOFCに比べて運転温度が低く，セパレータや周辺部材に鉄系耐熱合金を用いることができる，
⑨ カソードガスに空気のほか，CO_2が必要，
⑩ 溶融塩による周辺部材の腐食や劣化が問題，
⑪ 溶融塩の蒸発や分解が問題，
⑫ CO_2ガス濃縮機能を活用できる可能性，
⑬ NO_x浄化作用を活用できる可能性．

これらのうち，①〜⑤はSOFCももっている高温型としての共通の特徴である．これに対して，⑥〜⑧はMCFCがSOFCに比べて有利な点である．また，⑨〜⑪はMCFCがもつ本質的な難点ではあるが，⑨についてはこれを逆用して，⑫のような利点として活用することも提唱されている．これは，図

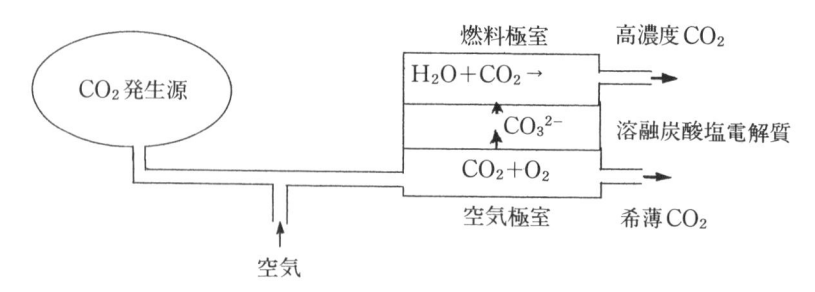

図6.4　MCFCを用いたCO_2ガスの濃縮

6.4に示したように，CO_2を多量に含む燃焼排ガスなどをMCFCの空気極側に導入し，式(6.5)のカソード反応を利用してアノード側にCO_2を濃縮しようというアイディアである．空気極ガス中のNO_xを燃料極側でN_2とH_2Oに変換する作用があることも興味がもたれている．

MCFCは，開発研究の初期段階では，石炭ガス化ガスを燃料とすることが考えられていた．これは，その主成分であるCOガスをそのまま燃料として使用でき，しかも，空気極反応式(6.5)で必要とするCO_2ガスは電池反応で燃料極に生成したガスの一部をまわして利用できるからである．

しかし，公害対策をも含めた石炭ガスの製造コストが高いこともあって，今日ではメタンを主成分とする天然ガスもしくはバイオマス工程から発生するバイオガスがMCFCの燃料として考えられている．MCFCシステムでは式(6.6)からもわかるようにH_2と当量のCO_2をカソードガスに混入する必要がある．CH_4ガスを燃料とする場合にはCO_2が生成するのでその一部をカソードガスに混入させて用いることができる．

メタン自体は直接電気化学反応にあずからないので電極反応の前段階で次のような反応により，H_2とCOに改質する．

$$CH_4 + H_2O \longrightarrow 3H_2 + CO \tag{6.12}$$

この改質反応も，PAFCの場合と同じく水蒸気を必要とした吸熱反応である．ただ，MCFCでは電極触媒であるNiがCOによって被毒を受けないので，PAFCの場合とは異なり，後段の変成反応

$$CO + H_2O \longrightarrow CO_2 + H_2 \tag{6.13}$$

を特別に行う必要はない．この反応は，電池の燃料極内で電池反応生成物のH_2Oを用いて自然に進行する．

上述のように，当初は石炭ガス化装置と連結した大規模石炭発電装置（ギガワットクラス）として開発研究が始められたMCFCも，今日では，数MW〜数100 kWクラスの分散発電用や工場内に設置する自家発電設備としての用途を主流として考えるようになってきた．この場合にも発電下段にスチームタービンやガスタービンを取り付けて排エネルギーを電力として回収する（いわゆるボトミングサイクル）とともに，排熱を工場の生産プロセスに利用したり，地域の冷暖房に利用する（いわゆるコジェネレーション）ことが考えられている．発生する蒸気を工場の生産プロセスに利用する場合もあろう．

6.8 構成部材とその特性

MCFCの構成部材としては電解質板，燃料極，空気極，セパレータ，集電材，ガス供給・排出用マニホールド，外枠などがある．これらの部材は数100℃の高温において互いに接触した状態にある．

その場合，両材質が化学反応を起こして変質したり，熱膨張率の違いや熱伝導率の相違から界面に歪みを生じてクラックが入ったりすることのないように材料の選択には入念な注意が払われている．とくに，650℃という高温で融解している炭酸溶融塩は腐食性が強いので，これと直接接触している電極材の劣化が進まないようにしなければならない．また，高温では，溶融塩の浸み上がりや揮発によって，本来は，直接接していないセパレータやマニホールドなどの部材を侵すおそれもあるので，その対策も講じておかなければならない．

6.8.1 電解質板

電解質としてアルカリ炭酸塩の混合溶融塩が用いられている．図6.5に各種アルカリ炭酸塩の2成分系および3成分系の状態図を示した．研究開発の初期段階では，融解温度が最も低いLi_2CO_3-Na_2CO_3-K_2CO_3 3成分の共融組成（それぞれ，43.5, 31.5, 25.0 mol%；融点397℃）の溶融塩を多孔質マグネシアセラミック板に浸み込ませて用いていた．これは，3成分にすることによ

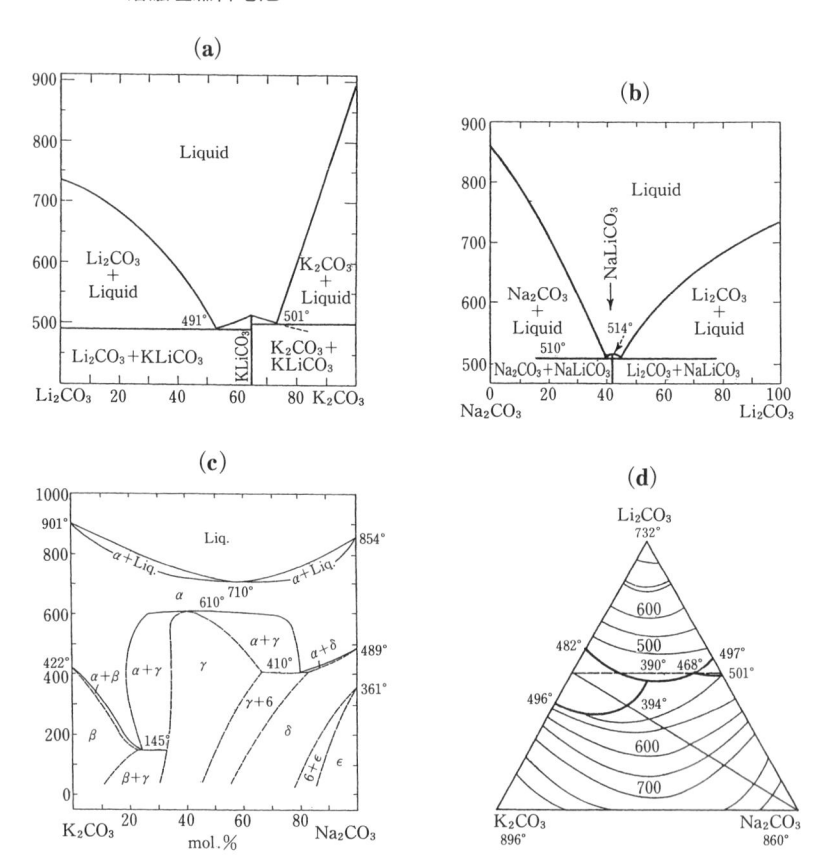

図 6.5 アルカリ炭酸塩の状態図
(a) K_2CO_3-Li_2CO_3, (b) K_2CO_3-Na_2CO_3, (c) Li_2CO_3-Na_2CO_3,
(d) K_2CO_3-Li_2CO_3-Na_2CO_3.
[E. A. Levin et al.(eds.), Phase Diagrams for Ceramists Vol. 1, American Ceramic Society (1964) p. 322, 324 より一部改変]

り，650°C付近で作動させる電池の溶融塩の粘度が低くなり，導電率や電極反応に有利であると考えられたからである．

しかし，この3成分系溶融塩へのNi溶解度が表6.3に示したように他の2成分系に比べてかなり大きく，電極材中のNiが溶解しやすいことがわかって

表 6.3　混合アルカリ炭酸溶融塩の導電率と Ni の溶解度（650℃）

混合アルカリ炭酸塩	組成比	導電率 ($S\,cm^{-1}$)	Ni 溶解度 (ppm)
Li_2CO_3-Na_2CO_3	53.3：46.7	2.18	50
Li_2CO_3-K_2CO_3	62.0：38.0	1.05	22
Li_2CO_3-Na_2CO_3-K_2CO_3	43.5：31.5：25.0	1.48	60

［電中研レビュー，No. 50（2004）p. 20 より］

きたために，2成分系に取って代わられた．当初は共融点が一番低い Li_2CO_3：K_2CO_3＝62：38 の共融組成のものが主に使われていた．その後，K の代わりに Na を用いた Li_2CO_3：Na_2CO_3＝52：48 の共融組成のものの方が Ni の溶解度がさらに小さいことが日本で見出され，国内では Li/Na 系が主流となってきている．Ni 溶解度が大きいと電池の作動中に負極となる燃料極に Ni 金属が針状または樹脂状に析出・成長し，長時間発電していると，これが空気極まで達して短絡現象を起こして電池性能を劣化させる．また，内部改質方式の場合には，Li/K 系に比べて Li/Na 系の炭酸溶融塩のほうが，アルカリ金属による改質被毒が小さい（1/3～1/4）ことがわかってきた．

　溶融炭酸塩を保持する材料としては，熱的に安定で溶融炭酸塩と反応せず，また，周辺材料との反応性も低いセラミックが望ましい．当初は多孔質マグネシア板が使われていたが，今日ではアルミン酸リチウム（$LiAlO_2$）が用いられている．このものの粉末とアルカリ炭酸塩との混合粉末を，炭酸塩の融点よりやや低い温度でホットプレスした"タイル"と呼ばれる厚さ 0.5-2 mm ほどのシート状として用いる．現在では，適当な可塑剤とともに混練して得たスラリーをテープキャストしてシート状とし，これを燃料極と空気極間に挟んで加熱処理して電解質タイルとする．また，適当な多孔性をもつように調製した $LiAlO_2$ マトリックスシートと炭酸塩シートを何枚か重ね合わせて加熱し，炭酸塩を融解させて $LiAlO_2$ マトリックスシート内に浸透させる方法をとることもある．シート内の炭酸塩保持量はおよそ 55 vol% である．シートの形状は面積が数 $1000\,cm^2$～$1\,m^2$ の正方形または長方形である．

　保持材料として用いる $LiAlO_2$ には，微粒子の作りやすい γ 型結晶の微粉末が原料として主に用いられているが，長時間発電に耐えられるよう，炭酸塩に

対する化学的安定性のより優れたα型結晶粉末を用いる試みもなされている．保持材の補強材としてAl_2O_3を添加したり，長時間運転によるマトリックス粒子の粗大化を抑制するためにZrO_2を添加するなど，種々の工夫がなされている．

6.8.2 燃料極材

高温で溶融塩に接触しても化学的に侵されず，電子導電率が高く，かつ，電気化学触媒能が高く，還元雰囲気に安定な多孔性材質が望ましい．また，燃料ガス中に存在するCOによって被毒されないことが必要である．金属Niはそのような条件をほぼ満足する．そこで，Niを主成分とし，CrやAlなどを数%添加した金属の多孔質板が燃料極材として使われている．多孔質体の空隙率は50-60%，平均空孔径は3-6μm程度に制御されている．その厚さは0.8 mm程度，面積と形状は電解質板に応じて決められる．CrやAlを添加するのは，耐クリープ性を高め，長期運転中に起きやすい焼結による空隙率の低下を防ぐためである．

Niに比べて安価（約1/3）で導電率の高いCuを約半分量Niに加えて材料費を3割程度削減し，かつ，電極材の抵抗を下げる試みもなされているが耐腐食性や耐クリープ性をさらに改善する必要がある．

6.8.3 空気極材

空気極は，高温空気に曝されるので，酸化雰囲気において安定で，高い電子伝導性を有し，かつ，溶融炭酸塩に侵されない材料を使用する必要がある．このような性質をもつ材料として，導電率の高い酸化物半導体が候補となる．現在開発中のMCFCではほとんどの場合，NiOを母体とした多孔質焼結体が使われている．NiOには通常，数%のMgやCoなどが添加されている．この酸化物多孔体の空隙率は55-65%，平均の空孔径は5-10μmである．空気極の厚さは0.3-0.5 mm程度で，電解質板発電面に応じた形状をとっている．

このNiOがLiを含む溶融塩と接触すると，LiがNiOに固溶してp型半導体化し，電極の導電率が増大して電池の内部抵抗を減らす．しかし，固溶の際に電極の体積膨張が生じて歪みがかかるおそれがあるので，最近ではおもに電

極作製時にNiO中へあらかじめLiを添加する方法がとられている．

空気極の最も大きな課題は，NiOが空気とともに供給しているCO_2と次のような化学反応を起こして溶融炭酸塩中に徐々に溶解していくことである．

$$NiO + CO_2 \longrightarrow Ni^{2+} + CO_3^{2-} \tag{6.14}$$

Niが溶解していくと，空気極構成材の強度が下がるばかりでなく，溶融塩中にいったん溶け出したNi^{2+}イオンは燃料極側から拡散してくる水素と反応して，

$$Ni^{2+} + H_2 + CO_3^{2-} \longrightarrow Ni + H_2O + CO_2 \tag{6.15}$$

Niが析出し，長時間運転によってこれが両極間を短絡させてしまうおそれもある．Niの溶解現象は，CO_2の圧力が高いほど著しくなるので，高圧ガスを両極に供給して発電する加圧運転の場合にはとくに問題となる．NiOにMgやCoを添加するのは，これらのイオンが溶融塩中でのNiの溶解度をかなり下げることができるためである．しかし，長時間運転のためにはNiの溶解をさらに抑制することが望ましく，現在でもいろいろな工夫が試みられている．

6.8.4 セパレータ

MCFCでは，PAFCの場合と同様に，平板状単電池を多数積層して直列接続し，所定の電圧出力を得るようにしている．セパレータは1つの単電池の燃料極室とその隣（上か下）の単電池の空気極室とのガスを隔てる隔壁としての役割と，隣り合う電極間をつなぐ電流通路としての役割を果たす．この部材は高温で蒸発や浸み上がりで浸入してきた溶融塩に容易に侵されてはならない．また，電池の内部抵抗を小さくするためには電子導電率の高い材料であることが必要である．そのうえ，燃料極室には還元力の強い高温の燃料ガスが，空気極室には酸化力の強い高温の酸素ガスが流れているので，セパレータは耐還元性と耐酸化性を備えていなければならない．1つの材料で燃料極と空気極のこのような条件をすべて満たす材質はないので，金属ニッケルで被覆したステンレス鋼板であるSUS 316/Ni板やSUS 310/Ni板が用いられ，空気側にはステンレス鋼が，燃料ガス側には金属ニッケルが曝されるようにしてある．セパレータ板の構造は，電池の発電部分にあたる中央部はガス通路を兼ねて波型とし，周辺部は図6.6に一例として示したように，マスク板で挟むなど，いろい

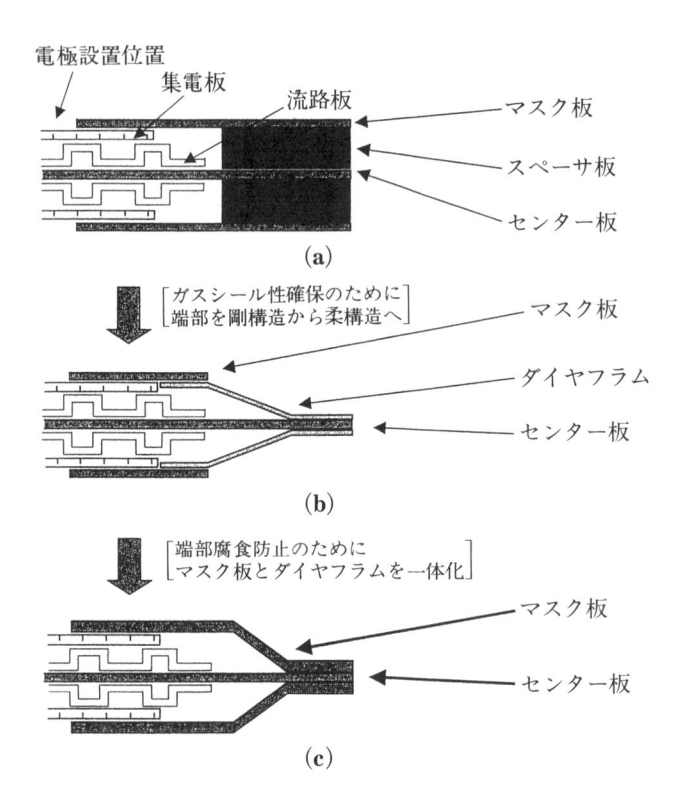

図6.6 セパレータの構造例
（a）スペーサ型端部構造（中面積スタック），（b）ダイヤフラム型端部構造（大面積スタックI），（c）マスク板一体型端部構造（大面積スタックII）．
［電中研レビュー，No.5（2004）p.52より］

ろな工夫がなされている．

MCFCでは電解質シート周辺の高温部分のガスシールに後述するウェットシール方式を採用しているので，セパレータの周辺部分は常時溶融塩に接している．そのため，高温溶融塩による腐食を免れるためにセパレータ周辺部に特殊なアルミ表面処理を施している．

6.9 セルスタックとシステム

　発電時の単電池（単セル）の電圧は 0.7 V 程度であるので，数 1000 cm² の面積をもつ平板状の単電池を，セパレータを介して，直列に数 100 個積層して電池スタックを構成する（図 6.7 の写真の例では 1 m² 級の単セルが約 200 枚）．MCFC では電解質シートの周辺部の溶融塩そのものがシール材の役割を果している．これをウェットシールといっているが，MCFC の積層スタックではこれができるために，後述する平板型 SOFC スタックに比べて，ガスシールが技術的に容易である．

　発電部分と接するセパレータ中央部はそれ自体が波形となっているか，または波状流路板を入れてガス流路を確保している．図 6.8 に模式的に示したようにガス供給方式としては PEFC の場合と同じく，空気と燃料ガスを同一方向

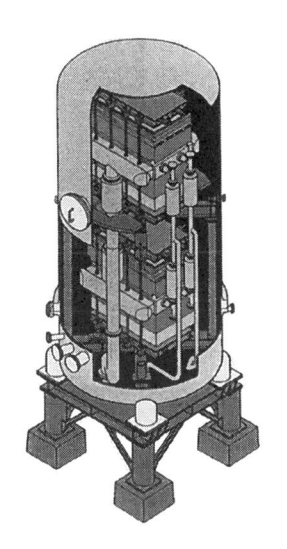

図 6.7　MCFC セルスタックの例
1000 kW 発電プラント用 250 kW 級セルスタック（平行流方式）の内部透視図．
［NEDO MCFC 研究組合提供］

150　6　溶融塩燃料電池

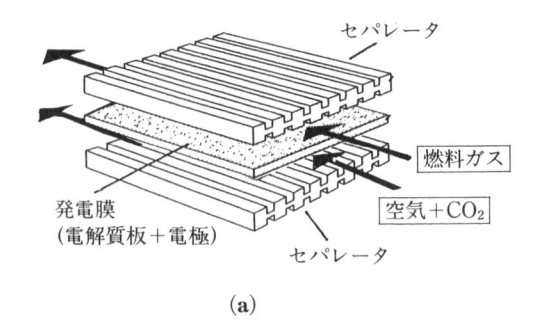

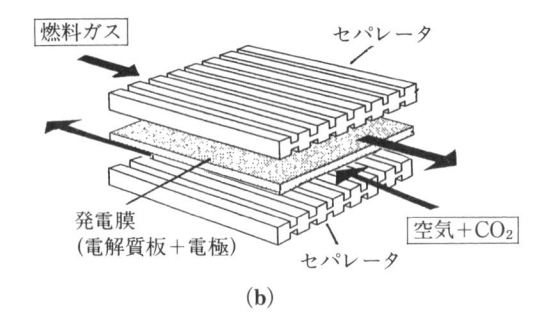

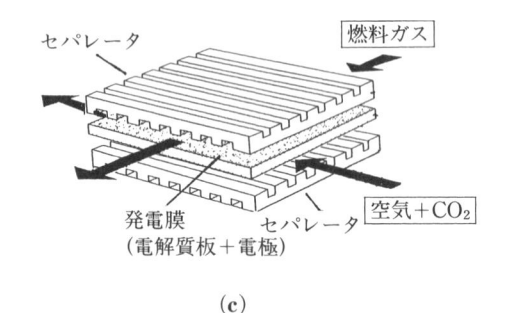

図 6.8 セル中のガス流路
（a）平行流，（b）対向流，（c）直交流．

に流す平行流方式，逆方向に流す対向流方式，互いに直角方向に流す直交流方式などがある．

セパレータと電極へのガス流通路に空気と燃料ガスを導入するためのマニホ

ールドが必要となる．これには，セパレータ板の周辺部に開けた孔を通してガスを供給・排出する内部マニホールド方式と，積層したセル板の側面に別個にマニホールドを取り付ける外部マニホールド方式（図6.2）とがあり，スタックへのガス供給方式やシステムの熱管理方式との兼ね合いで最適な方式が選択されている．

　式(6.12)で示されるメタンの改質反応は，これを電池スタックの内部で行ういわゆる内部改質方式とスタックの外で行う外部改質方式に大別できる（図6.3参照）．現在，多くの場合，燃料電池本体の前段で別個に設置した改質器で行う外部改質方式が採用されている．これは改質反応が吸熱反応で，その熱制御を電池本体と別個に行ったほうが熱管理上有利になるからである．特に設置面積に余裕がある大型スタックの場合にはこのほうが好都合である．しかし，比較的小規模出力で，コンパクトな構造を必要とする場合には電池内の燃料極室内もしくは入口付近に改質触媒を充填して式(6.12)の反応を行わせる，いわゆる内部改質方式の開発も進められている．この方式では，電池反応に伴う発熱を，直接，改質反応の吸熱に利用できるので原理的に高いエネルギー変

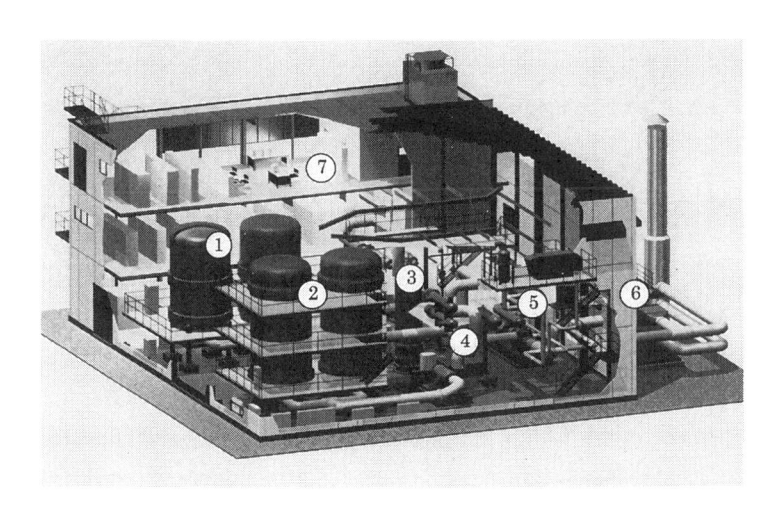

図6.9　MCFC 1000 kW級発電プラントの鳥瞰図［NEDO MCFC研究組合提供］
　　　①②250 kW級セルスタック，③改質器，④カソード循環高圧ブロワ，
　　　⑤タービン圧縮機，⑥排熱回収ボイラ，⑦中央制御室．

換効率が期待できる．しかし，電池反応の制御が，熱管理上，複雑となり，また，改質触媒が溶融塩によって被毒を受けやすいといった問題点があり，技術的には外部改質方式に比べて難しい．

MCFC 発電システムとしては，改質器のほか，未反応燃料のリサイクルや空気極への二酸化炭素供給のためのブロワや最終的な未燃焼燃料の触媒燃焼器，水蒸気発生器などが必要となる．大型装置ではこれらを複雑に組み合わせた一種の化学プラントの様相を呈している（図 6.9 の NEDO 研究組合 1000 kW 級発電プラント鳥瞰図参照）が，将来的にはセルスタック本体，改質器，反応ガス予熱器，触媒燃焼器などを 1 つの容器内に収納して熱放散をなくして効率の向上を図っていく．米国の FCE（Fuel Cell Energy）社では内部改質方式による 250 kW 級発電装置を実用化している．

6.10 発電特性

基礎研究では単セルの性能試験もなされているが，多くの場合，上で述べたセルスタックとして発電特性が検討されている．MCFC では，比較的低電流密度領域での出力電圧が高いのが特徴とされている．単セル当たりの性能として，開路電圧約 1 V，燃料利用率 75-80%，0.8-0.7 V の電圧で 150-200 mA cm^{-2} の電流を取り出すことができ，この出力で数千時間の発電が可能である．図 6.10 にそのような電池の電流–電圧曲線の一例を示した．MCFC もほかの燃料電池と同様，その発電特性は時間の経過とともにわずかずつ劣化していくので，初期における一定電流値での出力（電圧を尺度とする）と経時的な電圧低下率（%/1000 時間）をその性能の指標として用いている．

例えば，NEDO（新技術の開発を支援する政府関連機関）の MCFC 研究組合における第 2 期の 100 kW 級スタックでは燃料利用率 70% において 150 mA cm^{-2} の出力電流で初期電圧は 0.8 V であったが，その後の電圧の経時劣化は 1.5%/1000 時間となった．これに対して，その後実施された 1000 kW 級発電プラント実証試験（1999～2000 年，中部電力(株)川越発電所内で実施，図 6.9 参照）では 4200 時間の発電後の性能として燃料利用率約 70%，電流密度 119.6 mA cm^{-2} で平均セル電圧 0.802 V，電圧の経時劣化は 0.47%/1000 時間

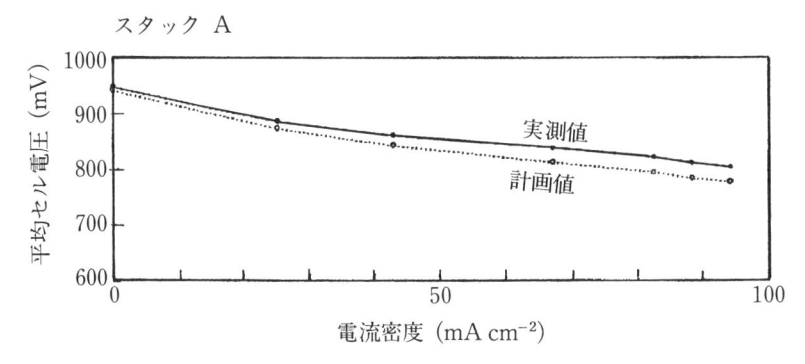

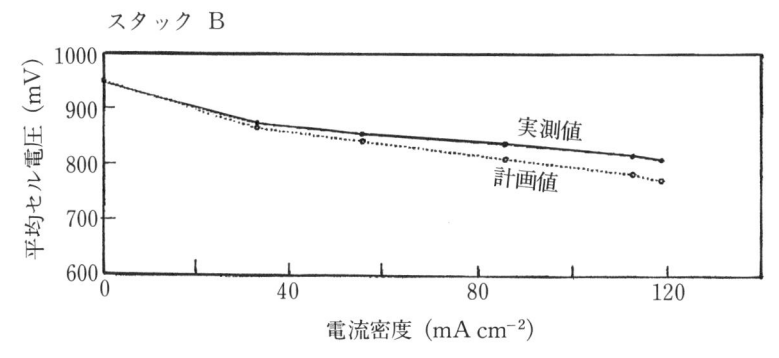

図 6.10 MCFC の電流-電圧曲線の一例
NEDO MCFC 研究組合，1000 kW 級発電プラント．
［NEDO ホームページ提供］

であった．これらは外部改質方式のシステムである．

内部改質方式については，MCFC 研究組合で実施された 200 kW 級スタック試験において，都市ガスを燃料とし燃料利用率 80%の条件下で，初期性能 0.8 V，150 mA 以上，電圧低下率 0.4%/1000 時間で 5000 時間以上の運転実績を上げている．なお，米国の FCE 社で商用化した 250 kW 級内部改質方式の MCFC ユニットは，数機がわが国にも輸入されて，工場内で主にバイオガスを燃料として稼動している．

参考文献

1. 高橋武彦, 燃料電池, 共立出版 (1984).
2. 笛木和雄, 高橋正雄監修, 燃料電池設計技術, サイエンスフォーラム (1987).
3. 池田宏之助編著, 燃料電池のすべて, 日本実業出版社 (2001).
4. 電気学会・燃料電池発電次世代システム技術調査専門委員会編, 燃料電池の技術, オーム社 (2002).
5. 本間琢也, 燃料電池のしくみがわかる本, 技術評論社 (2004).
6. (財)電力中央研究所, 電中研レビュー, "特集 燃料電池発電技術―MCFC実用化への挑戦―", 51号 (2004).

固体酸化物燃料電池

7.1 固体酸化物燃料電池とは

　固体電解質を用いて高温で作動させる燃料電池は，その電解質が固体酸化物であるのでこれをとって固体酸化物燃料電池（Solid Oxide Fuel Cell：略称 SOFC）と呼ばれている．この電池では，電解質のみならず，電池構成材料の多くに高温で安定な酸化物が使われており，その意味からも SOFC という呼び名はふさわしい．SOFC は，PAFC や MCFC などとは異なり，電池の中に液体を一切使わず固体だけで構成されている．また，炭化水素燃料を用いるときにも外部に改質器を必要とせず，燃料ガスと空気だけを供給すれば発電できるので，化学電池というよりはむしろ回転部分を伴わない発電機のイメージで捉えることができる．

　高温で固体電解質を用いた燃料電池の試作は，1937 年チューリッヒ工科大学の Baur と Preis によって初めて試みられた．しかし，当時の材料では発電性能がきわめて低くあまり注目されなかった．その後，四半世紀を経た 1962 年になって当時の Westinghouse（WH）社の Weissbart と Ruka が，固体電解質として安定化ジルコニアを用いた燃料電池がかなりの発電性能をもつことを発表した．これが契機となって高温型固体電解質燃料電池の研究が大学や企業の研究機関で始まった．

　今日では，家庭用の数 kW 級から産業用の数 100 kW 級のものまでいろいろなタイプの SOFC が実用域に近いところまで開発されている．

7.2 燃料電池用固体電解質

　SOFCの最大の特徴は固体電解質を用いるところにあるので，ここでは，燃料電池用固体電解質についてやや詳しく説明する．

　固体電解質は，リン酸水溶液や溶融炭酸塩のような液体電解質とはいくつかの点でその性質を異にしている．液体電解質では，その中に存在するすべてのイオンが動き導電にあずかるのに対し，① 固体電解質内を動きうるイオン種は，通常，一種に限られている．また，電解質溶液の場合とは異なって，② 電池反応によってイオン濃度が変化せず，③ 電池反応生成物は必ず電解質の外側に生じる．さらに，イオンによる電気伝導に加えて，④ 電子伝導が混入することがある．電子伝導が混入した固体電解質を燃料電池に用いると，外部回路に電流を取り出さなくても電解質内部の電子電流によって電池反応が進み，その分エネルギー変換効率が低下する（3.9.6項参照）．

　固体電解質にはいろいろな伝導イオン種のものが知られているが，後述するように，燃料電池に利用できるものは酸素イオンO^{2-}（正式名称は酸化物イオン）伝導体と水素イオンH^+（プロトン）伝導体である．このうち，現在開発が進められているSOFCには，もっぱら酸素イオン伝導性固体電解質が使われている．燃料電池の固体電解質として求められる基本的な性質を列挙すると，

① イオン導電率が高い，
② 高温酸化雰囲気および還元雰囲気で安定，
③ 電子伝導の混入が少ない，
④ 機械的強度に優れる，
⑤ 高温で周辺材料と化学反応して劣化しない，

などである．

　燃料電池に利用し得る酸素イオン伝導体として，現在，ジルコニア系，セリア系，ペロブスカイト系の3系統の酸化物が知られている．これら3種類の酸化物の燃料電池用固体電解質としての特徴と組成の代表例を表7.1に，酸素イオン導電率とその温度依存性を図7.1に示した．以下に，これら3系統の酸素

表 7.1 SOFC 用固体電解質の種類と特徴

固体電解質	代表的な組成	おもな特徴
ジルコニア	$(ZrO_2)_{0.9}(Y_2O_3)_{0.1}$ $(ZrO_2)_{0.94}(Sc_2O_3)_{0.06}$	化学的に安定 機械的強度大 比較的安価
セリア	$(CeO_2)_{0.9}(Sm_2O_3)_{0.1}$ $(CeO_2)_{0.9}(Gd_2O_3)_{0.1}$	導電率高い 高温で還元されやすい 機械的強度弱い
ペロブスカイト型酸化物	$La_{0.8}Sr_{0.2}Ga_{0.8}Mg_{0.2}O_{3-\delta}$	導電率高い 高温で還元されにくい 周辺材料と反応しやすい

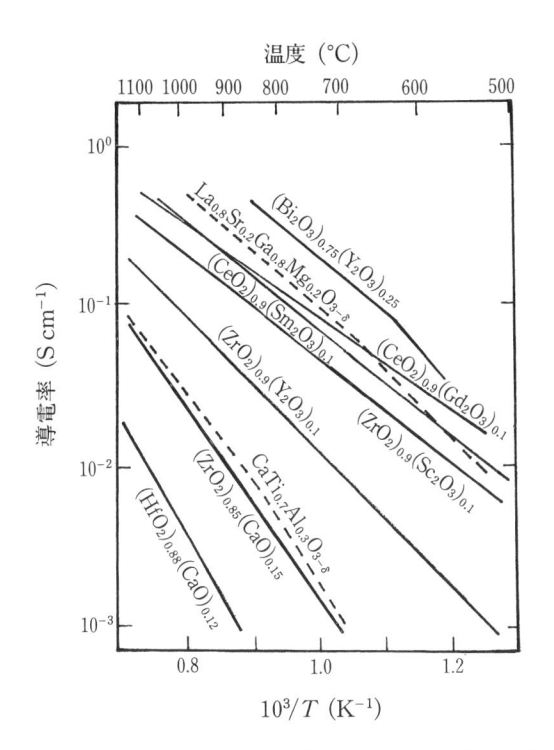

図 7.1 主な酸素イオン伝導性固体電解質の導電率(空気中)
(実線はホタル石型酸化物,破線はペロブスカイト型酸化物)

イオン伝導体について簡単に説明する．

7.2.1 ジルコニア系酸化物

ジルコニア ZrO_2 は融点の高い（約 2700°C）酸化物で，室温では単斜晶が安定相であるが，温度を上げていくと約 1170°C で正方晶に，約 2300°C 付近で立方晶に転移する．とくに単斜晶から正方晶への転移のときに大きな体積変化を伴うので焼結体にひび割れを生じる．これを防止するために少量（数〜10 数 mol%）の Ca や Y などの 2 価または 3 価金属の酸化物を添加して焼成すると，得られた焼結体は昇温してもひび割れ現象を示さない．これは，添加によって低温領域でも立方晶や正方晶に安定化され，相転移を起こさなくなるからである．このように高温相が安定化されたジルコニアを安定化ジルコニアと呼んでいる．

安定化ジルコニア焼結体は，化学的に安定で熱的機械的に丈夫なセラミックスであるばかりでなく，高温において酸素イオンの良導体となる．立方晶安定化ジルコニアは，O^{2-} イオンと Zr^{4+} イオンが図 7.2 に示したような配列をしたホタル石型をとる．この場合，4 価のジルコニウムイオンの一部を 3 価のカチオンで置換固溶してこの構造を安定化させている．そのときには，図 7.3 に模式的に示したように，結晶の電気的中性条件を保つために O^{2-} イオンがそ

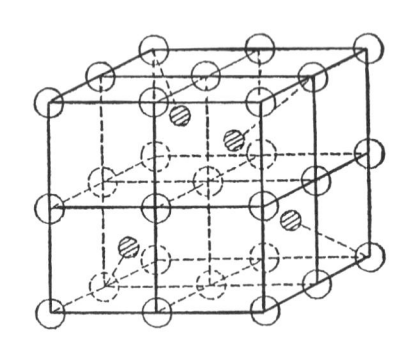

○ : O^{2-}　◎ : Zr^{4+}

図 7.2 ホタル石型酸化物の結晶構造
（この図では酸素格子を主体にして描かれている）

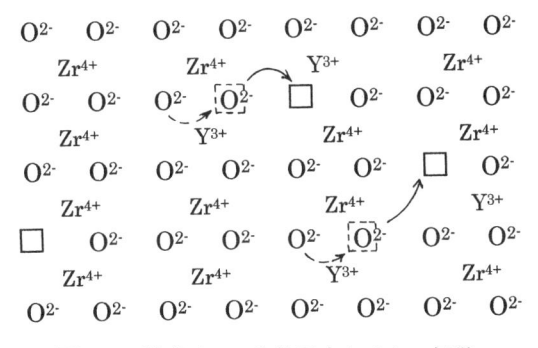

図 7.3 酸素イオン空格子点とイオン伝導

の分だけ抜けて空格子点（酸素欠損）ができる．高温では，O^{2-} イオンはこの空格子点を介して容易に移動し得るので，高い伝導性を示す．このように，安定化剤は酸素イオン伝導を生じさせるドーパントとしての機能も果たしている．安定化剤としては，ふつう比較的安価で性能のよい Y_2O_3 が用いられるが，ドーパントとしては，図7.4に示したようにそのカチオン半径が Zr^{4+} にきわめて近い Sc^{3+} や Yb^{3+} などを用いたほうが酸素イオン導電率はさらに高くなる．

　ジルコニアでは，安定化剤を一定量以上加えたときにホタル石型結晶構造をとり，酸素イオン導電率はこの構造をとる領域内で安定化剤の含有率が下限のところで最大となる．それ以下の含有率のジルコニアは正方晶を含み，酸素イオン導電率は低くなるが機械的強度は増大する．このような部分安定化ジルコニアをできるだけ薄い板にして電解質として用いることも行われている．

　酸素イオン伝導機能をもった固体電解質としてはイットリア安定化ジルコニア（Yttria Stabilized Zirconia：YSZ）と呼ばれる $(ZrO_2)_{1-x}(Y_2O_3)_{x/2}$（$x=0.08$-$0.10$）組成の固溶体がよく使われる．このものは，高温において比較的高い酸素イオン導電率を示し，化学的に安定で機械的強度も強く，製造コストも比較的安価である．安定化ジルコニア類は機械的にも熱的にも丈夫で，そのうえ，高温燃料雰囲気のようなきわめて強い還元雰囲気においても還元されにくいので，SOFC の電解質として広く用いられている．

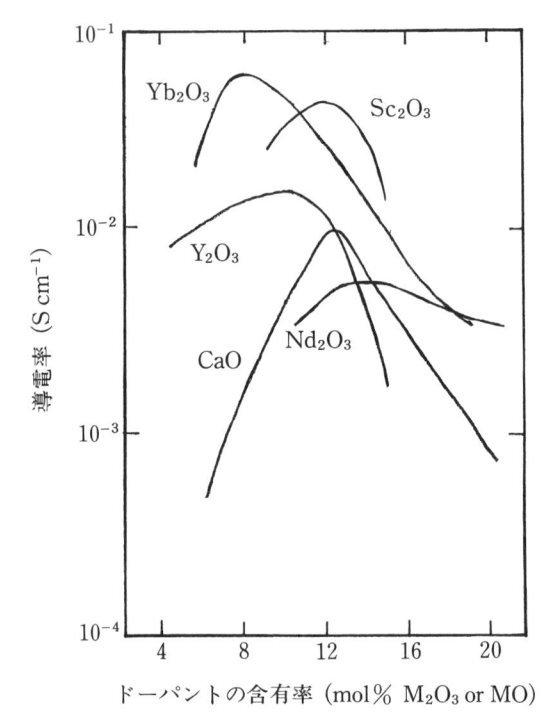

図 7.4 ドーパントとその含有率によるジルコニアの導電率の違い（800℃）
[笛木和雄, 高橋正雄監修, 燃料電池設計技術, サイエンスフォーラム（1987）p. 216 および齋藤安俊, 丸山俊夫編訳, 固体の高イオン伝導, 内田老鶴圃（1999）p. 155 のデータより]

7.2.2 セリア系酸化物

　セリア（CeO_2）は，ジルコニア（ZrO_2）とは異なり，温度を上げていってもひび割れは生じない．CeO_2 は室温での結晶構造が立方晶ホタル石型で，昇温しても相変化をしないからである．しかし，純粋なセリアの酸素イオン導電率は低い．酸素イオン伝導性をもたせるためには，ジルコニアについての図7.3 の場合と同じように，4価のセリウムイオンの一部を3価または2価カチオンで置換固溶して，酸素空孔子点を生成させる必要がある．この場合，添加剤カチオンは結晶学的な安定化剤ではなく電気的性質でのドーパントである．

ドーパントを添加したセリアの酸素イオン導電率は一般にジルコニアよりも数割〜数倍高い値を示す．

セリアへの2価または3価ドーパントの固溶量はかなり大きく30 mol%以上に達するものもあるが，導電率の最大値は $(CeO_2)_{1-x}(MO_n)_x$ で表して $x=0.2$ 付近にある．また，一般に2価よりも3価のドーパントを用いたほうが高い導電率が得られ，SmやGdを用いたときに特に高い導電率が得られる．残念ながら，セリア系固体電解質は，高温・燃料雰囲気で還元を受けやすい．還元されると，電子伝導性が発現して電池の部分短絡による電圧低下をきたすとともに，還元膨張によって電解質が破損する恐れもある．したがって，燃料電池電解質としては700℃（程度）以下の温度領域のみで用いることが考えられている．

同じホタル石型酸素イオン伝導性酸化物としてセリアよりさらに導電率の高い酸化ビスマス系焼結体は，燃料を含むような還元雰囲気では400℃以下の低温領域でも還元されてしまうので使用することができない．同じ結晶構造の酸化物では，母体の還元されやすいものほど酸化物イオン導電率が大きい傾向にあり，このことは酸素と母体カチオンとの結合力の強弱が O^{2-} イオンの動きやすさと密接に関連していることを示している．

7.2.3　ペロブスカイト型酸化物

ペロブスカイト型酸化物は比較的大きなカチオンAと小さなカチオンBからなる一般式 ABO_3 で表される酸化物で，図7.5に示したような結晶構造をとる．結晶系は組成や温度により斜方，正方，立方晶などになるが，いずれも結晶構造としての安定性が高く，ABO_3 のAまたはBに多少の過不足があっても，また，AあるいはBの一部を価数の異なるカチオンMに置換しても結晶構造自体は崩れず，格子欠陥もしくは電子欠陥を生成することで結晶構造を安定に保つ．このようにして生じる欠陥に起因して電子伝導性もしくはイオン伝導性のような電気伝導機能を示すようになる．格子欠陥として多量の酸素イオン空格子点を含むときには高温で酸素イオン伝導性を示す場合がある．

中でも $LaGaO_3$ を母体とし，LaとGaの一部をそれぞれSrおよびMgで置換した $La_{0.8}Sr_{0.2}Ga_{0.8}Mg_{0.2}O_{3-\delta}$ およびその誘導体は，セリア系電解質と同

Aカチオン　　Bカチオン　　酸素イオン

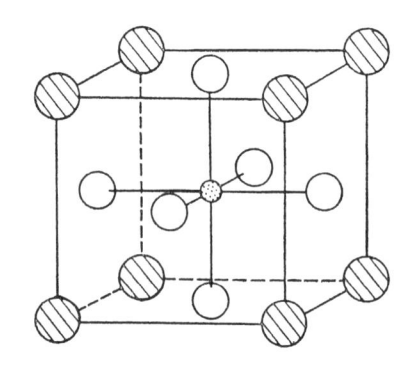

図7.5　ペロブスカイト型酸化物 ABO_3 の結晶構造（立方晶）

等かそれ以上の酸素イオン導電率を示す（図7.1参照）．このものは，1994年に九州大学の石原達己教授らによって見出されたもので，セリア系に比べて耐還元性が格段に高く，固体電解質として優れた特性をもつ．

7.2.4　プロトン伝導性酸化物

ある種のペロブスカイト型酸化物を母体とする焼結体が，数100°Cの高温において水素または水蒸気の存在下でプロトン伝導性を示すことが1881年，本書の著者の一人である岩原らにより発見された．$SrCe_{0.95}Yb_{0.05}O_{3-\alpha}$ や $BaCe_{0.9}Y_{0.1}O_{3-\alpha}$ などがその例で，後者の酸化物では，その導電率は700°C以下の温度領域では，安定化ジルコニアの酸素イオン導電率より高い値を示す．プロトン伝導性のセラックスとして注目され，燃料電池のみならず H_2 センサなどへの応用が広く研究されている．しかし，高温で CO_2 と容易に反応して劣化するという難点がある．このほか，ある種の酸化タングステンなどの金属酸化物の水和物が200°C程度の温度で比較的高いプロトン伝導性を示すことも知られている．

7.3 作動原理

図7.6(a)に，SOFCの作動原理を，O^{2-}イオン伝導性固体電解質を用いた場合について模式的に示す．薄い平板状（または管状）の固体電解質の両面に多孔質電極を取り付け，これを隔壁として2つのガス電極室を設けて，高温でその一方の電極室に水素などの燃料を，他方の電極室に空気または酸素を導入する．すると，酸素は燃料と反応しようとして空気側から燃料側へ流れようとするが，そのためには，この隔壁中を酸素イオンの流れとなって通過しなければならない．いま，2つの電極を外部回路を通して連結すると，空気極（カソード）では酸素が電子を取り込んでO^{2-}イオンとなり，燃料極（アノード）ではこのイオンと燃料が反応して電子を放出する．その結果，この外部回路には空気極を正極として電流が流れる．

燃料として水素を用いた場合についてこれを化学反応式で示すと，

$$空気極（負極）：\quad \frac{1}{2}O_2 + 2e^- \longrightarrow O^{2-}（固体電解質） \quad (7.1)$$

$$燃料極（正極）：\quad O^{2-}（固体電解質）+ H_2 \longrightarrow H_2O + 2e^- \quad (7.2)$$

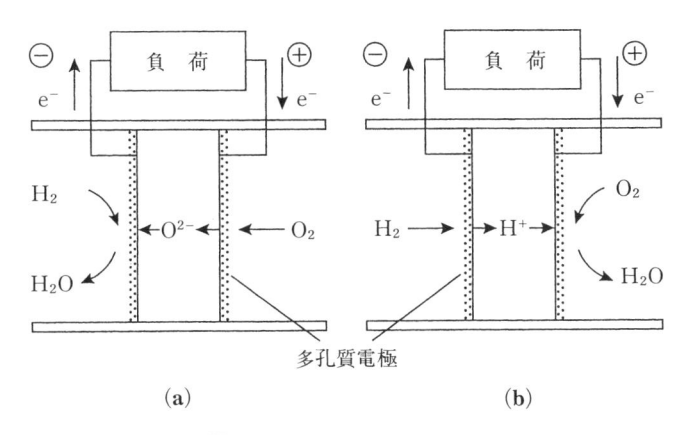

図7.6 SOFCの作動原理
(a)酸素イオン伝導性固体電解質，(b)プロトン伝導性固体電解質．
[岩原, 燃料電池, **2**(3), 65 (2003) より]

となり,全体として,

全反応: $\quad \dfrac{1}{2}\text{O}_2 + \text{H}_2 \longrightarrow \text{H}_2\text{O} \quad$ (7.3)

という燃焼反応になる.

燃料としてCOを用いた場合には

燃料極: $\quad \text{O}^{2-} + \text{CO} \longrightarrow \text{CO}_2 + 2\,\text{e}^- \quad$ (7.4)

となり,全体として,

全反応: $\quad \dfrac{1}{2}\text{O}_2 + \text{CO} \longrightarrow \text{CO}_2 \quad$ (7.5)

という燃焼反応になる.

これらの電池の開路電圧 E_0 は,それぞれの燃焼反応に対して式(3.4)を適用して次式で与えられる.

水素燃料電池:

$$E_0 = E_3^\circ + \frac{RT}{2F} \ln \frac{P_{\text{H}_2} P_{\text{O}_2}^{1/2}}{P_{\text{H}_2\text{O}}} \quad (7.6)$$

一酸化炭素燃料電池:

$$E_0 = E_5^\circ + \frac{RT}{2F} \ln \frac{P_{\text{CO}} P_{\text{O}_2}^{1/2}}{P_{\text{CO}_2}} \quad (7.7)$$

ここで,E_3° および E_5° はそれぞれ式(7.3)および式(7.5)の電池反応の標準起電力を,R,F および T はそれぞれ気体定数,ファラデー定数および絶対温度を表す.P はそれぞれのガス分圧を表すが,P_{O_2} は空気極側,それ以外はすべて燃料極側の分圧である.SOFCの作動温度は1000-600℃の温度が考えられているので,この温度領域における E_3° および E_5° の値を表7.2に示す.い

表7.2 燃料電池反応の標準起電力と温度

温度(℃)	電池反応の E° (V)	
	$\text{H}_2(\text{g}) + 1/2\,\text{O}_2(\text{g}) = \text{H}_2\text{O}(\text{g})$ (E_3°)	$\text{CO}(\text{g}) + 1/2\,\text{O}_2(\text{g}) = \text{CO}_2(\text{g})$ (E_5°)
600	1.034	1.072
700	1.006	1.026
800	0.978	0.981
900	0.949	0.936
1000	0.920	0.892

ずれの反応の場合も高温ほど $E°$ の値は小さくなり，電池の起電力は，同一条件では温度の上昇とともに低下することがわかる．

このような電池の起電力は，高温燃料ガス中で化学平衡にあるごくわずかな酸素と，空気中の酸素との間で形成される一種の酸素濃淡電池の起電力として理解することもできる（3.4.2項参照）．すなわち，空気極側の酸素分圧 $P_{O_2}(C)$ と燃料極ガス中の平衡酸素分圧 $P_{O_2}(A)$ とすると

$$E_0 = \frac{RT}{4F} \ln \frac{P_{O_2}(C)}{P_{O_2}(A)} \tag{7.8}$$

で与えられる起電力に等しい．その値は，温度と各ガスの分圧によって異なるが通常の水素-空気燃料電池条件下 800-1000°C で 1 V 程度である．

高温型燃料電池の電解質として，プロトン伝導性固体を用いることも原理的

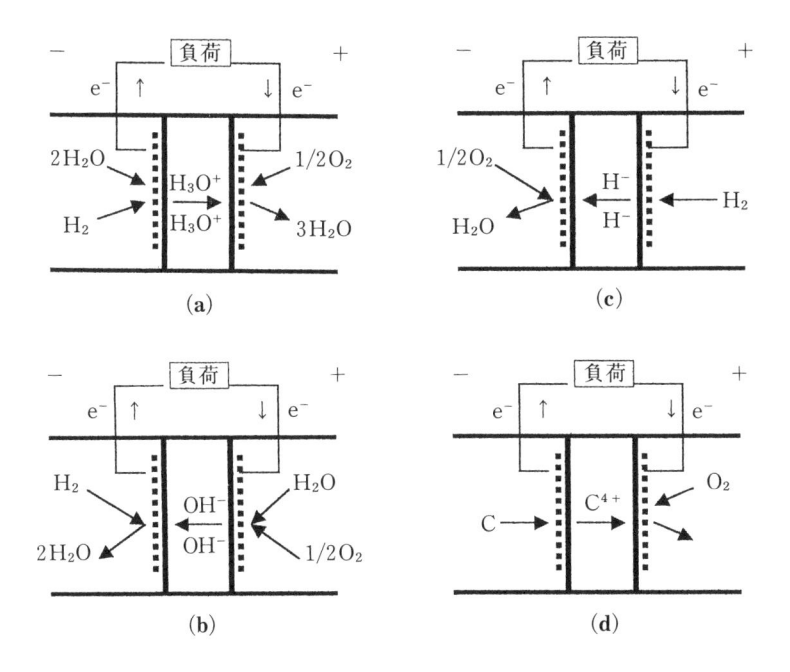

図7.7 各種イオン伝導性固体を用いた仮想的燃料電池
（a）オキソニウムイオン伝導体，（b）水酸化物イオン伝導体，（c）水素化物イオン伝導体，（d）炭素イオン伝導体．

には可能である．この場合には，水素を含む燃料しか適用できないが，図7.6(b)に示したように，電池反応生成物である水蒸気が空気側にできるという，酸素イオン伝導体の場合とは異なる特徴がある．この場合には，燃料は生成水蒸気で希釈されることがない．電池の起電力はこの場合も式(7.6)で与えられるが，ここでP_{H_2O}は空気極側の水蒸気分圧を表す．このタイプの電池では，炭化水素から水素のみを引き出して燃料とすることができるので，発電しながら炭化水素燃料の脱水素や二量化などの化学反応生成物を取り出す，いわゆるケミカルコジェネレーションを行うことも原理的には可能である．

このほか，ヒドロニウムイオンH_3O^+，水酸化物イオンOH^-，水素化物イオンH^-，あるいは炭素イオンC^{4+}を伝導イオン種とする良好な固体電解質があれば，図7.7に示したように，それらを用いて燃料電池をつくることが原理的には可能である．しかし，それらのイオンを伝導種とする燃料電池ではその構造と発電操作が複雑になる．例えば，H_3O^+を伝導種とする固体電解質を用いる場合には，燃料ガスに水素の2倍量の水蒸気を必要とするし，OH^-伝導性固体電解質を用いようとすれば空気極に消費酸素の2倍量の水蒸気を供給しなければならない．また，現状ではこの種のイオン伝導体で燃料電池に適用できるほど良好な固体電解質は見当たらない．

7.4 電極反応

固体電解質を用いた燃料電池の両極における電極反応は，反応ガス-イオン伝導性固体(電解質)-電子伝導性固体(電極材)が相接する三相界面近傍で生じる．一例として，安定化ジルコニアのような酸素イオン伝導体の場合について正極での酸素の還元反応

$$\text{空気極：} \quad \frac{1}{2}O_2 + 2e^- \longrightarrow O^{2-} \text{（結晶中）} \tag{7.1}$$

について考える．この反応が，図7.8に模式的に示したように，
① 多孔質電極材中への酸素ガスの拡散，
② 電極上への酸素分子の吸着，
③ 酸素分子の原子への解離，

7.4 電極反応　167

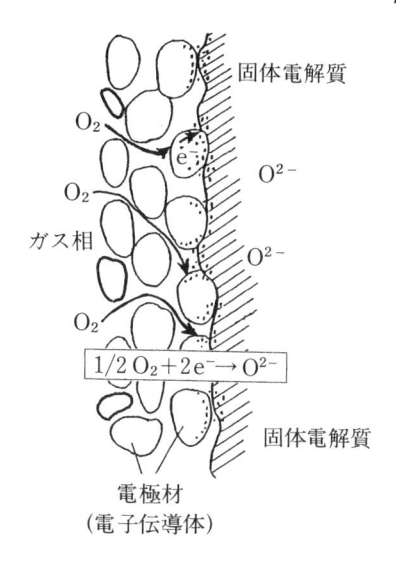

図 7.8　固体電解質上での酸素ガス電極反応
（　　　の部分が電極反応の生じる場所）

④　酸素原子の電極上から電解質界面への拡散，
⑤　酸素原子のイオン化，
⑥　酸素イオンの結晶格子中への組み込み，
などのステップを経て進行する．

　1000℃付近の高温では，②から⑥のステップは速く電極反応の交換電流密度は数 $100\,\mathrm{mA\,cm^{-2}}$ 以上と見なされているが，800℃以下の比較的低温領域では④のステップが律速になることがあると報告されている．いずれにしても800℃以上の高温領域では，酸素や燃料ガスの多孔質電極材中への拡散を容易にしさえすればかなり高い電流密度で発電できることになる．また，ガス電極反応が起こり得るイオン伝導体・電子伝導体・反応ガスの3相が相接する3相界面の実効面積ができるだけ大きいことが必要である．燃料極材としての各種の金属材料が調べられ，電極反応のしやすさは

$$\mathrm{Fe>Co>Ni>Mo}$$

となることが報告されているが，実際には，安定化ジルコニアに対して化学的

168   7 固体酸化物燃料電池

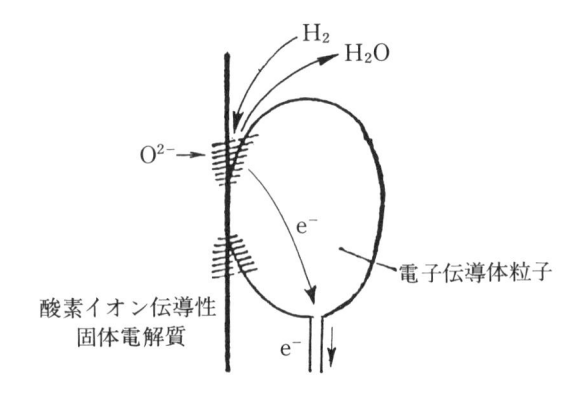

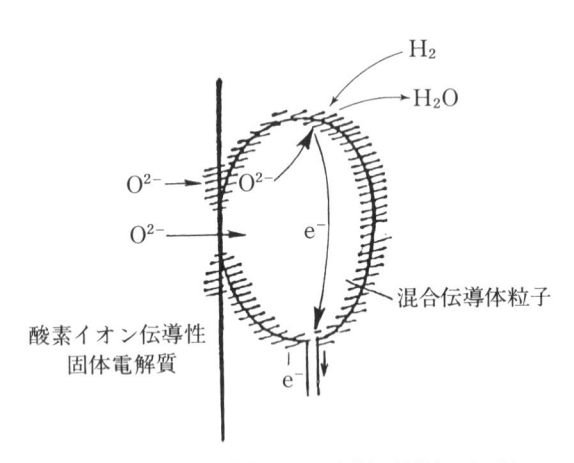

図 7.9 電極反応が進行しうる領域（斜線の部分）

に安定な Ni が使われている．

　電極材として，純粋な電子伝導体の代わりに，O^{2-} イオンと電子の双方が導電にあずかる混合伝導体を用いると，図 7.9 に模式的に示したように，O_2 のイオン化または O^{2-} イオンの放電反応が混合伝導体表面でも進行し得るので，有効反応面積が格段と大きくなり，高い電流密度まで分極が生じない．高温燃料ガス中のような還元雰囲気でのセリア系固体電解質や高温空気中でのコバルト系ペロブスカイト型酸化物電極材は混合伝導体となるので，これが分極の低

減に貢献しているものと考えられている．

7.5 基本構造

一般に，固体電解質は水溶液や溶融塩などの液体電解に比べてイオン導電率が低いので，現存のSOFC用電解質では，そのオーム抵抗を下げるために，できるだけ薄くして用いる必要がある．単電池の構造は，基本的には図7.7（a）の作動原理図と同じ構成をとるが，その形態には図7.10に示したように，大別して円筒状のものと平板状のものとがある．表7.3に円筒型と平板型の特徴を比較して示した．

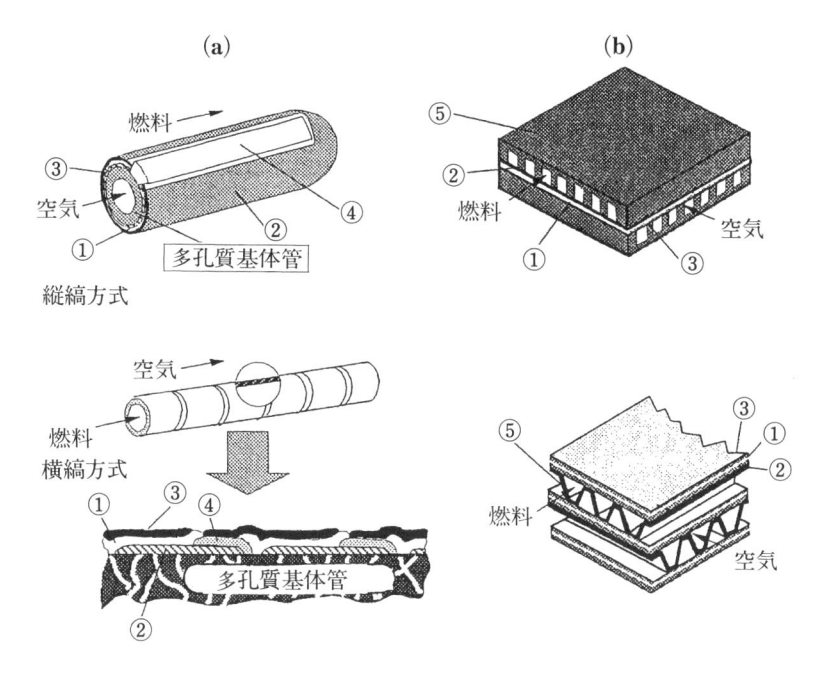

図 7.10 SOFCの基本構造（円筒型と平板型）
(a)円筒型, (b)平板型．
①固体電解質，②燃料極，③空気極，④インターコネクタ，⑤セパレータ．
[岩原, 燃料電池, **2**(3), 65 (2003) より]

表7.3 円筒型セルと平板型セルの特徴の比較

セル形状	特徴
円筒型セル	①電流通路 長い，内部抵抗 大 ②発電膜の体積が大きい ③出力密度 小 ④ガス流路が単純 ⑤ガスシールレス構造が容易 ⑥円筒形→熱歪みがかかりにくい ⑦インターコネクタにセパレータ機能が不要
平板型セル	①電流通路 短い，内部抵抗 小 ②発電膜がコンパクト ③出力密度 高い ④ガス流路が複雑 ⑤ガスシールが難しい ⑥長さ方向に熱歪みがかかりやすい ⑦インターコネクタにセパレータ機能が必要

多数の単電池をコンパクトに連結しようとする際，問題となるのが電流経路の長さに起因する電気抵抗の大きさと，燃料ガスならびに酸化ガスのガス漏れ防止（ガスシール），さらにはガス流の均一性である．一般的にいえば，円筒型では電流経路が長くなるが，ガスシールを必要としない構造を取り得ることが利点となり，SOFCの中では出力規模が最も大きく寿命も長い電池スタックが開発されている．これに対して平板型では電流通路を短くすることができ出力密度も大きくなし得るが，ガスシールが難しく，開発中の電池スタックも円筒型に比べて小規模でその耐久性や信頼性を向上させることが課題となっている．

円筒型ではその機械的強度を多孔質円筒管にもたせ，その上に固体電解質を数10 μm の薄膜として取り付ける，いわゆる多孔質支持管方式をとっている．図7.10に見られるようにインターコネクタを縦方向につけてチューブ1本が単セルとなっている縦縞方式と，何個もの単セルをチューブに沿って直列に連結した横縞方式がある．縦縞方式では支持管自体を空気極材質でつくり，空気極を兼ねるようになってきた．

平板型では電解質自体の薄層板（厚さ200 μm 程度）を自立膜としこれに空

気極材と燃料極材を塗布したもの（これを発電膜と呼ぶ）や，その出力密度を高めるために発電膜に窪み（ディンプル）をつけて反応面積を増やしたもの，燃料極材（主としてジルコニア-ニッケルサーメット）を基盤としてその上に薄い電解質膜を取り付けたものなど，いろいろな構造が考案されている．

単電池を直列に接続するためにはインターコネクタ材料が必要となるが，平板型ではこの材料は隣り合う単電池の燃料極室と空気極室とを隔てるセパレータの役割をも果たしている．セパレータは，高温で，負極側では強力な還元雰囲気と，正極側では酸化雰囲気に接することになり，このように極端に異なる両雰囲気で高い電子伝導性を有している必要がある．

なお，平板型とも円筒型とも異なるタイプとして，ハニカム状の電解質を用いて電池の出力密度をさらに高める試みもなされている．

7.6　SOFCの特徴と用途

SOFCは，高温で作動させるという点では炭酸溶融塩燃料電池と，電解質に固体を使うという点では固体高分子燃料電池と類似しているように見える．しかし，それらの電池とはその作動機構や構成部材さらには使用上の特徴が大きく異なる．SOFCの主たる特徴を列挙すれば，

① 高温で作動させるために，電極反応が円滑に進み，電気出力が高い，
② 高温で電極反応が円滑に進むため，Ptのような高価な触媒が不要である，
③ 高温排ガスを有効に利用できるため，総合エネルギー効率が高い，
④ 天然ガスなどの炭化水素燃料を電池内部で改質して用いることができる，
⑤ 構成要素がすべて固体で取り扱いが簡便であり，かつ出力密度が高い，
⑥ 液体電解質の場合とは異なり，両極間の圧力差に耐えることができる，
⑦ 腐食性や分解性の液体を一切使用せず，保守が比較的容易である，
⑧ MCFCの場合とは異なり，カソードガスにCO_2を加える必要がない，
⑨ 固体高分子燃料電池とは異なり，燃料ガスのクロスオーバーがない，
⑩ 電解質溶液の場合とは異なり，電池反応生成物はすべて電解質の外側に

生じる，
⑪　電解質中を動き得るイオン種がただ1種類である，
⑫　電解質に電子伝導性が混入する場合がある，
などである．

　これらのうち，①，②，③，④は同じ高温型の溶融炭酸塩燃料電池でも有する特徴であるが，SOFCではMCFCよりもさらに高温（800-1000℃）で作動させ得るので，このような特徴をより有利に活かすことができる．しかし，逆に，高温でなければ十分な出力が得られず，高温になるほど周辺材料の選択が難しくなる．そのような材料の開発の努力とともに，一方では，SOFC低温作動化の努力もなされている．

　高温型燃料電池としてMCFCに比べて有利な点は⑤，⑥，⑦，⑧の特徴であろう．MCFCプラントが溶融塩という腐食性の液体を用い，かつCO_2循環装置などを備えて「化学装置」としての色彩が強いのに対して，構成要素がすべて固体で構成されているSOFCは在来の「発電機」という感覚で取り扱うことができる．

　⑨，⑩，⑪，⑫の特徴は，SOFCが固体のイオン伝導体（固体電解質）を用いていることに起因したものである．⑩，⑪の性質は電池反応をより単純化しSOFCの性格をより「発電機」的にしているが，⑫の性質は電池電圧を下げ，これが著しいと電力への変換効率を大きく低下させることになる．しかし，このような電子伝導性の混入は，7.4節で述べたように，電極反応の円滑化にも寄与し得るもので，この性質を活用することも考えられている．

　SOFCの用途としては，コンパクトで高い電力変換効率が期待できることから当初は数100 MW～GWクラスの火力発電代用として考えられた．しかし，膨大な数の単セルの品質管理とこれをスタック化することの困難さや起動時間の長さ，建設コストの高さなどが問題となった．その後，火力発電自体がコンバインドサイクルなどによって効率が向上したこともあり，数100 kW～数MWクラスの分散発電で排熱をボトミングサイクルや冷暖房などで有効利用しながら総合エネルギー効率70-80%を狙う考え方に変わってきた．最近では家庭用数kWクラスから自動車用の数10 kWクラスまでへの適用を目指したり，数10 W以下の超小型でその代わり起動時間が数10秒以内というき

わめて速い"qSOFC"が提唱されるなど，目指す用途も多様化している．

7.7 構成部材とその特性

SOFCの主要な構成要素としては固体電解質，燃料極，空気極，インターコネクタ，集電材，ガス供給・排出用マニホールド，外枠などがある．これらの材料は数100-1000°Cの高温において互いに接触した状態にある．その場合，両材質が固体間反応を起こして変質したり，熱膨張率の違いや熱伝導率の相違から界面に歪みを生じてクラックが入ったりすることのないように材料の選択には十分な注意を払う必要がある．SOFCの各種構成材料に要求される性質を，平板型SOFCを例にとって模式的に図7.11に示した．

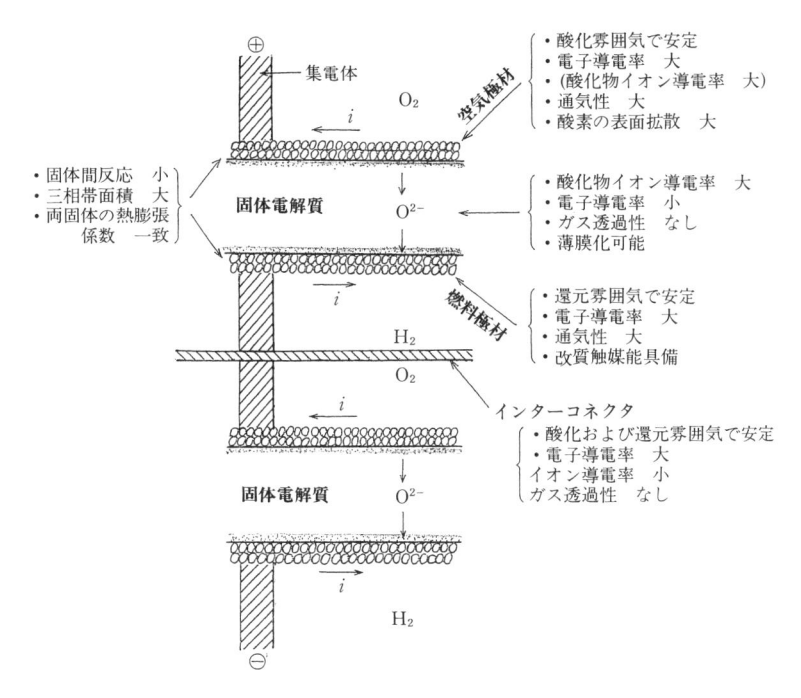

図7.11 SOFC各種構成部材に要求される性質（平板型を例として）
［電池便覧 第3版, 電池便覧編集委員会編, 丸善（2001）p.472より］

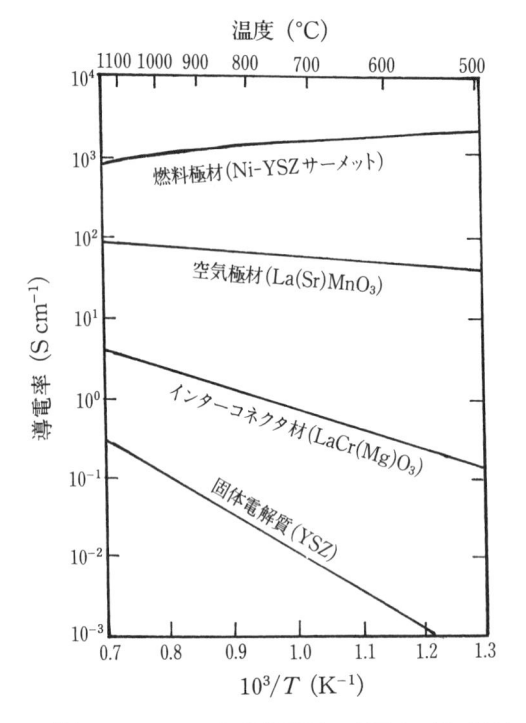

図7.12 SOFC伝導性部材の導電率（大略値）

　SOFCの主要構成材料のうち，固体電解質，空気極材，燃料極材およびインターコネクタ（平板型ではセパレータ）には導電性固体が使用される．これらは，燃料極材サーメット中の金属ニッケル以外はすべて酸化物（中温型金属セパレータの場合を除く）である．それらの酸化物にはホタル石型結晶構造をとるものと，ペロブスカイト型結晶構造をとるものがある．前者は酸素イオン伝導性固体電解質として，後者は主として電極材やセパレータのような電子伝導体に用いられる．図7.12にそれら伝導性構成部材のおよその導電率を示した．この図からわかるように，固体電解質の導電率は，他の伝導性部材のそれに比べて格段に低いので，その抵抗を下げるためになるべく薄くして用いる必要がある．

7.7.1 酸化物の伝導性と酸素分圧

これらの酸化物材料がSOFCに使われる数100-1000℃という高温では，酸化物は雰囲気の酸素分圧と平衡関係にあり，その伝導性は雰囲気の酸素分圧に依存することを念頭におかなければならない．

一般にその酸化物にとって酸素分圧が低すぎると酸化物から酸素が抜け出し，酸素不足となってn型電子伝導性を生じるか，もともとのn型電子伝導性が増大する．また，p型半導性を示していた酸化物はその導電率が低下する．逆に，その酸化物にとって酸素分圧が高すぎると酸素過剰となりp型電子伝導性が出現するか，もともとn型半導性を示していた酸化物の導電率が減少する．一方，酸化物のイオン伝導性は，ふつう酸素分圧には依存しない．

一般に，伝導性酸化物の電子伝導とイオン伝導とを合わせた全導電率σは雰囲気の酸素分圧の関数として次式で与えられる（3.9.6参照）．

$$\sigma(p_{O_2}) = \sigma_i + \sigma_h^\circ p_{O_2}^{1/n} + \sigma_e^\circ p_{O_2}^{-1/n} \tag{7.9}$$

ここで，σ_iはイオン導電率，σ_h°およびσ_e°はそれぞれ電子ホール（正孔）および過剰電子による導電率に関わる定数である．nは格子欠陥の種類によって決まる正の整数であり，安定化ジルコニアのようにドーパントにより最初から多くの酸素空格子点をもつ結晶では一般に$n=4$となる．式(7.9)の関係を，導電率の対数を縦軸に，酸素分圧の対数を横軸にとって示すと図7.13のようになる．

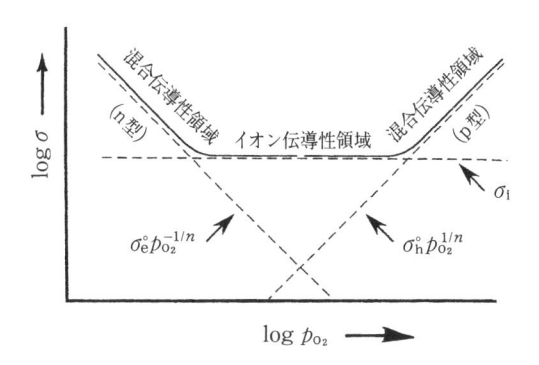

図7.13 高温における酸化物の導電率と酸素分圧

固体電解質では σ_i ができるだけ大きく，かつ，低酸素分圧から高酸素分圧まで電子伝導の混入しないものが望ましい．現存の SOFC 用固体電解質の酸素イオン導電率は使用温度で 10^{-2}-10^{-1} S cm^{-1} 程度である．これに対して，空気極材は，空気中のような高酸素分圧下で高い電子導電率（10^2-10^3 S cm^{-1}）をもつことが必要で，できれば酸素イオン伝導性をも含む混合伝導体であることが望ましい．逆に，燃料極材では非常に低い酸素分圧下（還元雰囲気）で高い電子導電率をもつことが必要で，かつ，酸素イオン伝導性をもつことが望ましい．しかし，このような条件において安定で丈夫な酸化物材料が見当たらないので，ふつうは安定化ジルコニアと Ni からなるサーメットが用いられている．以下に，各構成部材について概説する．

7.7.2 固体電解質

SOFC の心臓部をなす固体電解質は，一般に水溶液や溶融塩などの液体電解質に比べてイオン導電率が低く，現存の SOFC 用電解質では，そのオーム抵抗を下げるために，できるだけ薄くして用いる必要がある．酸素イオン伝導体の導電率は使用温度で 0.1 S cm^{-1} 程度であり，これを仮に 1 mm の厚さで用いて，500 mA cm^{-2} の電流を取り出そうとすると，開路電圧 1 V の電池では電解質抵抗だけで電圧が 0.5 V まで下がってしまう．そのために電解質膜の厚さはできるだけ薄くする努力がなされている．平板型のような自立膜では数 100 μm 以下，円筒型のような多孔質支持体への緻密膜の場合は数 10 μm の厚さのものが使われ，電池全体の内部抵抗を 1 Ω 以下に抑えている．

固体の薄膜には微小クラックや気孔，厚さのムラなどが存在しやすいために，液体電解質ほど均質なイオン伝導体とはなり得ない．また，電解質薄層（または隔膜）が緻密でないと燃料と酸素が気孔を通過して直接反応するのでエネルギー変換効率が低下する．さらに，このような薄層中の多結晶に存在する粒界や気孔のために，イオンの通りやすいところと通りにくいところができると，局所的にジュール熱が発生して，電解質に微細なクラックや変質が生じるおそれがある．このように，燃料電池用固体電解質は，イオン伝導体としての機能のほか，均質性，緻密性，安定性，機械的強度，耐熱性，耐薬品性など，セラミックとしての良好な特性が要求される．

燃料電池用固体電解質として各種の酸素イオン伝導体の使用が試みられてきたが，現在，最も実用性の高いものとして適用されているのはイットリア安定化ジルコニア YSZ である．当初は $(ZrO_2)_{0.92}(Y_2O_3)_{0.08}$ 組成の固溶体が使われていたが，この組成は導電率が経時的にわずかずつ低下していくので，イットリア量をやや多くした $(ZrO_2)_{0.90}(Y_2O_3)_{0.10}$ 組成のものが主として使われるようになってきた．ドーパントとして Y よりも導電率が数倍高くなる Sc を用いたスカンジア安定化ジルコニアを用いる試みもなされている．Sc は値段が高いので，原料をできるだけ少なくするために Sc 含有率を少なくした正方晶安定化組成 $(ZrO_2)_{0.90}(Sc_2O_3)_{0.04}$ の焼結体を使っている．

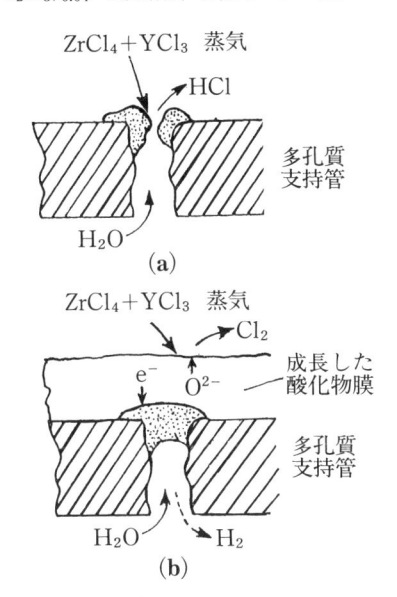

図 7.14 EVD 法によるジルコニアの成膜
(a) 第1段　CVD による気孔閉鎖
$$ZrCl_4 + 2H_2O \longrightarrow ZrO_2 + 4HCl \quad (1)$$
(b) 第2段　EVD による酸化物膜の成長
$$ZrCl_4 + 2O^{2-} \longrightarrow ZrO_2 + 2Cl_2 + 4e^- \quad (2)$$
$$2H_2O + 4e^- \longrightarrow 2H_2 + 2O^{2-} \quad (3)$$
（酸化物中のわずかな電子伝導により進行）
YCl_3 についても同様な反応が進行し YSZ 膜が成長する

円筒型SOFCでは，古くは，加圧成型体の焼結で作製したセラミック管を多数つないで用いることが考えられていた．その後WH社（現Siemens Westinghouse Power：SWP社）が円筒型多孔質基体管表面の空気極材の上に電気化学気相蒸着（EVD）法で緻密なジルコニア膜（40 μm程度）を均一に取り付ける方法（図7.14にこの成膜法の原理を説明する）を開発し，これによってSOFC作製の技術が急速に進んだ．わが国では多孔質セラミック管へ溶射法によりジルコニア膜を作製する技術が開発されてきた．最近では，ディップコーティングで電解質粉末のスラリーを取り付けこれを焼成する方法や，多孔質基体管を押出し成型後，燃料極・電解質・空気極およびインターコネクタを順次印刷法により成膜して一体焼成する安価な製造法（横縞型）の開発が進められている．

平板型SOFCでは，テープキャスト法により作製したグリーンシートをそのまま焼成する方法，電極材のグリーンシートと重ね合わせて共焼結させる方法，燃料極，電解質，空気極のグリーンシートを重ね合わせてロールにかけたのち焼成する方法などの開発が進められている．

周辺部材の長寿命化やコストの低減のためにSOFCを800℃以下の低温で作動させるようとする研究も盛んに行われている．この場合，電解質の抵抗を減らすためにジルコニアを数μmの薄さにすることのほか，非ジルコニア系で高い酸素イオン導電率を示す固体電解質を用いることが考えられている．安定化ジルコニアと同じホタル石型結晶構造をとるセリアを母体とした$(CeO_2)_{1-x}(M_2O_3)_{x/2}$組成の固溶体（M＝Gd, Sm, Yなど，$x=0.1〜0.3$）や石原らによって開発されたLaGaO$_3$を母体としたペロブスカイト型酸化物La$_{0.8}Sr_{0.2}Ga_{0.8}Mg_{0.2}O_{2.9}$などが検討されている．前者では還元雰囲気において電子伝導性が出現し電池電圧を下げるおそれのあること，後者では導電率が高く還元雰囲気でも安定であるが周辺材料との反応性が大きく，また，原料コストが高いことなどの難点がある．さらに，両者とも機械的強度がジルコニアに比べてかなり低いこと，実用化については検討すべき課題が多いが，その酸素イオン導電率の高さを生かして低温作動SOFCの開発努力が続けられている．

高温型燃料電池の電解質として，水素イオン伝導性固体を用いると，7.3節で述べたような利点がある．しかし，先述したSrCeO$_3$系およびMZrO$_3$系ペ

ロブスカイト型酸化物（M=Sr, Ba など）プロトン伝導体ではその導電率が安定化ジルコニアに比べて1桁以上低く，現状では実用的ではない．$BaCeO_3$ 系は，その導電率は高いが CO_2 と容易に反応するという難点がある．

7.7.3 空気極材

多孔質で電子導電率が高く，かつ，高温で電解質やインターコネクタ材と固体間反応を起こさないことが必要条件である．当初は Sn をドープした酸化インジウムや $PrCoO_3$ 系，$LaCoO_3$ 系酸化物などが考えられていたが，価格が高いこと，他の構成部材と反応を起こしやすいことなどから，現在では，主として $LaMnO_3$ 系酸化物が用いられている．この複合酸化物はペロブスカイト型で La の一部を Ca や Sr で置換した固溶体 $La_{0.8}Sr_{0.2}MnO_3$（略称：LSM）や $La_{0.6}Ca_{0.4}MnO_3$（略称：LCM）がその代表例である．しかし，このままの組成では高温で電解質に電極を取り付ける際，または 1000°C での作動中に Sr, Ca または La（いわゆる ABO_3 の A サイトカチオン）がジルコニアと固体間反応を起こし，$SrZrO_3$，$CaZrO_3$ または $La_2Zr_2O_7$ を生成して電池性能を低下させることがわかってきた．そこで，化学量論組成よりそれらの元素の含有率を数%程度下げた組成のもの（A サイト不足組成）が多くの場合使われている．

SOFC ではガス電極反応は，固体電解質・電極材・反応ガスの三相界面近傍で生じると考えられる（図 7.9 参照）．このような三相界面へのガスの供給が容易であるとともに反応が生じる三相界面の実効面積ができるだけ大きいことが望ましい．そのためには，多孔質電極材の微細組織をうまく制御することが肝要であるが，これについては各開発機関のノウハウに属することが多い．空気極材料は，加熱冷却時の異相間の機械的歪みを抑えるために，電解質とできるだけ熱膨張率を合わせるよう成分調整を行う必要もある．

SWP 社の円筒型 SOFC では，以前は，ジルコニア系多孔質基体管の上に空気極を塗布して焼成しその上に安定化ジルコニア膜を EVD 法で取り付けていた．しかし，その後，空気極材自体で多孔質基体管をつくりその上に直接ジルコニア膜を EVD 法で取り付けることにより，電池性能を大幅に向上させた．この多孔質基体管の気孔率は 30-35% である．この SOFC の原料コストの約

90％は空気極材が占めるといわれ，これを低減するために，高価な純 La の代わりにより安価な希土類混合物を用いようとする試みもなされている．

7.7.4 燃料極材

当初は酸化ニッケルをジルコニア上に焼き付け，水素で還元して多孔質ニッケルとして使用することが考えられたが，還元時の微細組織の制御が難しいこと，Ni の熱膨張率がジルコニアと大きく異なること，高温作動中に金属粒子の焼結が進みガス拡散通路の減少や三相界面の実効面積の低下が著しいこと，などの問題点が生じた．そこで，酸化ニッケル粉末と電解質原料である安定化ジルコニア粉末とを混合して電解質に取り付け，これを還元してジルコニア・ニッケル金属の多孔質サーメット（両成分の体積比〜約 1：1）をつくることが考案され，現在，広く用いられている．このサーメットを多孔質基体管（または板）とし，その上にごく薄いジルコニア電解質膜を取り付けたタイプの SOFC も開発が進められている．

この多孔質体の気孔率は約 40％であるが，電極性能を決めるその微細構造は原料粉末の選択，取り付け方法などによって大きく変わるので，各々のタイプの電池について最適条件を求める必要がある．また，長期にわたる作動中に細孔内の Ni が移動して焼結を起こし実効三相帯面積が減少して性能が劣化する．この現象を防止することも今後の課題である．

7.7.5 インターコネクタ材（セパレータ材）

燃料電池単セル間を電気的に直列につなぐために必要なインターコネクタは，特に平板型 SOFC では高温の燃料ガスと空気とを隔てるセパレータ板としての役割も担う．すなわち，この部材の片面は高温で還元雰囲気に，もう片側は酸化雰囲気に置かれることになる．両雰囲気に耐え，ガス透過性やイオン伝導性がなく，かつ，電子導電率が高い必要がある．セパレータに酸素イオン伝導があると，電子伝導性がある固体電解質の場合と同様，燃料電池の部分短絡現象により燃料ガスが無駄に消費され，その分効率が低下する．インターコネクタの熱膨張率は電極材や電解質のそれにごく近いことが要求される．

このような材料として主として使われているのは Mg または Ca をドープし

た $LaCrO_3$ 系酸化物，例えば $LaCr_{0.9}Mg_{0.1}O_3$，$La_{0.9}Ca_{0.1}CrO_3$ などである．平板型 SOFC の場合には，このものは 2 つの単セル間のガスセパレータとしての役割も果たすが，還元雰囲気に曝された片面ではいわゆる還元膨張による機械的歪みにより材料が劣化することも考えられる．

SOFC の作動温度を 800℃程度まで下げた場合にはセパレータとして耐酸化性耐熱金属材料のクロム系合金の使用も試みられている．この場合，空気極側でクロムの酸化によって電気抵抗が増大することが問題となり，これを改善するための方策が種々検討されている．

7.7.6 ガスシール材

特に平板型 SOFC では，各単セル間のガスシール技術が大きな問題となっている．通常，ガラスまたはセラミックス・ガラス複合体を用いる．ガラスシールを用いると，燃料ガス側でガラス中の SiO_2 が部分還元されて揮発性の SiO となりこれが周辺部材と反応してそれらの機能を劣化させるという研究報告がある．そのため，セラミックスのみで固めてシールをする手法も採用されている．その場合には接合部の材質の熱膨張率が相互に同じになるよういろいろな工夫がなされている．また SOFC の始動・停止による熱変化に耐え長時間安定に機能するシール技術の開発が求められている．シール材の個々の組成などについてはほとんど公表されていない．

7.8 セルスタックとシステム

単電池を集積し，発電装置としての集合セル（セルスタック）を構成する必要があるが，円筒型と平板型では，表 7.3 に示したように，いろいろな面でそれぞれ長短がある．大まかにいえば，円筒型スタックではガスシールの問題がないために装置の構築が容易であるが出力密度は小さい．平板型スタックはコンパクトにでき出力密度は高いが，ガスシールなどに高度な技術を要する．

7.8.1 円筒型 SOFC

各種の集合方式と発電システムが考案されている．ここでは代表例として

SOFC 開発を最も早くから手がけている SWP 社（当初は Westinghouse 社）の縦縞円筒型セルを用いた発電装置について説明する．単セルは図 7.10(a) に示した形のものであり，多孔質管基体管兼空気極として，長さ 1500 mm，外径 22 mm の LSM（$La_{0.8}Sr_{0.2}MnO_3$）多孔質管を用いている．電解質膜として厚さ約 40 μm の YSZ 緻密膜が，燃料極材として厚さ約 100 μm の Ni-YSZ サーメット多孔質膜が順次取り付けられている．インターコネクタには $LaCrO_3$ 系酸化物が用いられ，円筒の縦方向に取り付けられている（幅 11 mm）．

円筒型電池の集合方式は，図 7.15 に模式的に示したように，縦方向に隣接する各円筒セルの間を，インターコネクタを介して直列につなぐとともに，横方向に隣接するセルの燃料極間をニッケルフェルトで並列につなぐ．これにより，集合電池の電圧を高めるとともに，並列電極面積が大きくなるので大きな出力電流を取り出すことができる．横方向にニッケルフェルトで並列に接続する代わりにセル管を数本つないだまま作製する方法も開発されている．このような円筒セル束をセルバンドルと呼んでいるが，これをさらに縦横に多数集結

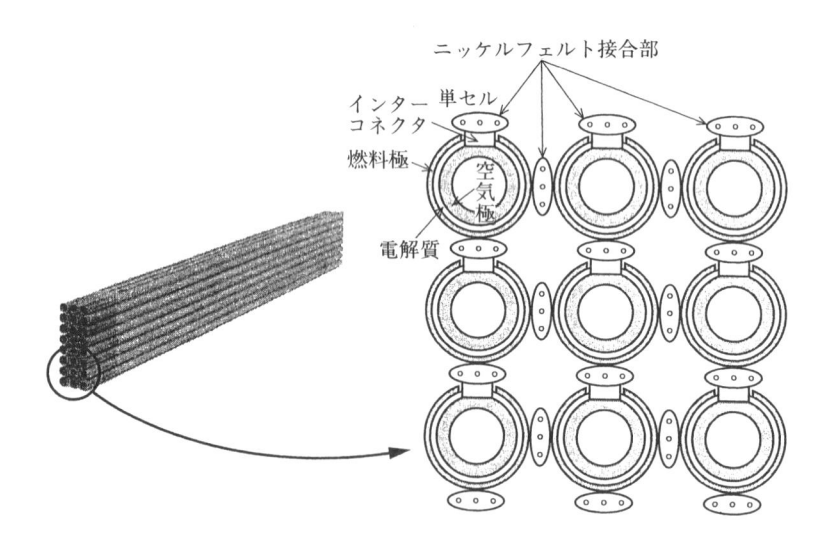

図 7.15 円筒型セルバンドル
［電気学会編, 燃料電池の技術, オーム社（2002）p.187 より］

7.8 セルスタックとシステム　183

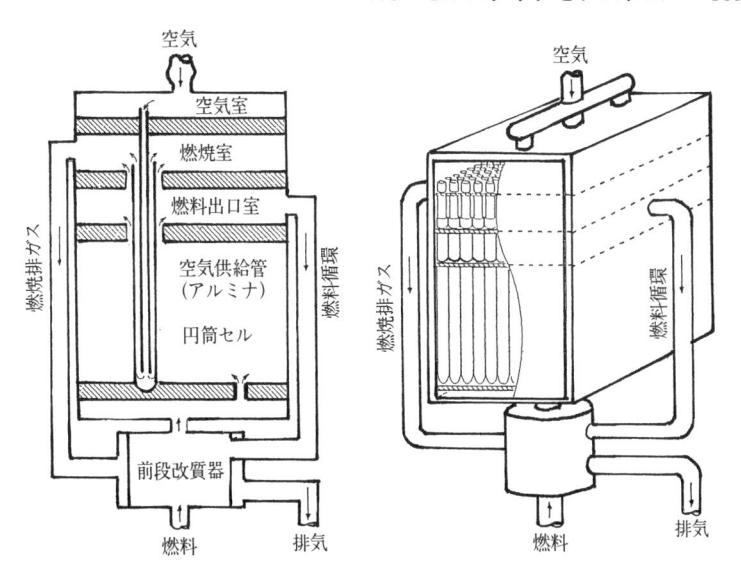

図 7.16　円筒型セルスタック発電装置の構造（SWP 社）

して図 7.16 に示すような構造の発電装置を構成する．

　この構造では，電池反応で消費しきれなかった燃料ガスの一部は循環して再使用され，一部は空気極からの排ガスにより燃焼室において燃やされる．その熱でカソードに導入される空気が予熱されるようになっている．燃料である天然ガスの改質に必要な水蒸気は燃焼排ガスの一部を循環することによってまかなわれている．

　このシステムでは反応前の燃料と空気が直接接する構造をとっていないのでガスリークによる効率の低下やリークで生じる局部発熱による材料の劣化などの問題を避けることができる．この方式で，1152 本の縦縞円筒セルを用いて 100 kW 級の SOFC 発電装置を構成し，20,000 時間以上の累積発電時間を達成している．また，加圧式 200 kW 級スタックを開発しマイクロガスタービンとのハイブリッドシステムの実証運転も行われている．

　このほか，図 7.10(b) に示した横縞円筒セルを用いた発電装置の開発も進められている．わが国においては，加圧式 10 kW 級モジュールで都市ガスを

燃料としてシステム発電効率 45.6% が得られている．

7.8.2 平板型 SOFC

平板型 SOFC のスタックは，基本的には，単セルをインターコネクタを兼ねたセパレータを介して積層するという点で，MCFC と同型である．ただし，MCFC とは異なり，SOFC では電解質板の周辺部をウェットシールできないので，ガスシールのためにいろいろな方法がとられている．小規模スタックでは，下流でのガスシールを行わず，比較的多量に残った燃料ガスを空気極から排出しガスで燃焼させて，その熱を利用する方式も開発されている．

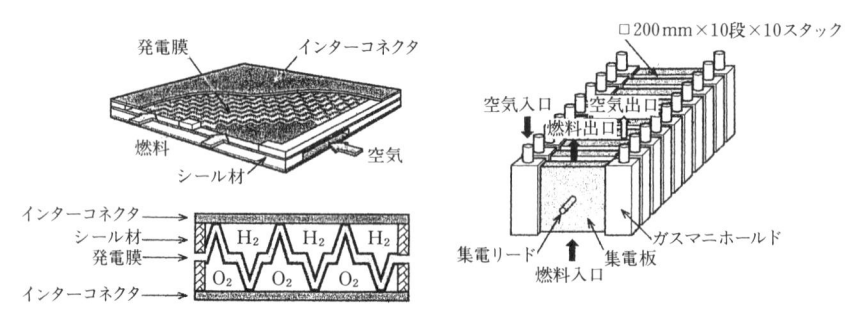

図 7.17　MOLB 型 SOFC の単セルとスタック
［三菱重工技報，Vol. 40, No. 4（2003）p. 206 より］

平板型 SOFC スタックの一例として，NEDO の国家プロジェクトの一環として行われた MOLB 型 SOFC の開発について紹介する．図 7.17 にその単セルとスタックの構造を示す．平板型といってもこの電池の発電膜（燃料極/電解質/空気極）は凹凸状に三次元ディンプル形状をなしており，有効発電面積は投影面積のほぼ 2 倍となっている．発電膜のサイズは 200 mm 角である．このような発電膜 10 枚ごとにガスマニホールドをつけて固定し，図に示したように，これを 10 個トレイン状に連結して 1 つのスタックとしている．この 100 段積層スタック 3 個の試験で，発電出力 15 kW，累積発電時間 7500 時間を記録した．このスタックのガスシールは周辺材料の熱膨張率を考慮して独自に開発したセラミックシールが用いてあり，発電停止・再開などの温度の変動

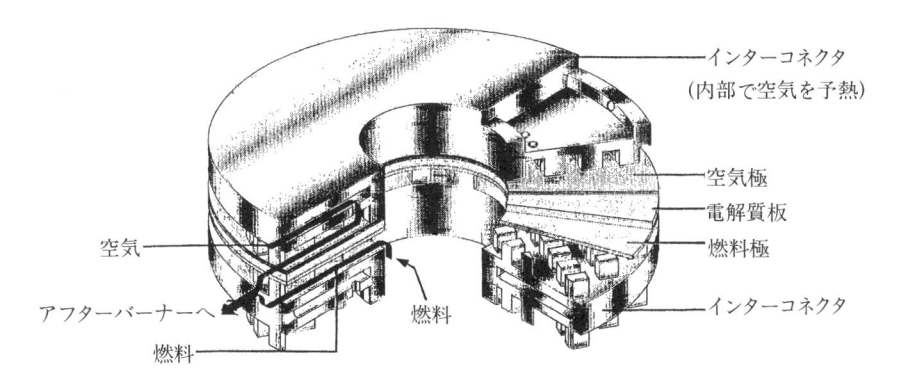

図 7.18 Sulzer-Hexis 社の家庭用 1 kW SOFC の構造
［Proceedings of the 6th International Symposium on Solid State Ionics (Honolulu, 1999) p.61 より］

にも十分耐えられることが実証されている．

　小型平板 SOFC の例として，スイスの Sulzer-Hexis 社が開発している家庭用燃料電池コジェネレーションシステムについて紹介する．このスタックは平板型の弱点となっているガスシール箇所をできるだけ減らし，発電膜を円盤状にすることで熱歪みができるだけかからないような構造をとっている．図 7.18 に模式的に示したように，中央に円形の穴が空いている円盤状発電膜とインターコネクタとを積層して中心に空洞をもつ円柱形のセルスタックを構成する．燃料ガスはこの空洞の中を通して，空気は円柱の外側からセパレータの内部の通路を通ってそれぞれのセルに供給される．インターコネクタには耐熱合金（Plansee 合金 Cr-Fe-Y）が用いられている．都市ガスを用いて電力 1 kW，熱 2.5 kW の出力をもち，現在，スイス国内外で数 100 台を試験的に稼動させているという．

7.9 発電特性

　800-1000℃という高温で行われる SOFC の電池反応自体は一般に非常に円滑に進み，式(3.47)で表される交換電流密度は，通常，$1\,\mathrm{A\,cm^{-2}}$ を超える高

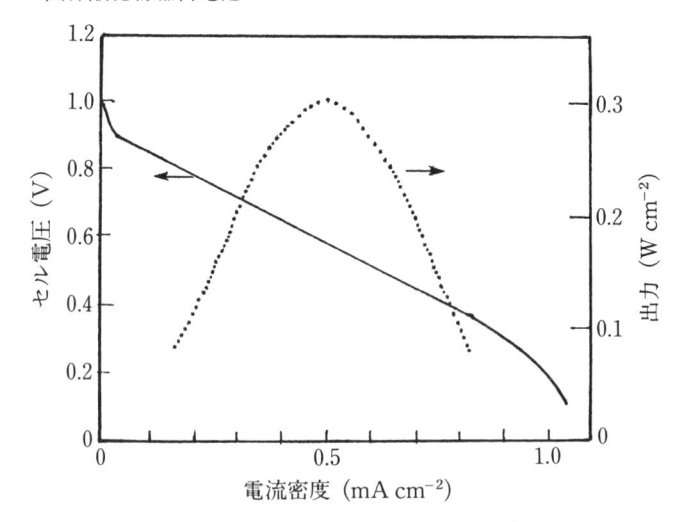

図 7.19 SOFC の電流-電圧挙動の代表例

い値となる．したがって電池から取り出し得る出力は，固体電解質，電極材，インターコネクタ（もしくはセパレータ），集電体などの中の電流の流れやすさによって決まる．つまり，電池の内部抵抗のほとんどはそれら構成部材のオーム抵抗によって決まってしまう（図 3.22 参照）．

図 7.19 に SOFC 単電池の発電特性の典型例を電流-電圧および電流-出力曲線で示した．単電池を集積したセルスタックではその性能をスタック全体の電圧・電流で表すこともあるが，スタック電圧を直列単セル数で割った平均単セル電圧と電流密度で示すことが多い．

電池から電流を取り出し始めると電圧はやや急に降下したのち電流-電圧関係がほぼ直線的となる．最初の降下は電池反応によって生成した水蒸気のために燃料極近傍の平衡酸素分圧が上がるためで，その度合いは多孔質電極の微細組織や取り付け状態に依存する．その後の直線部分は電解質，電極材，集電体などの電流が流れる材質全体のオーム抵抗によるもので，それらの抵抗が大きいほど，その傾きが大きくなり電圧が大きく降下する．その中でも，固体電解質の比抵抗が他の材質に比べて大きいので，取り出し得る出力はその膜厚に大きく依存する．

7.9 発電特性

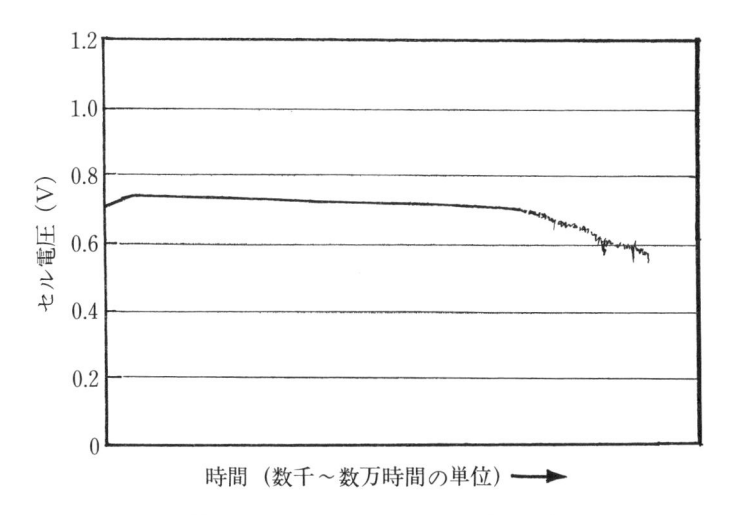

図7.20 発電時の電圧の経時変化の例

電流-電圧曲線で電流値をさらに増して行くと電圧降下が再び大きくなる．これは電極反応の進行する三相界面へ燃料ガス，もしくは酸素の供給（拡散）が追いつかなくなるために生じるか，または燃料がほぼ利用し尽くされてしまったために生じる現象である．このような現象ができるだけ大きな電流値まで起こらないよう，多孔質電極の微細構造やガス通路の構造が工夫されている．

図7.20に出力電流を一定として連続的に発電した際の電圧の経時変化の典型例を示した．電圧は，発電初期にわずかながら徐々に上昇し，その後きわめて緩やかに低下していき，ある時間以降で電圧の細かい変動が始まるとともに電圧低下が著しくなる．このうち，初期の電圧上昇はいわゆる通電効果と呼ばれている現象で，その原因については不明な点が多いが，通電初期に電極，電解質，反応ガスの相接する三相界面が反応の進行により何らかの理由で活性化されるものと考えられる．その後電圧が徐々に低下（劣化）していくのは，主に，電解質と接している多孔質電極の微細組織が徐々に焼結して不活性になっていくことに起因している．電圧の細かい変動が見られるようになるのは長時間運転により固体電解質-電極材間の剥がれやクラックの発生などに起因する．特に，急激な負荷変動や断続運転，シャットダウンなどを行ってスタックに急

激な温度変化を与えると，セラミック部材間の熱伝導や熱膨張率の違いが原因で歪みやクラックが生じ，電池スタックの劣化を促進させることになる．現在ではこれらの劣化に対する対策が進み，かなり急激なサーマルサイクルを与えても1000時間で1%以内の電圧低下に抑えるという技術レベルに達している．なお，将来的には初期特性として単セル当たり0.3 W cm^{-2}，40,000時間の発電で電圧低下10%以内が目指されている．

参 考 文 献

1. 高橋武彦, 燃料電池, 共立出版 (1984).
2. 工藤徹一, 笛木和雄, 固体アイオニクス, 講談社サイエンティフィク (1986).
3. 笛木和雄, 高橋正雄監修, 燃料電池設計技術, サイエンスフォーラム (1987).
4. 田川博章, 固体酸化物燃料電池と地球環境, アグネ承風社 (1998).
5. 齋藤安俊, 丸山俊夫編訳, 固体の高イオン伝導, 内田老鶴圃 (1999).
6. 池田宏之助編著, 燃料電池のすべて, 日本実業出版社 (2001).
7. 電気学会・燃料電池発電次世代システム技術調査専門委員会編, 燃料電池の技術, オーム社 (2002).
8. 燃料電池開発情報センター, 燃料電池, "特集SOFCの研究・開発状況", 2巻, 3号 (2003).

高分子固体電解質燃料電池　8

　このタイプの燃料電池は電解質に高分子（ポリマー）を用いるので，簡単にポリマー燃料電池とも呼ばれる．英語では Proton Exchange Membrane Fuel Cell (PEMFC) とも，Polymer Electrolyte Fuel Cell (PEFC) とも，ときには Solid Polymer Electrolyte Membrane Fuel Cell (SPEMFC) とも称せられているが，最近では PEFC が多く用いられている．以下，ポリマー燃料電池または PEFC と呼ぶことにする．

　ポリマー燃料電池は 1960 年代に米国ジェネラルエレクトリック社（GE）で開発されたのが実用化の始まりである．当初，ポリマー燃料電池は当時の二次電池に比べエネルギー密度が高く，電力の発生と共に水が生成するので，NASA の宇宙計画用として開発された．1965 年には，有人宇宙船ジェミニ 3 号に搭載されている．このポリマー燃料電池の電解質にはフッ化炭素マトリックスに分散させたスチレン系陽イオン交換膜が用いられた．このポリマーは不安定で，その寿命は約 500 時間であったが，ジェミニ計画では十分な寿命であった．その後，GE はデュポン社（DuPont）との共同研究で，ナフィオン膜（ペルフルオロスルホン酸膜，ナフィオンはデュポン社の商品名）を電解質に用い，その寿命を格段に延ばした（57,000 時間以上）．ナフィオン膜を電解質に用いた燃料電池は，1968 年に打ち上げられた生物探査人工衛星に搭載された．その後の NASA のアポロ計画では，エネルギー密度のより高いアルカリ型燃料電池を採用している．最近では，後述のようにポリマー燃料電池の出力密度がここ 10 年ほどで 10 倍以上改良されたので再度宇宙用にも関心がもたれている．GE はポリマー燃料電池の民生用としての利用には関心を示さず開発を中止した．

　カナダの国防省がポリマー燃料電池に注目し，1984 年からカナダのバラー

ド社（Ballard）にその開発を委託した．1987年には，2 kWの水素/酸素ポリマー燃料電池を，また1989年には，2 kWの水素/空気ポリマー燃料電池を開発した．この電池の出力密度は70 W L^{-1}程度である．その後もバラード社は出力密度1400 W L^{-1}を目指し先駆的に開発を進めた．現在ではこの目標は達成されている．さらに高出力密度，長寿命で受け入れ可能なコストのポリマー燃料電池の開発を目指し世界各国の企業，開発機関が開発にしのぎをけずっている．以下にポリマー燃料電池の原理，材料，構造等を述べる．

8.1　作動原理と構造

　当初はポリマーに硫酸やリン酸を含浸した電解質が用いられたこともあるが，現在では，ナフィオン膜で代表されるイオン交換膜型のプロトン伝導膜が主に用いられている．電解質は強酸性で，プロトンが伝導イオン種である．したがって，電極反応はリン酸を電解質としたリン酸型燃料電池（PAFC）と全く同じである．各電極での反応は，

燃料極(負極)：　　　$H_2 = 2 H^+ + 2 e^-$　　　　　　　　　　(8.1)

酸素極(正極)：　　　$1/2 O_2 + 2 H^+ + 2 e^- = H_2O$　　　　　(8.2)

となり，

全反応：　　　　　　$H_2 + 1/2 O_2 = H_2O$　　　　　　　　　(8.3)

となる．負極および正極反応の素反応過程もリン酸を電解質としたときと同じである．標準状態（25℃，水素，酸素1気圧）での起電力は1.23 Vである．PAFCとの違いは，作動温度が，PAFCの200℃に比べ，80℃と低い点である．後述のように，ポリマー電解質は90℃以上では電解質中の水が蒸発して伝導性が急に低下し，電池特性の劣化をきたす．90℃以上での作動では，加圧する必要がある．作動温度が低いことに起因し，5章で述べたように少量のCOによる電極触媒の被毒が起こるので，燃料中のCOはできるだけ除去する必要がある．200℃作動のPAFCでは，1%程度のCOの混入は許容されるが，80℃作動のポリマー燃料電池では，10 ppm以下が要求され，天然ガス等の改質ガスを利用するときには，CO転換器以外にCO除去装置が必要となる．

　アルカリ型燃料電池，リン酸型燃料電池と異なり，ポリマー燃料電池の電解

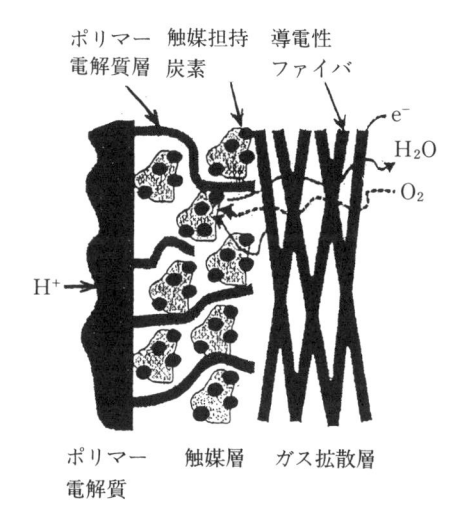

図 8.1 電極の基本構造
[S. Litster et al., J. Power Sources, **130**, 61 (2004) より]

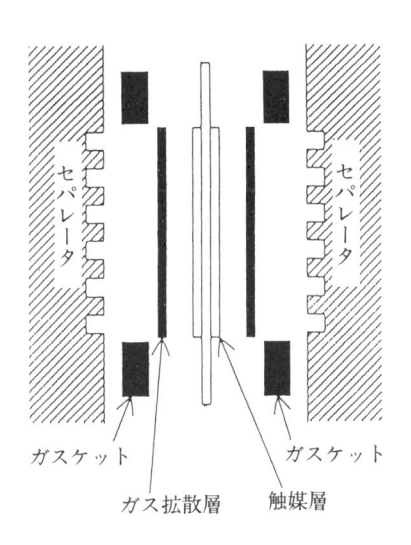

図 8.2 ポリマー燃料電池の基本構造
[加藤, 燃料電池, **2**(4), 31 (2003) より]

質は固体（水を含浸しているが）であるので，電解質表面に直接電極を塗布することも可能であり，きわめてコンパクトな一体膜（Membrane Electrode Assembly：MEA と一般にいわれている）の作成が可能となった．MEA の空気極の構造を図 8.1 に示した．ポリマー電解質の表面に触媒（主として Pt）を担持した伝導性微粉カーボンと PTFE（テフロン）との懸濁液を塗布する．Pt 触媒の量は電極特性に大きく依存するが，現在では，1 mg cm^{-2} 以下まで低減している．MEA 膜の上にはカーボンペーパなどのガス拡散層がおかれる．ときには，カーボンペーパの表面に触媒層を含浸させ，ポリマー膜と圧着する方法もとられている．空気極と対向した側に同様な燃料極が作られる．図 8.2 に示すように，この膜はガス供給の溝をもつセパレータ板ではさまれ，単セルが構成される．セルの厚さは，セパレータ板で支配されるが，5 mm 以下である．実用電池では，この単セルが数 10 枚〜数 100 枚積層されセルスタックを構成する．

8.2　プロトン伝導性ポリマー電解質

　ポリマー燃料電池の最大の特徴は電解質にポリマーを用いる点にある．1959 年に Grube は燃料電池にポリマー電解質（陽イオン交換膜）を用いることを提案している．その後，ジェネラルエレクトリック社は 1965 年にスルホン酸系ポリマーを，さらに 1968 年にはデュポン社が開発したペルフルオロスルホン酸（ナフィオン膜）を用いたポリマー燃料電池を開発し人工衛星に搭載した実績がある．ナフィオン膜は，スルホン酸系ポリマーの不安定性を改良するためにデュポン社が 1962 年に燃料電池用として開発したものである．この膜は化学的安定性に優れ，高いプロトン伝導率を示し，電気化学的にも安定な膜である．GE 社は 1970 年代にはポリマー燃料電池の開発を中断したが，ナフィオン膜は 1980 年代の初頭から主に食塩電解用隔膜として多量に用いられてきた．デュポン社以外にも各社がナフィオン膜と類似する構造の膜を食塩電解用として開発した（旭ガラス，旭化成，徳山ソーダ等）．デュポン社は 1995 年から，ナフィオン膜をポリマー燃料電池用電解質膜として本格的に開発を始めた．燃料電池の特性は，電解質のイオン導電率に大きく依存するがこの膜は優

8.2 プロトン伝導性ポリマー電解質

れたプロトン伝導性を示す．図 8.3 に各種のペルフルオロスルホン酸の化学構造を示した．ナフィオン膜と少し組成が異なる類似の構造をもつプロトン伝導性イオン交換膜が各社で生産されている．特にカナダのバラード社の依頼でダウケミカル社が開発した膜は高いプロトン導電率を示すと報告された．表 8.1 に，各種プロトン伝導性ポリマーの導電率を示した．比較のために，アルカリ型燃料電池，およびリン酸型燃料電池に用いられている電解質，および溶液系で最も高いプロトン伝導率を示す硫酸の導電率も併記した．プロトン伝導性ポリマーの導電率は，ポリマー中の水分量により大きく影響するが，室温での導電率は約 0.1 S cm^{-1} である．室温で最も高い導電率を示す硫酸の導電率は，0.7 S cm^{-1} とポリマーのそれに比べ 1 桁ほど高い．この導電率の差がポリマー燃料電池が鉛電池に比べて，高出力が得られない理由の 1 つである．ナフィオン 117[*1]（膜厚 0.175 mm）を電解質膜として用いると，その面積抵抗（1 cm^2 当たりの抵抗＝抵抗率×膜厚）は 80℃で 0.124 Ωcm^2 である．この値は，1 A cm^{-2} の電流密度での運転で，膜抵抗による電圧降下が 0.124 V となることを意味する．この電圧降下のみで，約 12％のエネルギー損失を発生するので，エネルギー効率的には 1 A cm^{-2} が取り出し可能な電流密度の限界である．最近では，高出力用として膜厚 16 μm と薄いナフィオン膜も開発されて

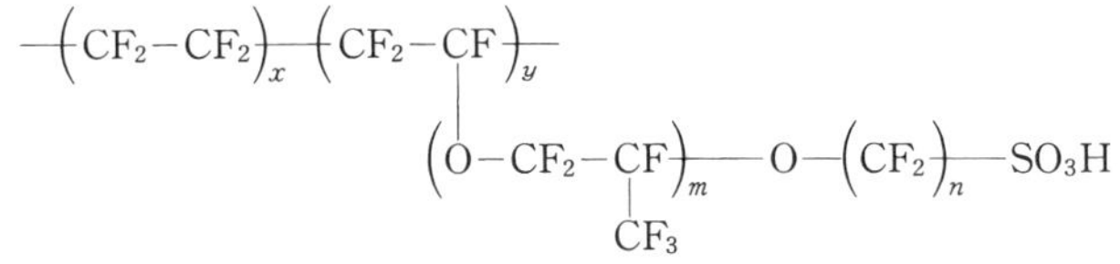

$$-(CF_2-CF_2)_x-(CF_2-CF)_y-$$
$$(O-CF_2-CF)_m-O-(CF_2)_n-SO_3H$$
$$CF_3$$

ナフィオン 117 (Nafion)　$m \geq 1, n=2, x=5\text{-}13.5, y=1000$
フレミオン (Flemion)　$m=0, 1; n=1\text{-}5$
アシフレックス (Aciplex)　$m=0, 3; n=2\text{-}5, x=1.5\text{-}14$
ダウ (Dow)　$m=0, n=2, x=3.6\text{-}10$

図 8.3　各種ペルフルオロスルホン酸の化学構造

[*1] ナフィオン（Nafion）はデュポン社で開発されたペルフルオロスルホン酸膜の総称であり，膜厚や組成（-CF_2- 鎖の長さ）の違いにより Nafion 117 などのように番号が付されている．

8 高分子固体電解質燃料電池

表 8.1 各種燃料電池用イオン伝導体の導電率

イオン伝導体	温度および導電率		イオン輸率	用途
	温度（℃）	導電率（S cm^{-1}）		
ナフィオン 117 （膜厚 175 μm）	25	0.0746 （100%加湿）	H$^+$ 1.00	ポリマー燃料電池
	20	0.09 （1 M H$_2$SO$_4$ 平衡） 0.09 （H$_2$O/SO$_3$H$^+$=20）		
	80	0.14 （100% 加湿）		
ダウケミカル （膜厚 125 μm 加湿状態）	20	0.26 （H$_2$O/SO$_3$H$^+$=20）	H$^+$ 1.00	
フレミオン （膜厚 80 μm）	25	0.0794 （1 M H$_2$SO$_4$ 平衡）	H$^+$ 1.00	ポリマー燃料電池
KOH 水溶液	18	0.54 （30 重量%）	OH$^-$ 0.73	アルカリ型燃料電池
H$_3$PO$_4$ 水溶液	25	0.21 （50 重量%）	H$^+$ 0.83	リン酸型燃料電池
H$_2$SO$_4$ 水溶液	18	0.68 （40 重量%）	H$^+$ 0.84	鉛電池

いる．ダウ社（Dow）が開発した膜の導電率は，ナフィオン膜に比べ3倍ほど高い値を示している．しかし，現在は経済性のためか生産を中止している．現在開発中のポリマー燃料電池の電解質には，多くの機関がナフィオン膜を用いている．

プロトン伝導性ポリマーの導電率はポリマー中の水の量により大きく影響をうける．図8.4にナフィオン117の導電率の相対湿度依存性を示した．乾燥状態では絶縁状態となる．また，ナフィオン117の導電率の温度依存性から求めた導電の活性化エネルギーは13.5 kJ mol^{-1}で，この値は水中でのH$^+$イオンの導電の活性化エネルギー（10.3 kJ mol^{-1}）とほぼ同じである．すなわち同じようなプロトン伝導機構でプロトンがポリマーの中を移動していると推定さ

8.2 プロトン伝導性ポリマー電解質

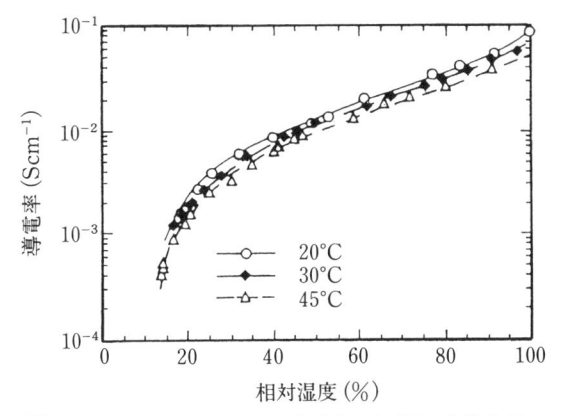

図 8.4 ナフィオン 117 の導電率の相対湿度依存性
[Y. Sone et al., J. Electrochem. Soc., **143**, 1254 (1996) より]

れる．ポリマープロトン伝導体の特徴は，膜の形成が容易であるのに加え，溶液系電解質と異なりプロトンのみが電気伝導に関与し，そのプロトンイオン輸率は 1 で，陰イオンはポリマー骨格に固定され移動できない．通常の電解液溶液では，陰イオンおよび陽イオンが移動可能である．プロトン輸率が 1 であることは，電極での陰イオンの偏在が起こさず，電極反応を阻害する要因とはならない利点がある．ナフィオン膜中でのプロトンの伝導機構は一般にクラスターモデルで説明される．このモデルでは，図 8.5 に示すようなポリマーの骨格

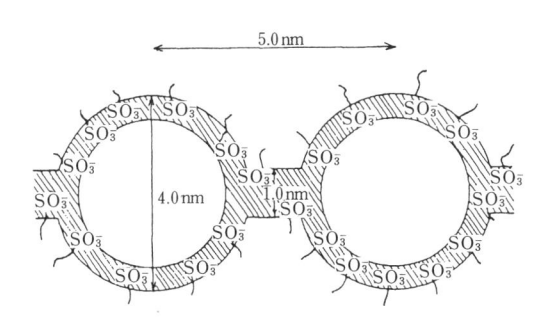

図 8.5 ナフィオン膜のクラスターネットワークモデル
[F. Helferich, Ion Exchange, McGraw-Hill, New York (1962) より]

で形成されるクラスター内に存在する水を介して水溶液中のプロトン移動と同様に Grotthuss 機構（水分子を介在したプロトンの移動機構）で移動する．このクラスターの大きさは，X線小角散乱測定から 4-5 nm と推定されている．導電率の異なるダウ膜とナフィオン膜でのクラスターの大きさはほぼ同じである．導電率の違いは，クラスターの大きさに依存せずクラスター間の距離およびブリッジの大きさに依存すると考えられている．すなわち，クラスター間の距離が短く，ブリッジの径が大きいポリマーを設計すると高い導電率が期待できる．図中斜線をほどこした部分は電気二重層を示している．

ナフィオン以外の新規ポリマーの開発が精力的に行われている．ポリマー燃料電池用電解質としては次の条件が要求される．

① 広い温度範囲での高いプロトン伝導性，
② 広い温度範囲にわたる酸化・還元雰囲気での安定性，
③ 水素，酸素の透過率が小さいこと，
④ 熱力学的安定性，
⑤ 優れた機械的強度，
⑥ 湿度変化による特性変化がないこと，
⑦ 受け入れ可能なコスト．

現在広く用いられているナフィオン膜は条件①〜⑤を比較的満足するが，高温および低温での安定性に問題が残されている．また，伝導性が湿度の影響を大きく受けるのでその制御が必要である．実用上最大の問題点はコストである．ポリマー燃料電池でナフィオン膜の占める価格は現在約 25 \$/kW である．最も期待されている自動車用燃料電池の受け入れ可能なコストは 40 \$/kW 以下で，ナフィオン膜の価格のみでその 60% 以上を占めるので，コストの削減は必須課題である．高温での作動は高出力密度を可能にし，かつ，COの触媒被毒を抑制し，さらには，排熱がより有効に利用できるなどの利点がある．ナフィオン膜の作動温度は 90℃ が上限である．コストの削減，および，高温作動が可能なプロトン伝導性ポリマー伝導体を開発する目的で多くの研究がなされてきた．

表 8.2 にこれまでに開発された代表的なプロトン伝導性ポリマーの特性を示した．ナフィオン以外のポリマーは低コストを狙って，いずれも非フッ素系で

表8.2 各種プロトン伝導性ポリマーの特性

ポリマー	導電率 (S cm^{-1})		分解温度 (°C)
	25°C	80°C	
ナフィオン	0.075	0.14	
PBPSH-60[1]	0.17		220
S-SEBS[2]	0.08	0.01	220
4%AMPS-96%HEMA[3]	0.03	0.06	
PBI-BS[4]		0.01 (60°C)	350
S-PPBP[5]	0.008	0.01	220
S-PEEK[6]	~0.02	0.045 (100°C)	320

[1] poly(arylen ethers sulfone)s containing sulfonate group
[2] sulfonated stylen/ethylene/butylen/stylen triblock polymer
[3] poly(2-hydrooxyethyl methacrylate)(HEMA)
2-acrylamido-2-methypropanesulfonate (AMPS)
[4] poly(benzimidazol)-butanesulfone
[5] poly(4-phenoxybenzoyl-1,4-phenylensulfonate)
[6] poly(oxyl-1,4-phenyleneoxy-1,4-phenylenecarbonyle-1,4-pheneylenesulfonate)

ある．部分フッ素化したポリマーも開発されているが，まだ有効なポリマーの開発には至っていない．非フッ素系ポリマーは図8.6に示したようにベンゼン核を骨格とした構造で，熱的には安定であるが，水を含むと機械的安定性に欠けるのが問題である．ナフィオンでは，130℃以上になると水の脱離・吸着に伴う不可逆的な膨張・収縮が起こるが，ベンゼン系では80℃でこの不可逆変化が起こる．したがって，ベンゼン系ポリマー電解質を用いた燃料電池を80℃以上で作動する場合には，構造的な工夫を要する．1960年代にGEが最初に開発したポリマー燃料電池の電解質はスチレン系ポリマーで，機械的に不安定で長時間の作動は困難であった．現時点では，ナフィオン膜を総合的に凌駕する膜はまだ開発されていない．

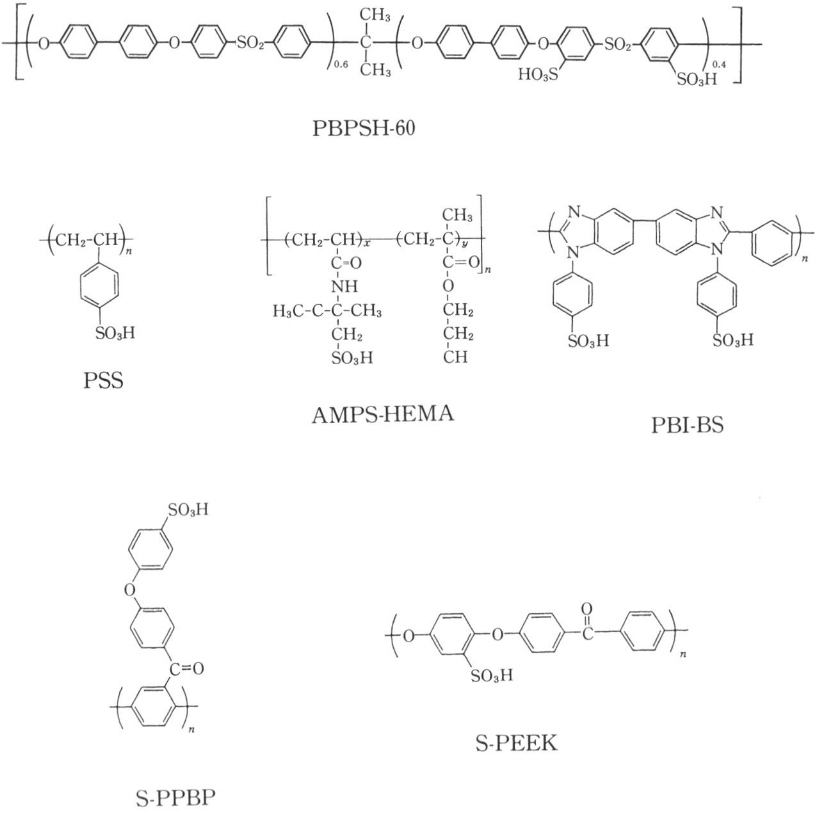

図 8.6 プロトン伝導性ポリマーの分子構造

8.3 電極反応と触媒

電極での反応は(8.1)および(8.2)に示したように，同じ酸性電解質を用いるリン酸型燃料電池の電極反応と同一である．違いは反応温度で，前述のように，PAFCの200℃に比べ80℃と低い．作動温度が低いので，活性な触媒と，活性点の多い電極構造が要求される．燃料極での反応の律速過程は，水素の触媒上への吸着過程であり，燃料に含まれるCOによる触媒被毒が問題となる．

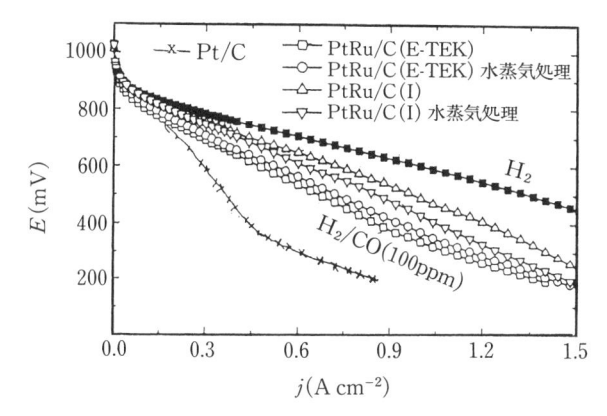

図 8.7 Pt/C および PtRu/C 電極の水素酸化分極特性の CO (100 ppm) の影響
[E. I. Santiago et al., J. Electroanalitical Chem., **575**, 53 (2005) より]

5章で言及したように，Pt電極では低温ほどCO被毒が激しくなる．図8.7にCOを100 ppm含んだH_2ガスの85℃でのPt/CおよびPtRu(1:1)/C電極での放電特性を示した．Pt/C電極では100 ppmのCO混入による大きな被毒がうかがえる．PtRu電極でも，1 A cm^{-2}の放電電流密度で電極電位が0.5Vと低いのは実用上問題であり，CO含量を10 ppm以下とする必要がある．また，低温になるほどCO被毒の影響が顕著になるのは，低温ほどPt上へのCOの吸着が容易に起こるためである．PtRu合金では，Ptに比べCOの被毒の影響がかなり緩和される．Ruの役割については，RuとPtの2つの金属のそれぞれの機能が異なるという説（バイファンクション機構）と，PtRu合金ではPt-CO結合が弱くなるという説の2つがある．バイファンクション機構では，Ru表面で水が電気化学的に反応し，RuOHを形成し，これがPt表面のCOと反応しCO_2に酸化する．この反応は

$$Ru + H_2O = Ru\text{-}OH + H^+ + e^- \tag{8.4}$$
$$Ru\text{-}OH + Pt\text{-}CO = Pt + Ru + CO_2 + H^+ + e^- \tag{8.5}$$

で示される．PtRu/C上でのCOの酸化は0.25 V（vs. NHE）で始まる．理論的計算から，高い過電圧状態では，バイファンクション機構で，低い過電圧ではPt-CO結合がRu合金では弱くなると予想された．RuはPtより高価で

かつ希少な金属であり，その代替を開発すべく研究がなされているが，いまだ PtRu を凌駕する触媒は開発されていない．80°C近くで作動させるポリマー燃料電池では，燃料中の CO 濃度をできる限り低くすることが必要である．

　低温においては水素の酸化より酸素の還元反応がより過電圧が高いので，いかにその過電圧を下げるかに多くの研究がなされてきた．アルカリ型と異なり，ポリマー型では強酸雰囲気のため通常の金属は使用できず，現時点ではもっぱら Pt 系が酸素極の触媒として用いられている．これまでの研究は，低価格化のためにいかに触媒量を減らすかであった．リン酸型に比べ反応温度が低いので，電極の構成に工夫が払われ，図 8.1 に示したような MEA が開発された．Pt の担持量により酸素還元特性は大きく変わるが，MEA を用いることにより，Pt の担持量を 0.35 mg cm^{-2} まで下げることが可能となった．図 8.8 に，Pt の担持量と放電特性との関係を示した．測定温度は35°Cで，燃料極の影響を避けるために，燃料極には十分な Pt を用いている．電解質膜にはナフィオン 112 を，触媒には炭素に分散させた Pt を用いている．Pt の担持量が 0.022 mg cm^{-2} から 0.083 mg cm^{-2} と増えるに従い過電圧は小さくなる．そ

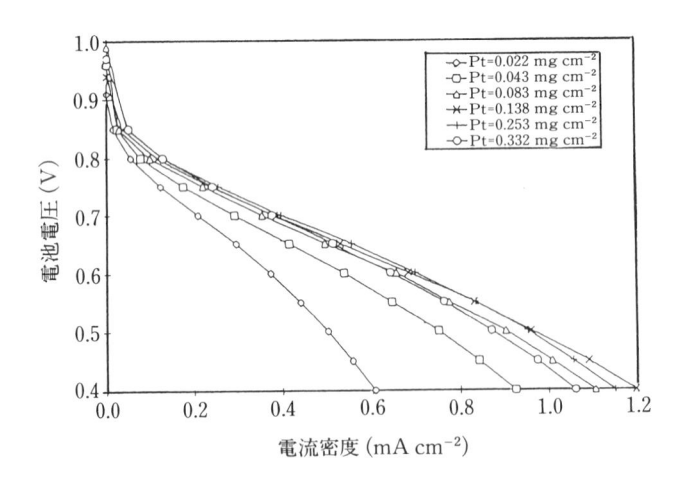

図 8.8 Pt/C 電極（E-TEK）の Pt 担持量と酸素還元特性との関係
測定温度：35°C，酸素極：空気，燃料極：純水素．
［Z. Qi et al., J. Power Sources, **113**, 37（2003）より］

れ以上では，過電圧の低下は顕著でなくなり，最適担持量は 0.138-0.253 mg cm^{-2} である．この触媒は Pt 20 重量%を微粒炭素に分散させている（E-TEK社製）．分散させた Pt の粒径は 2.0 nm で表面積は 112 m^2 g^{-1} と極めて微粒な Pt である．粒径が 3.9 nm で表面積が 72 m^2 g^{-1} の Pt を用いた触媒では，最適な Pt 担持量は 0.35 mg cm^{-2} と多くなる．触媒量の減少は最近のポリマー燃料電池研究の大きな成果の 1 つである．

8.4 ポリマー燃料電池の特性

1990 年代から多くの企業が，定置用および移動体用として数 kW〜数 100 kW 規模のポリマー燃料電池の開発を進めてきた．最も早くから開発に着手したカナダのバラード社は，開発を重ね高出力化に成功した．図 8.9 に 1989 年から 1996 年間の燃料電池スタックの出力密度の変遷を示した．1996 年で，電気自動車用としての 50 kW のスタックの体積が 50 L 以下となった．この値は内燃機関の出力の体積出力密度に匹敵するもので，米国の PNGV 計画（Partnership for a New Generation of Vehicles）の目標値を 30%上まわるものである．バラード社の開発目標は 1400 W L^{-1} であるが，目標は現在すでに達成

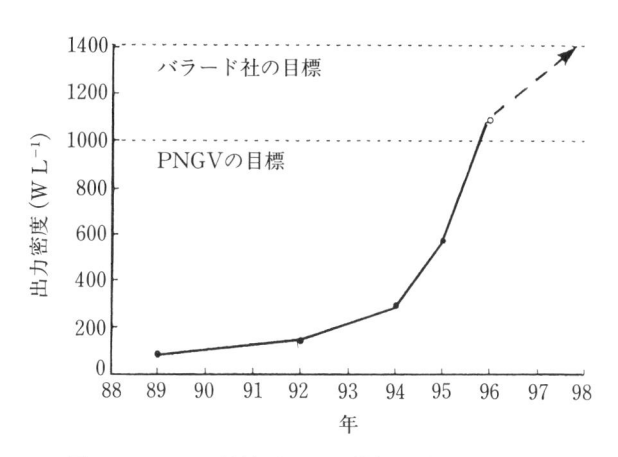

図 8.9 バラード社ポリマー燃料電池出力密度の変遷
[F. R. Kalhammer, Solid State Ionics, **135**, 315 (2000) より]

表8.3 ポリマー燃料電池システムの特性

開発機関	出力(kW)	作動条件	効率（%）	燃料	本体サイズ重量
バラード・ジェネレーションシステム	250	加圧	発電 40%*(LHV**)総合 80%*(LHV)	都市ガス水蒸気改質	7.3×2.2×2.6 m³ 21 t
東芝インターナショナル	30		発電 40%(LHV)総合 80%*(LHV)	都市ガスLPG	2.0×1.5×1.8 m³
富士電機	1	70°C，常圧 CO<10 ppm	発電 31%(HHV***)総合 79%(HHV)	都市ガス水蒸気改質	0.92×0.37×0.895 m³
三洋電機	0.75		発電 35%(LHV)総合 80%(LHV)	都市ガス水蒸気改質	
荏原バラード/東邦ガス/リンナイ	1		発電 34%(LHV)排熱回収率 58%(LHV)	都市ガス	0.9×0.28×0.9 m³
荏原バラード/新日本石油	5	S<0.05 ppm	発電 32%(LHV)総合 81%(LHV)	脱硫ナフサ	1.65×1.9×0.9 m³ 81 kg
ガスエンジン	1		発電 20%(LHV)排熱 65%(LHV)	都市ガス	0.58×0.38×0.88 m³

* 目標値，**, *** 4章の脚注*¹ 参照

されている．出力密度が$1\,\text{kW}\,\text{L}^{-1}$を超えた時期から多くの自動車メーカーが関心を示し，開発が加速された．現在自動車用ポリマー燃料電池を勢力的に開発している企業は，カナダのバラード社および日本のトヨタ自動車，ホンダである．高性能ポリマー燃料電池の開発に伴い，数 kW～数 100 kW 規模の据え置き型電源としての関心も高まった．表 8.3 に代表的なポリマー燃料電池の特性を示した．ポリマー燃料電池は発電部の大きさは$1.5\,\text{L}\,\text{kW}^{-1}$までコンパクトになったが，図 8.10 に示すように多くの補器が必要である．都市ガスを燃料とするときには，脱硫装置，改質装置（リフォーマ），CO 転換装置，CO 除去器，加湿器，さらには排熱の利用のための熱交換器等である．出力1kWではシステムとして200 L以上で，250 kWでも$170\,\text{L}\,\text{kW}^{-1}$とかなり大きな装置となる．競合する小型ガスエンジンコジェネレーションシステムと大きさではほぼ同じである．問題は，燃料電池のコストとその耐久性である．小型ガス

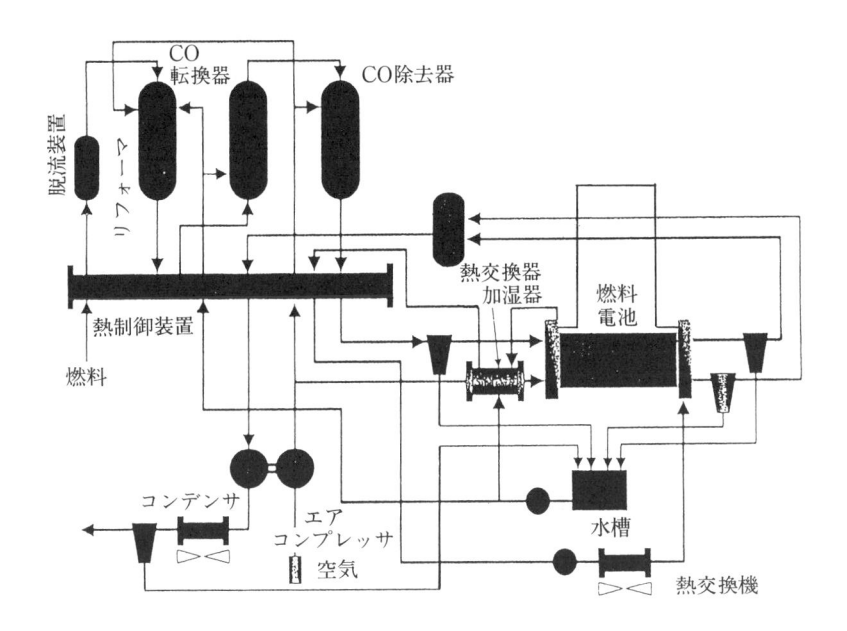

図 8.10 据え置き型ポリマー燃料電池のシステム図
[F. Barbir, Handbook of Fuel Cells. W. Vielstrich, A. Lomm and H. A. Gasteiger (eds.), Vol. 4, Part 2, John Wiley & Sons (2003) p. 683 より]

エンジンはすでに実用化の段階で,そのコストは1 kWシステムとして100万円以下である.また,その耐久性は2万時間に達する.しかし,ガスエンジンでは,電力としての発電効率は20-30%と低く,電熱の利用のバランスが問題となる.また,NO_xの発生量が60 ppm以下と燃料電池の10 ppmより高いなどの不利な点があるが,現在では,コストの面で燃料電池より優位である.

燃料とする水素は主に都市ガス,またはLPGを水蒸気改質し,生成するH_2とCOの混合物のCO成分をCO転換器でH_2とCO_2に転換してつくる.転換器を通したガスには,まだ1-0.5%のCOを含む.リン酸型燃料電池では1%程度のCOは燃料極の触媒被毒はほとんど起きないが,前述のようにポリマー燃料電池では作動温度が80℃と低いので,燃料中のCOの濃度を10 ppm以下とすることが要求される.このために,さらにCO除去装置が必要となる.COはRu/Al_2O_3触媒を用いて90-140℃で酸化することにより1 ppm以下にすることが可能となった.

8.5 ポリマー燃料電池の自動車への応用

地球規模での環境保全,都市の環境保全,さらには省エネルギーから,化石燃料の有効利用の必要性がいわれて久しい.燃料電池は高効率エネルギー変換装置として注目され開発が進められてきた.1990年代初頭から高性能ポリマー燃料電池が開発されて以来,その電池を自動車の動力源とする機運が急激に高まってきた.ガソリン車での総合エネルギー効率(石油の掘削から車輪に伝わるまで;Well to Wheelと称する)は約14%であるが,燃料電池では,天然ガスから水素を製造し高圧タンクに充填するさいのエネルギー損失40%(目標)および燃料電池システムでの損失50%(目標)と見積もると30%となる.この値はガソリン車の約2倍である.この高いエネルギー変換効率および水素を燃料として用いると,自動車からの排ガスは水のみで,都市部の環境保全には有効である点から,燃料電池車の導入が期待されている.トヨタ自動車が開発した燃料電池自動車(FCHV)のシステム構成を図8.11に,その概要を表8.4に示した.燃料電池は独自に開発した90 kWのポリマー燃料電池で,燃料には高圧水素(350気圧)を用いている.高圧容器はカーボンファイ

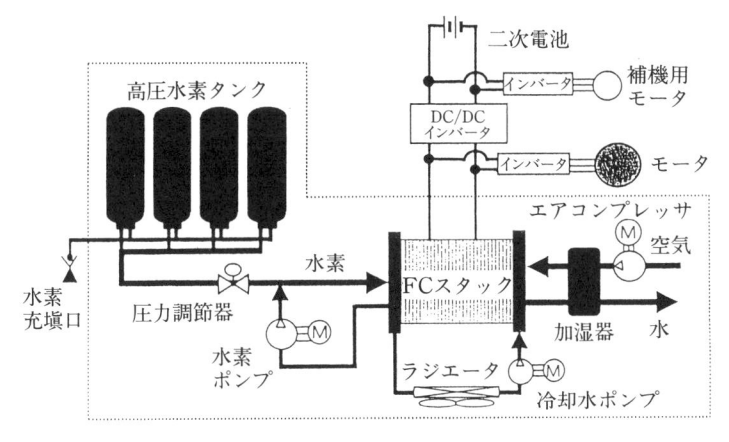

図 8.11 トヨタ FCHV のシステム構成
[河津, 燃料電池, **3**(2), 10 (2003) より]

表 8.4 トヨタ FCHV の車両概要

車両	全長/全幅/全長	(mm)	4735/1815/1685
	重量	(kg)	1860
	乗車定員	(人)	5
性能	航続走行距離　(km)　10・15 モード		300
	最高速度	(km)	155
燃料電池	種類		トヨタ FC スタック ポリマー燃料電池
	出力	(kW)	90
モータ	種類		交流同期電動機
	最高出力	(kW/PS)	80/109
	最大トルク	(N・m/kg・m)	260/26.5
燃料	種類		純水素
	貯蔵方法		高圧水素タンク
	最高充填圧力	(MPa)	35
二次電池	種類		ニッケル水素電池

バで強化したもので 130 L の容量で 300 km の走行が可能である．トヨタ以外にも，ホンダ，日産自動車，ダイムラー・クライスラー，GM，フォードと世界の自動車メーカーが競って開発を進めている．いずれのメーカーもトヨタとほぼ同じシステムである．トヨタ，ホンダを除いて，ポリマー燃料電池はバラード社製を用いている．

　燃料電池車の問題点は，燃料電池の価格と寿命，および水素供給のインフラである．電池本体の価格の目標値は，50 US\$/kW 以下であるが，現在はその数 10 倍である．寿命は，5000 時間が目標であるが，実際の運転状況での寿命にはまだ問題がある．しかし，これらの問題点が解決すれば，燃料電池自動車は将来的に現在の内燃機関エンジンに変わり得る高いポテンシャルをもっているので，さらなる開発・研究が切望されている．

参 考 文 献

1. W. Vielstic, A. Lamm and H. A. Gasteiger (eds.), Handbook of Fuel Cells, Vol. 4, Part 3, John Wiley & Sons (2003).
2. 渡辺政廣他, 固体高分子型燃料電池の開発と実用化, 技術情報協会 (1999).
3. 緒方直哉編, 導電性高分子, 講談社サイエンティフィク (1990).

メタノール燃料電池

9

　初期のメタノール燃料電池（methanol fuel cell）は，電解液にアルカリ性溶液を用いていた．Ni基体上にPt触媒を付けた電極で，25Wの灯台用電源は5年以上の連続運転の実績がある．アルカリ性溶液ではNiのような安価な金属を用いることができるので魅力的であるが，メタノールの酸化反応生成物としてCO_2が生成し，電解液中に炭酸塩が形成される欠点がある．今日では，電解液に酸を用いるのが一般的である．英国シェル石油の研究所では，1960年代初頭からメタノール燃料電池に注目し研究を始めた．そこでは，硫酸中にメタノールを溶解させた燃料電池を開発した．しかし，電極での分極が大きく，高性能の燃料電池システムを構築することはできず開発を断念した．1980年代後半に入り，耐酸性のテフロンをバインダーとした高性能電極膜が容易に作成できるようになり，また，プロトン伝導性ポリマー電解質膜が利用できるようになってから，再度関心がもたれるようになった．電解質はナフィオン膜（ペルフルオロスルホン酸）で代表されるプロトン伝導性ポリマー電解質で，水で飽和させると室温で$0.1\,\mathrm{S\,cm^{-1}}$程度の導電率を示し，90℃まで安定である．ナフィオン（Nafion）はデュポン社の商標である．この膜は，もともと食塩電解用隔膜として開発されたもので，燃料電池の電解質としては，水素を燃料とするポリマー燃料電池に用いられた．メタノールを燃料とした燃料電池として，メタノールを改質器で水素に改質して用いるポリマー燃料電池も開発されているので，これと区別するために，メタノールを直接酸化する燃料電池を直接型メタノール燃料電池（Direct Methanol Fuel Cell：DMFC）と称している．

9.1 メタノール燃料電池の原理

　直接型メタノール燃料電池は，ポリマー燃料電池とほぼ同様な構成で，プロトン伝導性ポリマー（主にナフィオン膜）を電解質に，負極，正極は炭素に触媒を担持させた電極を用いている．ポリマー型との相違点は，燃料が液体であるので，燃料供給システムと燃料極の構造である．

　直接型メタノール燃料電池の電極反応はいくつかの素反応を経て最終的には次のように表される．

　　　燃料極（負極）：　　$CH_3OH + H_2O = CO_2 + 6H^+ + 6e^-$ 　　　(9.1)
　　　空気極（正極）：　　$6H^+ + 3/2 O_2 + 6e^- = 3H_2O$ 　　　(9.2)

　全反応は，

　　　全反応：　　$CH_3OH + 3/2 O_2 = CO_2 + 2H_2O$ 　　　(9.3)

である．反応(9.3)の標準自由エネルギー変化（$\Delta G° = -702.8$ kJ mol^{-1}）から25℃での起電力（E_c）は1.214 Vと計算される．1分子のメタノールから，6電子を取り出すことができるので，メタノール単位重量当たり取り出し得るエネルギー密度は6105 Wh kg^{-1}ときわめて高い値となる．しかし，実際はメタノール酸化の反応速度が非常に遅いので，大きな過電圧が発生し，高い電流密度での放電では電圧降下が起こる．また，後述のように，理論的な起電力を得ることはほぼ不可能である．燃料電池のエネルギー効率（ε）は，燃料利用率を100%とすると次式で与えられる．

$$\varepsilon = (\Delta G / \Delta H) \cdot (E_e / E_c) \quad (9.4)$$

ここで，ΔHは反応(9.3)のエンタルピー変化（標準様態で-726.9 kJ mol^{-1}）である．電池の作動電圧E_eは後述のように大きな過電圧が発生するので，他の燃料電池に比べかなり低い．E_eを0.5 Vとすると，エネルギー効率は40%となる．

　しかし，燃料利用率を100%とすることはほとんど不可能で，直接型メタノール燃料電池では，高いエネルギー変換効率は期待できない．また，直接型メタノール燃料電池では，燃料（メタノール）がポリマー電解質を透過する厄介な現象が起こる（一般にクロスオーバーと称する）．メタノールが電解質を透

過して空気極に達すると酸素と反応する．メタノールクロスオーバー反応は，
$$CH_3OH + 1/2 O_2 = 2 H_2 + CO_2 \tag{9.5}$$
で示される．この反応は化学反応で電気を取り出すことはできない．さらに，メタノールが空気極に存在すると混成電位（後述）が発生し，正極電位の低下を引き起こす．電極過電圧の低減，クロスオーバーの抑制が直接型メタノール燃料電池の最大の課題であり，その解決のため多くの研究がなされてきた．

9.2　直接型メタノール燃料電池の構造とシステム

　直接型メタノール燃料電池は，他の燃料電池と異なり燃料が液体であるため，燃料の供給システムが少々複雑になる．図9.1に電池の構造を示した．この構造は，液体燃料をポンプ等で強制的に供給する構造でアクティブ型といわれ，基本的にはポリマー燃料電池と同じ構造である．電解質膜，アノード（燃料極），カソード（空気極），カレントコレクタ（集電体）および燃料供給の溝をそなえたセパレータから構成されている．電極は電解質膜（ナフィオン膜）の上に一体的に接合されている（ポリマー燃料電池と同様のMEA膜）．セパ

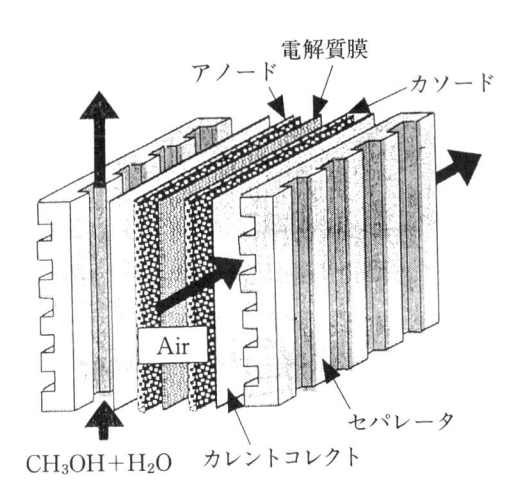

図 9.1　メタノール燃料電池の構造
［加茂, 燃料電池, 4(2), 4 (2004) より］

レータ（バイポーラプレートとも称する）は，単セルの電圧が1V以下であるためセルを直列に接続する必要があり重要な構成材である．これがセルの体積およびコストのかなりの部分を決める構成材であるが，その選択種はあまり豊富でない．要求される条件は，①ガスを透過しない，②低い電気抵抗，③優れた機械的強度，④燃料電池作動環境で安定，および⑤低コストである．現在は，黒鉛とステンレスが用いられている．黒鉛は条件⑤を除いて他の条件は満足するが，ステンレスは条件④を満足しない．その対策として，ステンレスの表面を耐食性材料でコートして用いている．図9.2にGSユアサで開発された，1kW級スタックの外観を示した．セルの面積は611 cm^{2}で，63枚が積層され26Vの電圧が発生する．大きさは330 mm×245 mm×305 mmで25L，重量は43 kgで，出力密度は40 W L^{-1}，23 W kg^{-1}となり，ポリマー燃料電池に比べると出力密度は格段に低い．

図9.3に直接型メタノール燃料電池システム構成を示した．このシステムは，比較的出力の大きなもので，燃料を強制的に循環する方法がとられている．メタノールは，後述するように電解質中を直接通過するので，エネルギー変換効率を上げるために，比較的低濃度（1 mol L^{-1}程度）の水溶液として電極に供給する．メタノール水溶液はポンプを用いて燃料タンクから供給され，

図9.2 メタノール燃料電池スタックの外観（GSユアサ1 kW）
[GSユアサ提供]

9.2 直接型メタノール燃料電池の構造とシステム　211

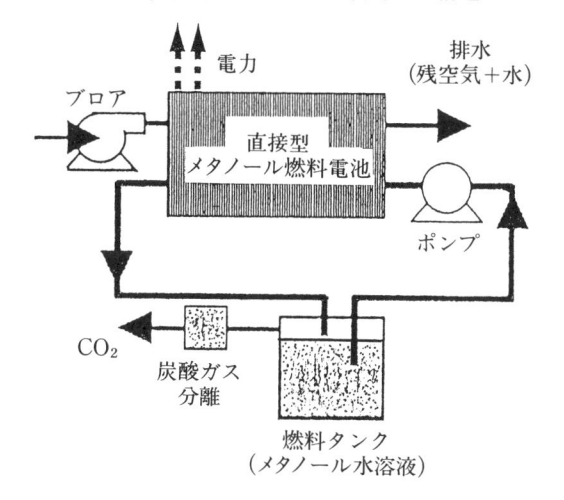

図9.3 メタノール燃料電池システムの構成
[加茂, 燃料電池, **4**(2), 4 (2004) より]

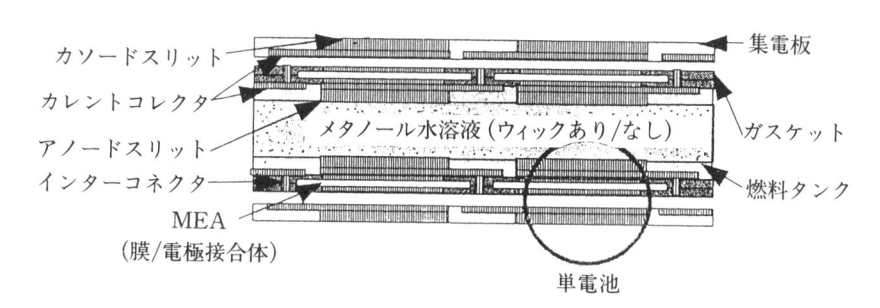

図9.4 メタノール燃料電池の構造（パッシブ型）
[加茂, 燃料電池, **4**(2), 4 (2004) より]

電池で消費された後，再びタンクに戻される．燃料タンクには必要に応じて，別に用意された純メタノールタンクからメタノールが補給され，また，水は電池反応で生成した水が補給される．アノードで生成する炭酸ガスは，炭酸ガス分離器で除去される．一方，空気極側では，エアフィルタをそなえた空気ブロアから空気が供給される．このシステムでは，電池の出力が低いと，電池本体

より付属装置が大きくなることもある.

最近では,直接型メタノール燃料電池を携帯用電子機器の電源として利用をすることに関心がもたれているが,この用途にはできるだけ軽く嵩張らないことが要求され,燃料循環装置,空気ブロア装置を伴わないシステムが開発されている（パッシブ型と称する）.いくつかの構造が提案されているが,この型の基本構造を図 9.4 に示した.この構造では,メタノール燃料が挿入されるタンクから毛管現象を利用して燃料極に供給される.主に室温で作動されるが,その出力は高々数 $10\ mW\ cm^{-2}$ である.

9.3 メタノール酸化電極触媒

メタノールの電気化学的酸化反応は式(9.1)で示したように,最終的には CO_2 と H_2O の生成反応であるが,その反応は種々の素反応から成り立っている.Pt 触媒では,次のような素反応過程が提案されている.

$$CH_3OH + Pt = Pt\text{-}CH_2OH + H^+ + e^- \tag{9.6}$$

$$Pt\text{-}CH_2OH = Pt\text{-}CHOH + H^+ + e^- \tag{9.7}$$

$$Pt\text{-}CHOH = Pt\text{-}CO + H^+ + e^- \tag{9.8}$$

$$Pt\text{-}CO + Pt\text{-}H_2O = Pt\text{-}Pt + CO_2 + 2\,H^+ + 2\,e^- \tag{9.9}$$

最初のステップは Pt 上でのメタノールの脱水素反応である.メタノールの完全な酸化は,最終的には,式(9.9)による酸化反応であるが,これには活性酸素を必要とする.Pt 上では,次式で示すようにこの活性酸素は化学吸着した OH によると考えられる.

$$Pt + H_2O = Pt\text{-}OH + H^+ + e^- \tag{9.10}$$

したがって,反応(9.9)は反応(9.10)で生成した Pt-OH を介在して次式のように進む.

$$Pt\text{-}OH + Pt\text{-}CO = Pt\text{-}Pt + CO_2 + H^+ + e^- \tag{9.11}$$

しかし,酸性溶液中 0.7 V (vs. NHE) 以下の Pt 表面では反応(9.10)が十分に速く進行せず,メタノール電極酸化の律速過程となる.したがって,反応をより促進させるためには Pt より低い電位で,水の解離吸着が可能な触媒が必要である.各種の金属について検討した結果,Ru は 0.3 V (vs. NHE) 以下

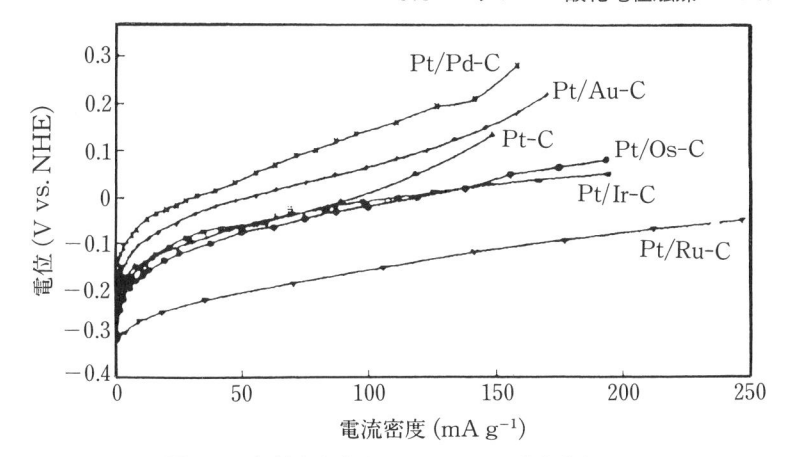

図 9.5 各種白金合金のメタノール酸化特性
電解液：$1\,M\,CH_3OH/2.5\,M\,H_2SO_4$，温度 60°C．
[A. Hammett et al., Electrochimica Acta, **33**, 1613 (1988) より]

で水の吸着が進行するので，メタノール酸化触媒として有効であることが認められた．図 9.5 に，表面積の大きい炭素（Valucan XC-72）に各種 Pt/金属 2 成分系触媒を分散させた電極でのメタノール酸化の電流-電圧曲線を示した．電解質には $2.5\,M\,H_2SO_4$ 水溶液を用い，メタノールをこの電解質に溶解させた（濃度 1 M）．Pt/Ru では $250\,mA\,cm^{-2}$ の電流密度の放電でも，過電圧は 300 mV と低く，他の電極に比べ最も優れた特性を示す．現在では，Pt/Ru が直接型メタノール燃料電池の負極触媒として多く用いられている．

空気極の触媒は，リン酸型，ポリマー燃料電池の空気極と同様に，炭素に担持された Pt が主に用いられている．電極反応機構は，リン酸型，ポリマー型と同様に，次のステップで進む．

$$M + O_2 + H^+ + e = M \cdot O_2H \tag{9.12}$$

$$M \cdot O_2H + 3H^+ + 3e^- = M + 2H_2O \tag{9.13}$$

直接型メタノール燃料電池の空気極とポリマー燃料電池の空気極との違いは，電解質膜を通してメタノールが直接空気極に透過（クロスオーバー）するのが避けにくい点にある．メタノールが空気極に存在すると，つぎの酸素の還元反応とメタノールの酸化反応が同じ電極で起こる．

$$O_2 + 4H^+ + 4e^- = 2H_2O \tag{9.14}$$
$$CH_3OH + H_2O = CO_2 + 6H^+ + 6e^- \tag{9.15}$$

それぞれの電位は電流が流れることにより変化し，ある電位で(9.14)の還元電流と，(9.15)の酸化電流が同じとなる．この電位を混成電位と称する．したがって，酸素極の平衡電位（ここでは混成電位）は，メタノールが存在しないときの平衡電位より低い電位となる．さらに，空気極にメタノールが存在すると触媒上で酸素とメタノールとの直接酸化反応も起こる．空気極は酸素の電気化学的還元反応には活性であるが，メタノールと直接反応しにくいことが要求される．

$Mo_{6-x}M_xS_8$ のようなシェブレル相など Pt 以外の触媒が検討されたが，Pt 以外の触媒は，メタノールの化学的酸化には不活性であるが，電気化学的酸素還元特性は Pt に比べるとかなり劣る．リン酸型燃料電池の空気極として研究された Pt と各種金属（V，Ti，Cr，Co，Ni）との合金触媒がメタノール燃料電池についても検討された．炭素に担持した Pt/Co，Pt/Co/Cr 触媒では，酸素還元触媒能の増大が認められている．

9.4　直接型メタノール燃料電池の電解質

　直接型メタノール燃料電池の電解質には，当初はアルカリ水溶液，硫酸水溶液が用いられていたが，電極での反応過電圧が高く，高電流での放電が不可能であった．その原因は，室温近傍で液体燃料であるメタノールを効率よく反応させる電極構造の構築が困難であったためである．プロトン伝導性のイオン交換膜（ナフィオン膜）が開発されて以来，この膜を用いたポリマー燃料電池の研究が進み，高性能燃料極が開発された．この電極は，ポリマー電解質の表面に炭素に担持された Pt 触媒を塗布する方法でつくられた．直接型メタノール燃料電池でも，ポリマー燃料電池とほぼ同様な電極が用いられ高性能化が可能となり，1990 年代以降再度関心がもたれるようになった．すでに述べたように，ポリマー燃料電池と，直接型メタノール燃料電池の大きな違いは，燃料が液体であるのに加え，電解質内をメタノールが直接移動する点にある．できるだけこのクロスオーバーが起こらない電解質膜の利用が望まれる．

クロスオーバーは，電解質膜厚，メタノール濃度，作動温度，電池の作動条件等の種々の要因により決まる．一般に，膜が厚く，メタノール濃度が低く，作動温度が低いほど，メタノールクロスオーバーは少ない．しかし，このような条件では，過電圧が高くて高電流での放電ができない．膜が薄く，メタノールが高濃度で，かつ高温でもメタノールクロスオーバーしない電解質膜が必要である．直接型メタノール燃料電池の効率 (ε) は次式で表される．

$$\varepsilon = (E_e/E_c)(I_{load}/(I_{load}+I_{cros}))\varepsilon_f \tag{9.16}$$

ここで，E_e および E_c は作動電圧および理論電圧である．また，I_{load} および I_{cros} は作動時の電流値，およびメタノールクロスオーバーにより透過したメタノール量を電流値に換算した値である．ε_f は燃料極での燃料利用率である．したがって，メタノールクロスオーバーにより式(9.16)の右辺の第1項および第2項のいずれも，効率を下げるように働く．

図9.6に代表的なプロトン伝導性膜であるナフィオン117（膜厚175 μm，8章，脚注*1 参照）の各温度におけるクロスオーバー電流のメタノール濃度依存性を示した．温度の上昇およびメタノール濃度の増大とともにクロスオーバ

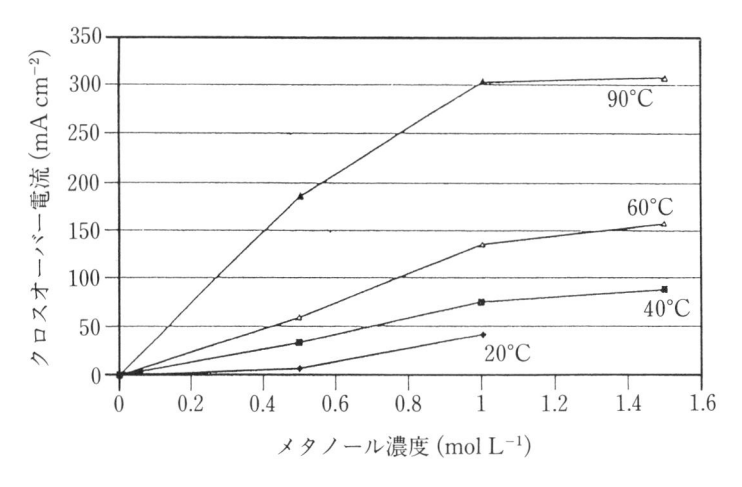

図9.6 ナフィオン117膜のメタノールクロスオーバーのメタノール濃度および温度依存性

[S. R. Narayaman et al., 1st International Meeting on protonconduting fuel cells, p. 26 (1995) より]

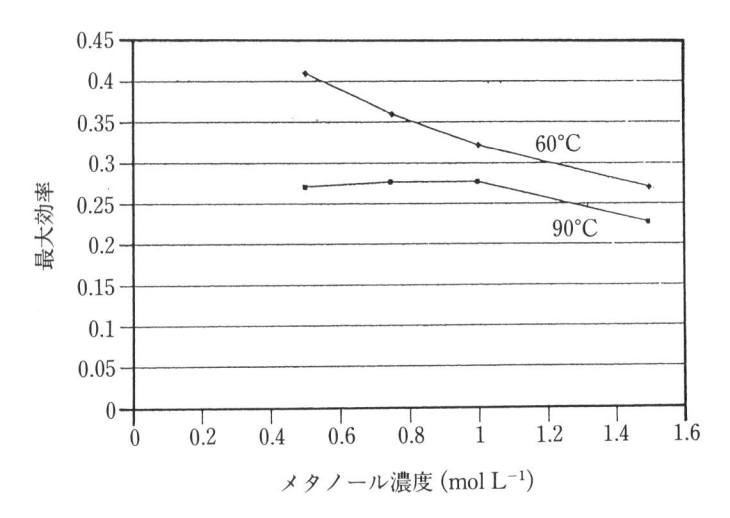

図9.7 ナフィオン117膜を用いたときの90°Cおよび60°Cでの最大効率のメタノール濃度依存性
[S. R. Narayaman et al., 1st International Meeting on protonconduting fuel cells, p. 26 (1995) より]

一電流の増大が観測された．図9.7に，ナフィオン117膜を用いた直接メタノール燃料の60°Cおよび90°Cにおける効率とメタノール濃度の関係を示した．ここでは，メタノールの燃料利用効率を100%として求めている．高い出力密度（150 mW cm^{-2}）が得られる90°Cでの最大の効率は30%以下である．

燃料電池の最大の特徴は，従来の発電システムに比べ高いエネルギー変換効率が期待される点にある．現在の火力発電所の効率約40%を勘案すると，エネルギー変換効率の点からは40%以上の効率がまず要求される．図9.7によると，40%の効率を得るには，温度60°Cで，メタノール濃度0.5 Mで作動させる必要がある．このような条件下での電流密度は，100-120 mA cm^{-2}，55 mW cm^{-2}と水素を燃料としたポリマー燃料電池に比べかなり低い．エネルギー効率を上げるためには，式(9.16)で示したように，作動電圧を上げ，メタノールクロスオーバーを抑制しなくてはならない．

メタノールクロスオーバーを抑制するため，フッ化物系，部分フッ化物系，および非フッ化物系等の多くのプロトン伝導性ポリマーが検討されてきた．フ

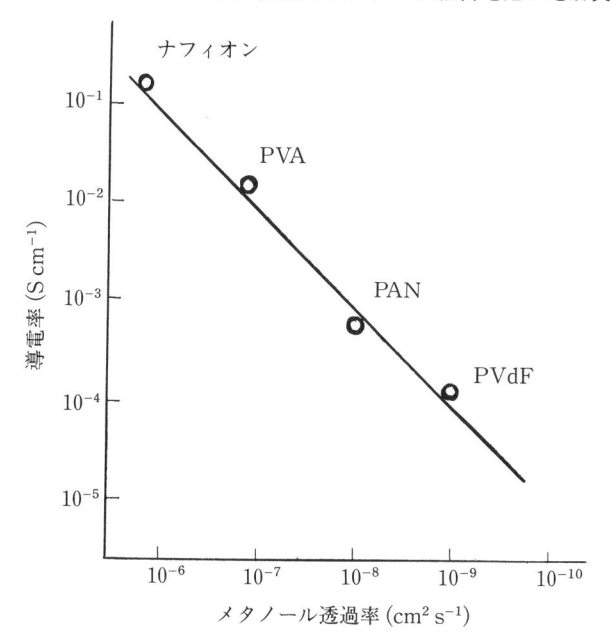

図 9.8 各種ポリマーのプロトン導電率とメタノールクロスオーバーとの関係（$1\,M\,H_2SO_4$ と平衡にある状態）（PVA：ポリビニルアルコール，PAN：ポリアクリルニトリル，PVdF：ポリフッ化ビニリデン）

ッ化物系の代表であるナフィオン膜は，高温，高メタノール濃度ではきわめて高いメタノールクロスオーバーが起きる．図 9.6 に示されているように 90°C 作動で，メタノール濃度 1 M では $300\,mA\,cm^{-2}$ に相当するクロスオーバーがある．この値は，作動電流が $500\,mA\,cm^{-2}$ とするとその 60% 以上がクロスオーバーで無駄に消費されていることになる．図 9.8 に，代表的なポリマーの室温における導電率とメタノールの透過性との関連を示した．$1\,M\,H_2SO_4$ と平衡状態での値で比較した．メタノールの透過率とその膜の H^+ の導電率とは，よい相関関係があり，導電率が高いほどメタノールの透過性が増大する．ポリマー電解質中での H^+ の移動は，図 9.9 に示すように，水和したプロトンが，SO_3^- イオンを介在して移動すると考えられている．メタノールが存在すると，メタノール分子が水和したプロトンとともに移動する．したがって，プロトン

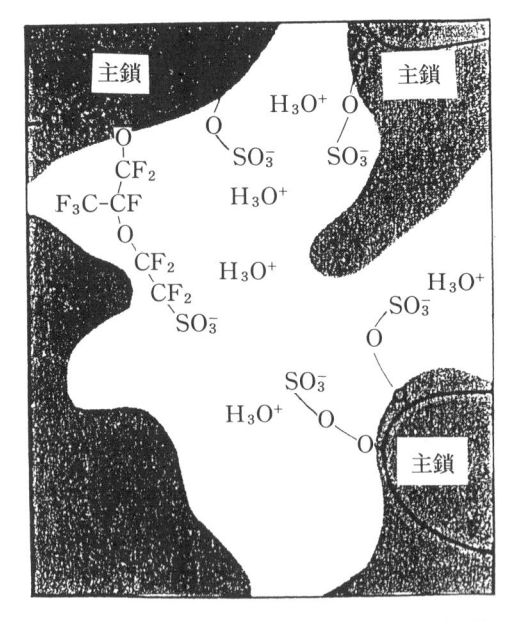

図 9.9 ナフィオン膜中でのプロトン移動機構
[H. L. Yeager et al., J. Electrochem. Soc., **128**, 1880 (1981) より]

表 9.1 直接型メタノール燃料電池用プロトン伝導性膜

導電性膜	温度 (°C)	導電率 σ (S cm^{-1})	メタノール透過率 P (cm^2 s^{-1})	σ/P
ナフィオン117	25	0.1	10^{-6}	10^5
	60	0.2	2×10^{-6}	10^5
ポリホスファゼン スルホン酸	20	0.035	10^{-7}	3.5×10^5
	60	0.1	7×10^{-5}	1.4×10^3
ポリスチレンスル ホン酸	22	0.05	5.2×10^{-7}	9.3×10^4
	60	0.086	1.19×10^{-6}	7.2×10^4
ポリイミドスルホ ン酸	25	0.041	7.34×10^{-8}	5.6×10^5

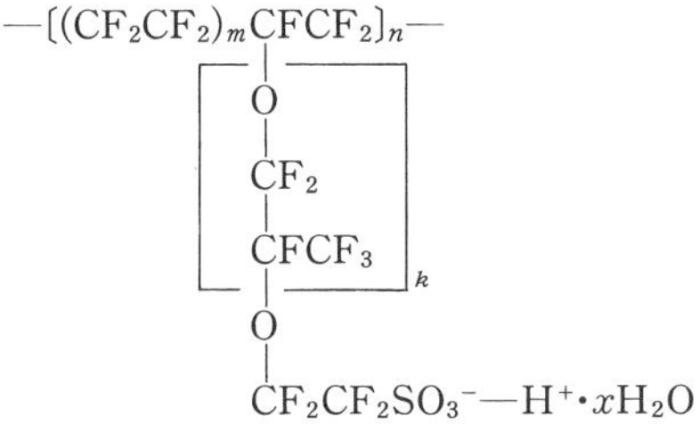

9.4 直接型メタノール燃料電池の電解質　219

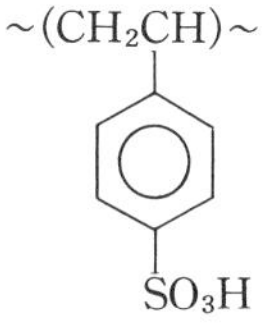

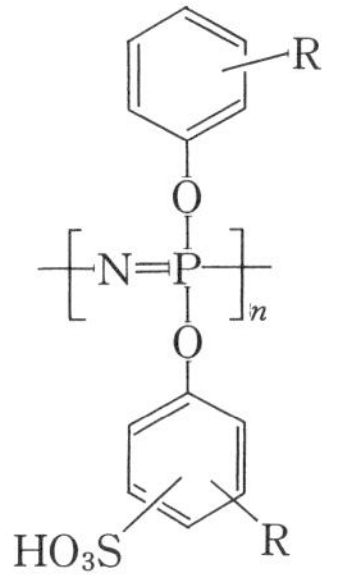

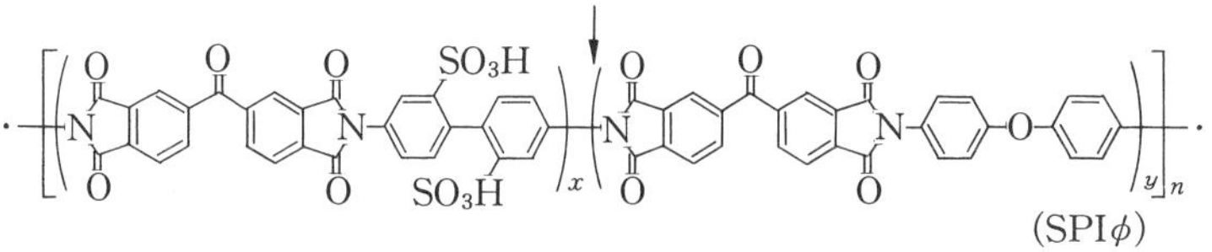

$$-[(CF_2CF_2)_m CFCF_2]_n-$$
$$\begin{bmatrix} O \\ CF_2 \\ CFCF_3 \end{bmatrix}_k$$
$$CF_2CF_2SO_3^- — H^+ \cdot xH_2O$$

(a)

(b) ~(CH$_2$CH)~−C$_6$H$_4$−SO$_3$H

(c) ポリホスファゼンスルホン酸構造

(d) SPIφ構造

図 9.10 プロトン伝導性ポリマーの構造式
(a)ポリペルフルオロスルホン酸(ナフィオン), (b)ポリスチレンスルホン酸,
(c)ポリホスファゼンスルホン酸, (d)ポリイミドスルホン酸.

の導電率が増大するとともにメタノールが移動しやすくなる．

表 9.1 に代表的なプロトン伝導性膜の特性を，また，図 9.10 にこれらのポリマーの構造式を示した．いずれもスルホン酸基をもっている．プロトン伝導体の特性としては，導電率が高く，メタノールの透過率が低いことが好ましい

ので，導電率 (σ) とメタノール透過率 (P) の比が評価の目安となる．σ/P が大きいことが好ましいが，表 9.1 に示したように室温では，ホスファゼン系ポリマーは高い値を示すが，電池の作動温度 60-80°C では，急激に小さくなる．また，ポリイミド系も高い σ/P を示す．しかし，高温のデータの報告はない．ポリスチレン系は最初に開発されたプロトン伝導性ポリマーで，1965 年 3 月に打ち上げられたジェミニ 3 号に搭載された歴史があるが，σ/P が小さく耐久性にも問題がある．直接型メタノール燃料電池用電解質として総合的に評価すると，現時点ではナフィオン膜が最も優れた電解質膜といえる．

メタノールクロスオーバーを抑制するために，プロトン伝導性無機化合物とナフィオン膜との複合体が検討されている．無機プロトン伝導体としては，コージェライト，$SnO_2 \cdot nH_2O$，層状構造をとるリン酸塩等が検討された．これらの複合体はメタノールクロスオーバー抑制の効果は認められたが，添加したプロトン伝導性固体の導電率がナフィオン膜に比べ低いので，導電率はナフィオン膜に比べ低下し，σ/P 値としてナフィオン膜を凌駕するものは見出されていない．

メタノールは，水素に比べ電極での酸化が困難で，高い過電圧が発生する．一般に電極での酸化反応は，高温では促進されるので，できるだけ高い温度で

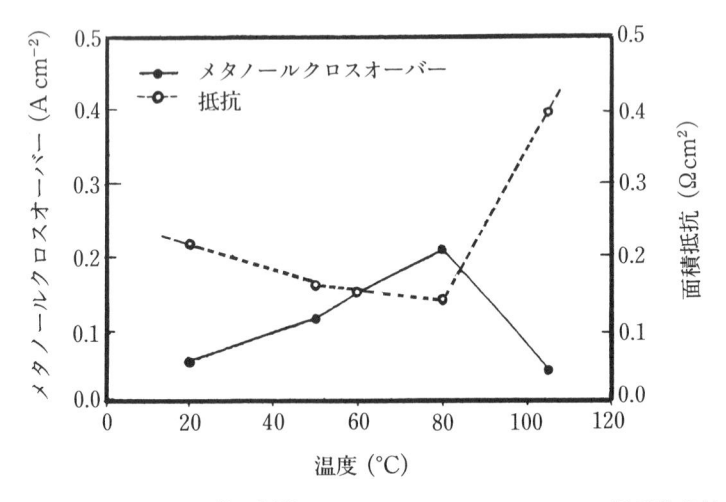

図 9.11 ナフィオン 115 膜の抵抗とメタノールクロスオーバーの温度依存性

の作動が好ましい．しかし，ナフィオン膜は130℃以上では，膜から水が抜け，導電率の低下を引き起こす．図9.11にナフィオン115（膜厚127 μm）の面積抵抗（抵抗率×厚さ）の温度変化を示した．80℃で急激な抵抗の増大がうかがえる．メタノールクロスオーバーの温度依存性も示したが，80℃までは，クロスオーバー値は大きくなるが，それ以上の温度では減少している．抵抗値の変化と連動している．抵抗の増大，メタノールクロスオーバーの減少は，膜中の水分量が減少するためである．ナフィオン膜中のプロトン伝導は図9.9で示したように，水溶液と同様な水を介在した伝導機構（Grotthussモデル）で起こるので，水が存在しないとプロトンは移動できない．ナフィオン膜では，最大20％程度の水を含むが，高温での脱水を防ぐ目的で，ナフィオン膜にリンタングステン酸，シリカなどの添加が試みられている．$Zr(HPO_4)_2$添加では，145℃での作動で，0.26 W cm^{-2}と高い出力密度が報告された．この高い出力密度は，高温でもポリマー複合体中で，ある程度の水分が保たれ，伝導性が確保されるためである．高温での作動は，電池の高出力化を可能とするので，後述のように加圧下での作動も検討されている．しかし，ナフィオン膜では，膜自体が分解するので，150℃以上での作動は不可能である．高温でも安定なプロトン伝導性固体を探索すべく，各種の無機材料（酸素酸塩系，ガラス系等）が検討されているが，ナフィオン膜に匹敵するような高い伝導性（室温で～0.1 S cm^{-1}）を示す化合物はまだ報告されていない．

9.5 電池特性

　直接型メタノール燃料電池は，大型では自動車用，小型では携帯電話の電源用まで，各種の用途が考えられ開発が進められている．直接型メタノール燃料電池は，水素を燃料とするポリマー燃料電池と異なり，液体燃料であるメタノールをガソリンと同様なタンクで搭載でき，かつ，複雑な改質装置を必要としないので，自動車用電源として魅力的な燃料電池系である．しかし，実用上はまだ解決しなくてはならない多くの問題点が残されている．現在の直接型メタノール燃料電池は多量のPtを使用し，メタノールクロスオーバーのためエネルギー変換効率が低く，かつエネルギー密度・出力密度が低い．これらの問題

表 9.2 kW 級直接型メタノール燃料電池

機関	出力/出力密度	作動温度 (°C)	酸化剤	メタノール濃度 (M)	燃料極触媒	空気極触媒	セル数/電極面積 (cm²)
Ballad Power System	3 kW	100	空気	100%（純メタノール）	Pt/Ru	Pt	
IRD Fuel Cell	100 mW cm⁻²	90〜120	1.5 気圧, 空気		Pt/Ru	Pt	4/154
Nuvera Fuel Cells	140 mW cm⁻²	110	3 気圧, 空気	1	Pt/Ru	Pt	5/225
Siemens	250 mW cm⁻²	110	3 気圧, 酸素	0.5	Pt/Ru	Pt 黒	3
Los Alamos Nat.Lab.	1 kW L⁻¹	100	3 気圧, 空気	0.75	Pt/Ru	Pt	30/45
GS ユアサ	1 kW/100 mW cm⁻²	90	空気	1	Pt/Ru	Pt	34/64

点を解決するために多くの研究機関が研究を進めている．

表 9.2 に，これまでに開発された比較的大型（kW 級）の直接型メタノール燃料電池の特性を示した．これらの燃料電池は，移動体用および据え置き型電源として開発された．いずれの電池も電解質にナフィオン膜を用いている．出力を上げるために，高温・高圧下での作動を試みている．図 9.12 に Nuvera 社で開発された加圧型電池の特性を示した．110°C作動，空気を酸化剤として，140 W cm⁻² の出力が 3 気圧下で得られた．水素を燃料とするポリマー燃料電池の出力密度（200-300 mW cm⁻²）より見劣りするが，実用に近いレベルに達しつつある．しかし，燃料循環等の補機のコンパクト化，触媒量の削減など解決しなくてはならないいくつかの問題がある．触媒は水素を燃料としたポリマー燃料電池に比べ数倍量使用している．

ダイムラー・クライスラー社はカナダのバラード社の電池を搭載したゴルフ

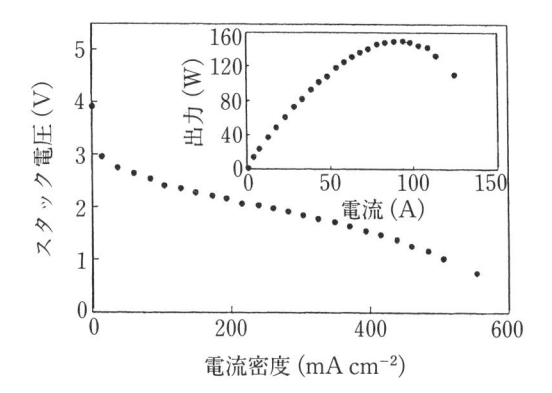

図 9.12 直接型メタノール燃料電池の放電特性の一例（加圧型）
作動温度：110℃，電解質：ナフィオン 117，触媒：負極 85%Pt-Ru/C，正極 85% Pt/C，メタノール濃度：1 M，電極面積：225 cm²．
［R. Dillon et al., J. Power Sources **127**, 112（2004）より］

カートを開発した．電池の出力は 3 kW，重量約 100 kg で，15 km の走行が可能であった．燃料は 0.5 L のメタノールを必要とし，作動温度は 100℃．この電池は出力密度を上げるために燃料効率を犠牲にして純アルコールを用いている．GS ユアサは，定置用および移動体用として 30-1000 W 級の直接型メタノール燃料電池を開発し，市販している．1 kW 級電池システムの外観を図 9.13，放電特性を図 9.14 に示した．作動温度は 65℃ である．総重量 120 kg，総体積 224 L と電池スタックのそれ（44 kg，25 L）に比べ容積では 10 倍ほど大きい．燃料タンク，燃料循環系ポンプ，空気供給ブロアなどが大きな体積を占めている．システムとして 17.2% のエネルギー効率［電圧効率×燃料効率×（1－補助機動力損失）］が得られている．この値は内燃機関のエネルギー効率と遜色なく，直接型メタノール燃料電池としてはかなり期待できる値である．

　直接型メタノール燃料電池は，気体燃料のようにボンベ，改質器を必要としない液体燃料を直接利用する利点を活かし，携帯機器，とくに携帯電話，ラップトップコンピュータの電源としての利用に関心がもたれている．これまでは，これら携帯機器には主にリチウムイオン電池が用いられてきた．表 9.3 に

224　9　メタノール燃料電池

図9.13　GSユアサ1kW級直接型メタノール燃料電池
［GSユアサ提供］

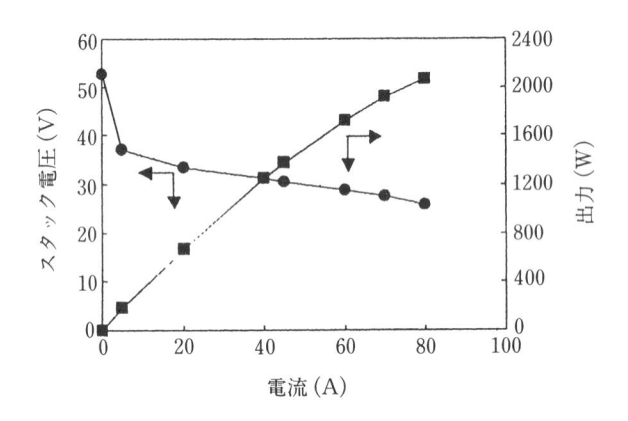

図9.14　GSユアサ1kW級直接型メタノール燃料電池の特性（65℃）
［GSユアサ提供］

リチウムイオン電池と直接型メタノール燃料電池の比較を示した．炭素を負極，$LiCoO_2$ を正極に用いたリチウムイオン電池の理論エネルギー密度は約 600 Wh kg^{-1} であるが，メタノールのエネルギー密度は 6100 Wh kg^{-1} と 10

表9.3 リチウムイオン電池と直接型メタノール燃料電池の比較

		リチウムイオン電池	直接型メタノール燃料電池
負極		炭素	メタノール
正極		$LiCoO_2$	空気
計算エネルギー密度	$Wh\ kg^{-1}$	600（実積 150 Wh kg^{-1}）	6105（実積 235 Wh kg^{-1}）
	$Wh\ L^{-1}$	2000（実積 300 Wh L^{-1}）	4823（実積 316 Wh L^{-1}）
開路電圧（V）		4.2	1.215

倍も高いので，その高いエネルギー密度を利用しようとするものである．

この計算値は電極物質を基にした値であり，実際のリチウムイオン電池のエネルギー密度は約 150 Wh kg^{-1} である．メタノール燃料電池では，メタノール重量および体積から計算した．二次電池では，放電後の再利用には長時間を要する充電を必要とするが，メタノール燃料は容易に燃料の供給（充電）が可能である．表9.4に開発の現状を，図9.15に携帯電話用電源としての 0.1 W 程度の小型燃料電池の外観を示した．この電池の大きさは，厚さ 4.5 mm，幅 22 mm，長さ 56 mm，容積は 5.54 cc，重量 8.5 g である．燃料タンクは 2 cc で約 2 Wh の電力が取り出せる．エネルギー密度は 235 Wh kg^{-1}，316 Wh L^{-1} で，リチウムイオン電池のエネルギー密度，150 Wh kg^{-1}，300 Wh L^{-1} より高い値である．エネルギー変換効率は約 4% であるが，ここでは，変換効率を犠牲にして，純メタノールを燃料に用いている．小型携帯用直接型メタノール燃料電池では，図9.4に示したように，メタノールを供給するポンプ，空気を強制的供給するブロアなどを用いないシステムで構成されている（パッシブ型）．ここでは，メタノール燃料が送入される燃料極の壁面の通路溝部にアノード拡散層，電極電解質膜（MEA），カソード拡散層を一体化した構造である．この構造では，燃料を供給するポンプ，および空気を強制供給するブロアを備えたシステム（アクティブ型）に比べ，出力密度は低いが，コンパクト化が可能である．また，補器の動力を必要としないので，エネルギー変換効率は高くなる．

100 W 以上のシステムでは，出力に比較して補器動力のエネルギーの割合が低くなるので，アクティブ型が一般的である．電解質はいずれもナフィオン

表9.4 携帯用直接型メタノール燃料電池の材料および特性

機関	出力密度	作動温度 (°C)	乳化剤	メタノール濃度(M)	燃料極触媒	空気極触媒	セル数/面積 (cm²)
Motorola	12-27 mW cm^{-2}	21	空気	1	Pt/Ru 6-10 mg cm^{-2}	Pt 6-10 mg cm^{-2}	4/13-15
Energy Related Devices	3-5 mW cm^{-2}	25	空気	1	Pt/Ru	Pt	
Jet Propulsion Lab.	6-10 mW cm^{-2}	30-25	空気	1	Pt/Ru 4-6 mg cm^{-2}	Pt 4-6 mg cm^{-2}	6/6-8
Los Alamos National Lab.	500 W L^{-1}	60	循環空気	0.5	Pt/Ru 0.8-16.6 mg cm^{-2}	Pt 2 mg cm^{-2}	5/45
Forshungszentrum Julich	45-55 mW cm^{-2}	60-70	3気圧, 空気	1	Pt/Ru 2 mg cm^{-2}	Pt 2 mg cm^{-2}	
Samson	10-50 mW cm^{-2}	25	空気	2-5	Pt/Ru	Pt	12/24
Korean Institute of Technology	10-50 mW cm^{-2}	20-50	空気	2.5	Pt/Ru	Pt	6/52
Korana Institute of Science & Technology	3-9 mW cm^{-2}	25	空気		Pt/Ru 8 mg cm^{-2}	Pt	15/90
More Energy	60-100 mW cm^{-2}	25	空気	30-5%	Pt/Ru	Pt	1/20

膜が用いられる．触媒としてのPtの量は，室温作動では，数 mg cm^{-2}と水素を燃料とする燃料電池に比べ10倍ほど多く担持されている．この多量なPtの使用が，直接型メタノール燃料電池の大型化への大きな制約となっている．

図 9.15 0.1 W 級直接型メタノール燃料電池（東芝製）
［(株)東芝の厚意による］

9.6 メタノール以外の直接型液体燃料電池

　メタノールは他のアルコール類に比べて比較的容易に酸化されるが，メタノール，および反応中間体（例えば部分酸化で生成するホルムアルデヒドなど）の毒性が民生用としては問題となる．メタノールに比べ毒性の低い，エタノール，多価アルコール，さらに，近年，燃料として注目されているジメチルエーテル（DME）を燃料とした直接型液体燃料電池も可能性がある．
　エタノールの電気化学的直接酸化は，

$$C_2H_5OH + 3\,H_2O = 2\,CO_2 + 12\,H^+ + 12\,e^- \tag{9.17}$$

酸素極での反応は，メタノールと同様に，

$$3\,O_2 + 12\,H^+ + 12\,e^- = 6\,H_2O \tag{9.18}$$

全反応は，

$$C_2H_5OH + 3\,O_2 = 2\,CO_2 + 6\,H_2O \tag{9.19}$$

で示される．反応(9.19)の標準自由エンタルピー変化 $\Delta G°$ は $-1325\,\mathrm{kJ\,mol^{-1}}$ で，エタノール直接酸化燃料電池の起電力（E）は 1.145 V と計算される．メタノールに比べわずかに低い．表 9.5 に各種燃料の熱力学的値を示した．電池の理論電圧は，アルコールの炭素数が増えるに従い低くなる．

9 メタノール燃料電池

表 9.5 各種燃料の特性

燃料	$\Delta G°$ (kJ mol^{-1})	$\Delta H°$ (kJ mol^{-1})	$E°$ (V)	η_m	沸点 (°C)
メタノール CH_3OH	-702	-726	1.213	0.967	65
エタノール C_2H_5OH	-1325	-1367	1.145	0.969	78.3
プロパノール C_3H_7OH	-1835	-2021	1.067	0.908	82.4
DME CH_3OCH_3	-1387	-1460	1.198	0.950	6.1

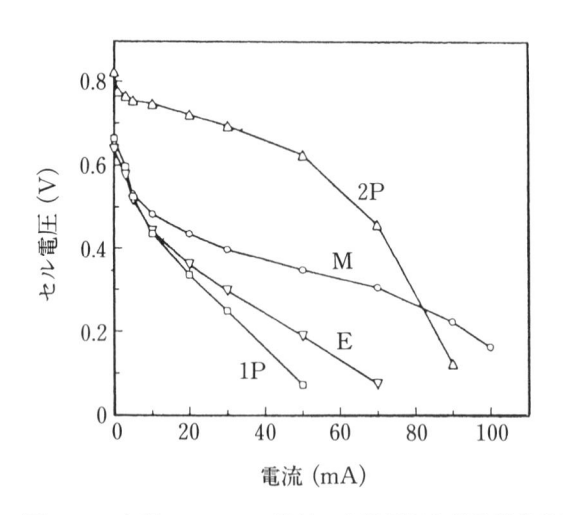

図 9.16 各種アルコール燃料の直接電気化学的酸化特性
電極：Pt 50-Ru 50，電解液：0.5 M/LHClO$_4$，燃料濃度：0.5 M/L，温度：25°C．
2P：2-プロパノール，M：メタノール，E：エタノール，1P：1-プロパノール．
[M. Umeda et al., Enectrochemistry, **70**, 961 (2002) より]

エタノールの室温での理想効率 $\eta_m(=\Delta G°/\Delta H°)=0.969$ は，水素の理想効率 0.86 よりかなり高い．

エタノールの酸化は，メタノールに比べより困難である．図 9.16 に，Pt 50

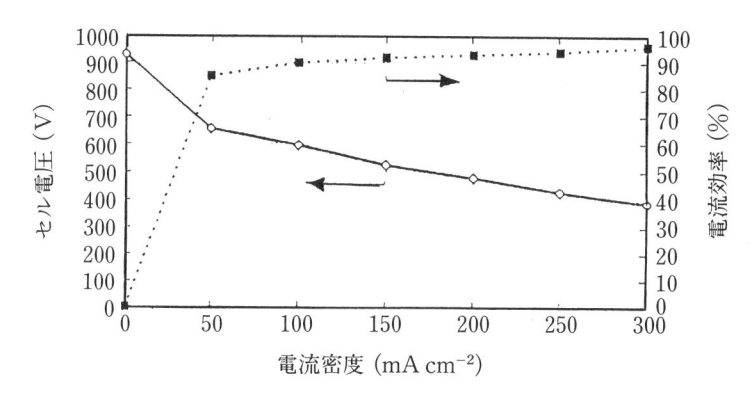

図9.17 ジメチルエーテルの直接電気化学的酸化特性（130℃，Pt/Ru触媒）
[J. T. Muller et al., J. Electrochem. Soc., **147**, 4058 (2000) より]

Ru 50/ナフィオン膜での各種アルコールを燃料とした電池の放電特性を示した．メタノール，エタノール，1-プロパノールの順に過電圧が増大する．2-プロパノールでは，電流密度 80 mA cm^{-2} 以下で，最も低い過電圧を示したが，それ以上では高い過電圧を示している．2-プロパノールの酸化反応は，反応(9.20)で示されるケトン生成反応である．

$$C_3H_7OH + 1/2\,O_2 = (CH_3)_2CO + H_2O \tag{9.20}$$

低電流密度での低い過電圧は，反応(9.20)が完全酸化反応に比べ容易なためである．高電流密度領域では，この生成したケトンが電極表面に蓄積するので過電圧が増大すると考えられた．

資源環境面から優れた燃料の1つとして，注目されているジメチルエーテル（DME）も直接電気化学的酸化が可能である．ジメチルエーテルは，天然ガス，石炭ガスから作られる合成ガス（H_2とCOとの混合ガス）から比較的容易に合成可能である．その直接電極酸化反応は，

$$CH_3OCH_3 + 3\,H_2O = 2\,CO_2 + 12\,H^+ + 12\,e^- \tag{9.21}$$

であり，副反応としては，微量なギ酸が生成するが，メタノールやホルムアルデヒドは生成しない．図9.17に130℃における放電特性を示した．燃料極はPt/Ru（4 mg cm^{-2}），空気極はPt黒（4 mg cm^{-2}）で，電解質はナフィオン117で，直接型メタノール燃料電池と同一である．この温度ではメタノールを

燃料とした電池に近い出力が得られる．ジメチルエーテルは，メタノールに比べ燃料のクロスオーバーは1桁ほど低いので，図に示したように，50 mA cm^{-2}以上の電流密度では，燃料のクロスオーバーによる効率の損失はほとんどなくなる．しかし，低温では酸化されにくいので，100℃以上で使用可能な電解質膜を必要とする．

参 考 文 献

1. W. Vielstic, A. Lamm and H. A. Gasteiger (eds.), Handbook of Fuel Cells, Vol. 4, Part 6, John Wiley & Sons (2003).
2. 日本化学会編, 化学総説 新型電池の材料化学, 学会出版センター (2001).

おわりに

　燃料電池は原理的に効率の高い理想的なエネルギー変換（発電）装置である．それゆえ原理が提案されて以来，その実用化が強く望まれてきたのであるが，160年以上経った現在でも社会システムに組み入れられるほどには普及せず開発段階を脱していない．1949年接合型半導体トランジスタの原形が提案され，それが真空管を置き換えIC，LSIへと進歩・発展してわずか30-40年で現在のIT社会が実現したのと好対照である．この違いはどうしてであろう．

　まず，それぞれが置換すべき対象との性能的格差である．計算機はリレーを使った機械式に端を発し，初の電子式計算機（エニアック）は18000本の真空管を使って1946年に誕生した．真空管は電球の一種であるからすぐ切れる．18000本もの真空管がすべて正常に動作する時間は短く信頼性がきわめて低かった．しかも，重量は30トン，消費電力は400 kWというとてつもないシステムであったという．演算速度は機械式より格段に速かったがそれでも毎秒の加算は5000回でいまの電卓の足元にも及ばない．接合型トランジスタが世に出て10年後の1959年，真空管をトランジスタに置き換えた第2世代電子式計算機が誕生，以上の問題を一挙に解決した．半導体固体素子と真空管では信頼性，速度，大きさなどの点で格段の違いがあったからである．その後の計算機の発展はご存知の通りである．一方，燃料電池の置換対象は内燃機関などの熱機関であるが，この場合歴然とした優位性は熱効率の高さだけであろう．しかし，これも理論上のことで，実際の効率差はさほどでもないことが多い．例えば，自動車内燃機関の効率は15％程度に対し，現状の燃料電池自動車のそれは20-25％でしかない．環境など経済外のコストを考慮しなければこの程度の差はコストや利便性に薄められ社会に浸透するのは難しい．

　つぎに，主要構成素材の明暗である．初期のトランジスタ素子の半導体材料には単結晶が容易に得られることからゲルマニウムが用いられた．しかし，ゲ

おわりに

ルマニウムは稀少元素で高価であるばかりでなく，その酸化物絶縁膜が弱いため素子の信頼性が大きな問題であった．誰もがゲルマニウムと同じダイヤモンド型結晶構造をもち地殻にいくらでもあるシリコンの単結晶の開発を思い立ち，程なく良質の結晶が得られるようになった．幸運はシリコンが資源的に豊富で安価であるばかりでなく，その酸化膜が偶然，半導体素子をつくる上で理想的な特性を備えていたことである．この幸運がなければいまのようなIT社会の到来ははるか先のことであったであろう．これに対して燃料電池の不運は，肝心な電極触媒材料がPtという最も高価な貴金属元素を主成分とするものであったことである．Ptを安価な材料に置き換えようとする試みはいまも燃料電池開発の主要課題の1つであるが，触媒寿命などのために容易ではなく，PEFCのような低温動作の燃料電池においては電極面積当たりの使用量をいかに低減できるかという方向に向かっているのが現状である．このような努力によりPt使用量が現状の $0.3~\mathrm{mg~cm^{-2}}$ より減ったとしても，燃料電池の出力は電極面積に比例するので発電用や電気自動車用など大出力のものでは多量のPtを必要とすることから，資源的な制約が普及の障害になるとの見方もある．

　以上のように半導体デバイスとの対比でみると，燃料電池の大規模な普及には高いハードルがある．しかし，地球温暖化の抑制，都市環境の保全といった経済とは別の環境的価値観が台頭するなかで，このハードルの高さも低下しつつあり，何かひとつの技術的ブレークスルーを契機として，一挙に燃料電池社会が実現するかも知れない．価値観の変化が高エネルギー変換効率を特徴とする燃料電池にとって強い追い風になっている．

　半導体デバイスと異なり，燃料電池には室温付近で動作するPEFCから1000°Cの高温で動作するSOFCまでの広い温度軸がある．ところが，電極反応速度，材料の寿命・選択尤度，排熱回収性，起動特性などを総合して最も望ましいと考えられる中温領域（200-500°C）は空白領域になっている．これはその領域で使える電解質材料が得られていないからである．技術的ブレークスルーとして注目されるのはこの温度範囲で高い酸化物イオンまたはプロトン伝導性を示す電解質材料，とくに固体電解質の開発である．この温度範囲であれば資源的に豊富な非白金系の触媒が使える可能性も広がってくる．

おわりに

とにかく，素晴らしい原理が提案されてから160年が経っても実用化が進まない燃料電池というデバイスは技術的に相当タフなデバイスで，環境問題という追い風があるにしても，従来技術・従来材料の単なる延長線上には実用化の解はない．燃料電池が持続的社会を支えるクリーンなエネルギー源として社会の隅々に普及するためには革新的な電解質や触媒を見出すための地道な基礎にまで立ち戻った研究が必要である．トランジスタ開発者のショックレーは，「トランジスタは基礎研究と応用研究の相互作用から生まれたものであり，直接的に素子をつくってみるよりも半導体のなかで何が起こっているかを理解することを試みた研究の方が終局的には有益であった」（水島宣彦，エレクトロニクスの開拓者たち，電子通信学会（1978）より）と述べている．燃料電池は電子や正孔ばかりではなくイオン（物質）も動くデバイスで，そこで起こる現象はトランジスタよりはるかに複雑である．電解質や電極界面でのイオンの動きをより深く理解する研究の進展が望まれるところである．

ところで，本書がほぼ脱稿する2005年春，愛知県で万国博覧会（愛・地球博）が開催され，わが国で開発されてきたPAFC，MCFC，SOFCなどを太陽光電池とナトリウム−硫黄（新型蓄電池）および廃棄物ガス化装置と組み合わせた新エネルギープラント（正式名称：NEDO連携新エネルギープラント）を稼動させる新エネルギーシステムのデモンストレーションが行われた．このプラント（写真1参照）の最大出力は約1600 kWであるが，そのうち燃料電池の最大総出力は約1300 kWで，全体の約80％を占める．このプラントにより会場内の政府日本館およびNEDO館に必要な電力のほぼ100％を賄うとともに，両館で必要な熱源も供給された．燃料としては，PAFCおよびSOFCには都市ガスを，MCFCには万博会場内で排出される生ゴミのメタン発酵ガスと会場建設および開催中に生じる可燃ゴミの高温ガス化ガスが主に使用された．このほか，3.5 km離れた2つの会場間を結ぶ大型シャトルバス（写真2）は運行している8台全部がPEFCを搭載した燃料電池車（蓄電池とのハイブリッド）で，水素ガスを燃料として一般道を普通のスピードで静かに走行しドライバーの評判も良好であった．

このように，燃料電池を含む各種の新エネルギー技術を系統的に組み合わせ

おわりに

写真1 愛・地球博における新エネルギー実証プラント（(財)2005年日本博覧会協会提供）

写真2 万博2会場間を結ぶ燃料電池シャトルバス

て地域の環境負荷やエネルギーコストの削減を図る試みは，今後の燃料電池開発のあり方の1つを示唆しているといえよう．燃料電池の格段の飛躍を目指した基礎研究（材料研究を含めて）とともに，今後，このような新エネルギー技術の複合化もしくは融合化を強く意識した研究姿勢が求められてくるであろう．

索　引

あ
アインシュタインの関係式 ……………84
アクティブ型 …………………………209
アノード ………………………………39
　　── 反応 …………………………58
　　── 分極 …………………………59
アポロ計画 ……………………………93
アルカリ型燃料電池 …………………93
アルミン酸リチウム ……………139, 145
安定化ジルコニア ……………………158

い
EVD 法 …………………………177–179
イオン雰囲気 …………………………78
イオン輸率 ……………………………90
石綿マトリックス ……………………103
1 次電池 ………………………………2
移動度 …………………………………75
陰極 ……………………………………39
インターコネクタ ……………171, 180, 182

う
ウェットシール ……………………149, 184
宇宙用電源 ……………………………3

え
AFC ……………………………………93
SI 基本単位 …………………………10
SHE ……………………………………48
SOFC …………………………………155
　円筒型 ── ………………169, 178, 181
　q ── …………………………………173
　平板型 ── ………………169, 178, 181, 184

HHV ……………………………………96
NO_x 浄化作用 ………………………141
NO_2 …………………………………128
エネルギーの方程式 …………………29
エネルギー変換効率 ………96, 108, 133
MEA …………………………………192
MOLB …………………………………184
MCFC …………………………………134
$LaGaO_3$ …………………………161, 178
LSM ………………………………179, 182
LHV ……………………………………96
LCM …………………………………179
塩橋 ……………………………………48
エンタルピー …………………………12
円筒型 SOFC ……………169, 178, 181
エントロピー ………………………15, 24
　　── 増大の原理 ………………25

お
オートサーマル法 ……………………126
オーム損 ………………………………74
オームの法則 …………………………76
オンサイト発電装置 …………………113
温暖化ガス ……………………………5

か
加圧型電池 …………………………222
カーボン繊維 ………………………120
改質器 ………………………124, 140, 152
改質装置 ……………………………203
改質反応 ……………………………142
外部改質方式 ………………140, 151, 152
開放系 …………………………………29

索引

解離吸着 …………………………99
　── 過程 ………………………115
開路電圧 ………………………137
化学センサ ……………………53
化学電池 …………………………1
化学反応の平衡 ………………32
化学ポテンシャル ……………30
拡散係数 ………………………66
拡散層 …………………………67
拡散方程式 ……………………67
ガス拡散通路 …………………180
ガス拡散電極 …………………103
ガスシール(材) ………170, 181
ガスセンサ ………………53, 73
　限界電流式── ………………73
化石燃料 ………………………114
カソード ………………………39
　── 反応 ………………………58
　── 分極 ………………………59
活性化エネルギー …………54, 194
活性化過電圧 …………………65
活性化分極 ……………………65
活性酸素 ………………………212
活量 ……………………………32
　── 係数 ………………………32
過電圧 ……………59, 65, 97, 201
過渡電流 ………………………39
火力発電 ………………………4
カルノーサイクル ………17, 95
　── の効率 ……………………18
カロメル(甘コウ)電極 ………51
還元膨張 ………………………161

き

起電力 ……………………42, 94
　── の温度変化 ……………44

ギブス(Gibbs)の自由エネルギー
　…………………………16, 26
qSOFC …………………………173
吸熱反応 …………………13, 35
強電解質 ………………………78
共融 ……………………………135
　── 組成 ………………………143
　── 点 …………………………135
銀-塩化銀電極 …………………51

く

空気極材 ………………146, 179
空孔拡散機構 …………………83
空格子点 ………………80, 159
クラスター ……………………196
　── モデル ……………………195
グリーンシート ………………178
クロスオーバー ………208, 215
Grotthuss機構 ………………196

け

欠陥制御 ………………………85
ケッチェンブラック …………121
ケルビン(Kelvin)温度目盛 …22
限界電流式ガスセンサ ………73
限界電流密度 …………………70

こ

高温燃料電池 …………………131
交換電流密度 …58, 61, 100, 118, 167, 185
格子間拡散機構 ………………83
格子欠陥 ………………………80
コージェライト ………………220
コールラウシュの法則 ………78
コジェネレーション …143, 185, 203
固体酸化物燃料電池 …………155

固体電解質 ………80, 155, 163, 166, 176
コットレル（Cottrell）の式 ……………72
孤立系 ………………………………16
混合伝導体 ……………………90, 168
混合溶融塩 ………………… 135, 143
混成電位 ……………………………214
コンバインドサイクル ………………172
コンバインド発電方式 ………………96

さ

サーマルサイクル ……………………188
サーメット …………171, 176, 180, 182
最小仕事の原理 …………………27, 44
最大仕事の原理 …………………27, 42
酸化物イオン伝導体 ………………156
参照電極 ……………………………50
酸素イオン（O^{2-}）伝導体 …………156
酸素イオン導電率 ……………156, 176
三相界面 ……………166, 179, 180, 187
三相帯 ………………………………98
酸素濃淡電池 ………………………165

し

CO除去装置 …………………………190
CO_2 ……………………………………5
　――ガス濃縮機能 ………………141
CO転換器 ……………………………190
CO被毒 ………………………………199
示強性状態量 ………………………30
質量作用の法則 ………………………33
自動車用ポリマー燃料電池 …………203
自発変化 ……………………………16
シフト反応 ……………………………125
ジメチルエーテル（DME）………227, 229
弱電解質 ……………………………79
準格子間拡散機構 …………………83

状態方程式 …………………………14
状態量 ………………………………11
触媒燃焼器 …………………………152
触媒被毒 ………………………118, 204
ショットキー（Schottky）欠陥 ………80
示量性状態量 ………………………30

す

水蒸気改質 …………………………125
水蒸気発生器 ………………………152
スルホン酸系ポリマー ………………192

せ

正極 …………………………………39
積層スタック …………………………149
絶対温度 …………………………20, 22
セパレータ …140, 147-149, 171, 180, 185
セリア系酸化物 ……………………160
セルシウス温度 ………………………22
セルスタック ……………………181, 185
セルバンドル ………………………182
遷移状態 ……………………………54

そ

総合エネルギー効率 ……………132, 204
疎水性層 ……………………………104

た

ターゲット計画 ………………………126
ターフェル曲線 ………………………114
ターフェル傾斜 …………………100, 102
ターフェル（Tafel）の式 ………………63
第1種永久機関 ……………………19
対向流方式 …………………………150
体積仕事 ……………………………11
第2種永久機関 ……………………19

索引

第二世代の燃料電池 ……………134
多孔質管基体管 …………………182
多孔質電極(材) ………166, 179, 187
脱硫 ………………………………124
　──装置 …………………………203
縦縞円筒セル ……………182, 183
縦縞方式 …………………………170
炭化ケイ素粉末 …………………119
断熱過程 ……………………………15

ち

チタン酸カリウム ………………104
超イオン伝導体 ……………………86
直接型メタノール燃料電池(DMFC)
　………………………………………207
直交流方式 ………………………150

つ

通電効果 …………………………187

て

定圧熱容量 …………………………14
DMFC ……………………………207
抵抗分極 ……………………………74
抵抗率 ………………………………77
定常拡散 ……………………………69
定常状態 ……………………………67
定常電流 ……………………………38
定積熱容量 …………………………14
ディップコーティング …………178
ディンプル ………………………171
　──形状 …………………………184
テープキャスト(法) ………145, 178
テフロン ……………104, 119, 207
デュポン社 ………………………192
電位窓 ………………………………53

電荷移動抵抗 ………………………63
電荷移動反応 ………………………99
電気化学システム …………………37
電気化学的分極 ……………………59
電気化学ポテンシャル ……………46
電気的中性の原理 …………………40
電気二重層 …………………………39
電極触媒 ……………………103, 190
電極反応 ……………………………46
電子伝導性 ………………………172
　──酸化物 ………………………138
電子導電率 ………………………180
伝導性カーボン …………………121
伝導性微粉カーボン ……………192

と

透過係数 ……………………………59
動的電気化学 …………………41, 54
導電率 ………………………………76
　酸素イオン── ……………156, 176
　電子── …………………………180
当量導電率 …………………………78
ドーピング …………………………82
トムソン(Thomson)の原理 ………19

な

内燃機関 ……………………………5
内部エネルギー ……………………11
内部改質方式 ………140, 151, 153
内部抵抗 ……………………75, 186
内部電位 ………………………47, 59
ナフィオン …………………88, 207
　──117 …………………………194
　──膜 ……………………189, 207

に

2次電池 ……………………………… 2
Niの溶解現象……………………… 147
Ni溶解度………………………… 144, 145
ニッケルフェルト ………………… 182

ね

熱化学方程式……………………… 13
熱機関…………………………… 9, 17
熱効率……………………………… 95
熱自立……………………………… 132
熱膨張率 ………………… 179, 180, 187
熱力学……………………………… 9
　── 第1法則 ……………………… 12
　── 第2法則 ……………………… 15
　── 的起電力 ……………………… 43
ネルンスト(Nernst)の式 …… 43, 47, 51
燃料極材 ………………………… 146
燃料電池用自動車 ………………… 7
燃料利用率 ……………………… 208

の

濃厚リン酸 ……………………… 113
濃淡電池…………………………… 53
　酸素 ── …………………… 165
濃度過電圧 ……………………… 71
濃度勾配 ………………………… 65

は

パーフルオロスルホン酸系高分子膜 … 88
バイオガス ……………………… 142
バイオマス ……………………… 114
バイファンクション機構 ………… 199
バイポーラプレート ……………… 210
パッシブ型 ……………………… 212

撥水性 …………………………… 119
発電効率 ………………………… 204
発熱反応 ………………………… 13, 35
バトラー−フォルマー
　(Butler-Volmer)の式 …………… 62
バルク ……………………………… 67
反応進行度………………………… 33
反応速度…………………………… 55
　── 定数 ……………………… 56
反応の次数………………………… 56

ひ

PEFC …………………………… 189
PAFC …………………………… 113
PNGV計画 ……………………… 201
PtRu合金 ……………………… 199
Pt黒 ……………………………… 117
Pt触媒 ………………………… 120
Pt電極 ………………………… 114
微細構造 ………………………… 187
微細組織 ………………………… 179, 180
比抵抗……………………………… 77
非定常拡散………………………… 71
非ファラデー電流………………… 39
非フッ素系ポリマー …………… 197
標準起電力………………………… 43
標準状態…………………………… 13
標準水素電極……………………… 48
標準生成エンタルピー …………… 14
標準電極電位……………………… 47
頻度因子…………………………… 56

ふ

ファラデー(Faraday)定数 ……… 37
ファラデーの法則 ……………… 37, 57
van't Hoffの定圧平衡式 ………… 35

242　索　引

フィック(Fick)の法則 …………………65
フィックの第1法則……………………66
フィックの第2法則……………………67
フェノール樹脂 …………………………120
負極………………………………………39
付着層……………………………………67
部分安定化ジルコニア …………………159
部分酸化反応 ……………………………126
部分フッ素化 ……………………………197
Plansee合金 ……………………………185
プルベー(Pourbaix)ダイヤグラム …53
フレンケル(Frenkel)欠陥 ……………80
プロトン伝導性 …………………162,193
プロトン伝導体 …………………156,179
プロトン伝導膜 …………………………190
分解電圧…………………………………44
分極 ……………………………………59,65

へ

平衡酸素分圧 ……………………………165
平衡状態…………………………………17
平衡定数…………………………………33
平衡電気化学……………………………41
平行流方式 ………………………………150
平板型 SOFC …………169,178,181,184
ヘス(Hess)の法則 ……………………13
ヘルムホルツ(Helmholtz)の
　自由エネルギー……………………26
ペロブスカイト型酸化物 ………161,178
変性器 ……………………………………125

ほ

ホタル石型 ………………………158,159,178
ポテンシオメータ………………………45
ボトミングサイクル ……………133,143,172
ポリイミド系 ……………………………220

ポリスチレン系 …………………………220
ポリマー燃料電池 ………………………189
　自動車用—— ………………………203

ま

マックスウェル(Maxwell)の関係式
　……………………………………28
マトリックス型 …………………………106

み

水のイオン積……………………………50
民生用燃料電池 …………………………7

む

ムーンライト計画 ………………………7
無限希釈状態……………………………79

め

メタノールクロスオーバー ……216,221
メタノール燃料電池 ……………………207
　直接型—— …………………………207
メタノールの透過率 ……………………217

も

モル導電率………………………………77

ゆ

輸率………………………………………76

よ

陽イオン交換膜 …………………………189
溶解度積…………………………………50
陽極………………………………………39
溶融塩の粘度 ……………………………135
溶融炭酸塩 ………………………………134
溶融燃料電池 ……………………………134

横縞円筒セル ……………………183
横縞方式 …………………………170

ら
ラネーニッケル …………………101

り
理想気体 ……………………………14
理想効率 …………………………227
リチウムイオン電池 ……………224
律速過程 …………………………102

流束……………………………………65
リン酸型燃料電池 ………………113

る
累積発電時間 ……………………183

れ
冷暖房用熱源 ……………………133

わ
YSZ ……………………………82,159

材料学シリーズ　監修者

堂山昌男
東京大学名誉教授
帝京科学大学名誉教授
Ph. D., 工学博士

小川恵一
元横浜市立大学学長
Ph. D.

北田正弘
東京芸術大学名誉教授
工学博士

著者略歴　工藤　徹一（くどう　てついち）
東京大学名誉教授
工学博士（東京大学）

山本　治（やまもと　おさむ）
三重大学名誉教授
工学博士（名古屋大学）

岩原　弘育（いわはら　ひろやす）
名古屋大学名誉教授
工学博士（名古屋大学）

検印省略

2005年10月10日　第1版発行
2022年1月10日　第1版2刷発行

材料学シリーズ

燃 料 電 池
熱力学から学ぶ基礎と開発の実際技術

著　者© 工　藤　徹　一
　　　　 山　本　　　治
　　　　 岩　原　弘　育
発行者　 内　田　　　学
印刷者　 山　岡　影　光

発行所　株式会社　内田老鶴圃　〒112-0012　東京都文京区大塚3丁目34番3号
電話（03）3945-6781（代）・FAX（03）3945-6782
http://www.rokakuho.co.jp/
印刷・製本／三美印刷 K.K.

Published by UCHIDA ROKAKUHO PUBLISHING CO., LTD.
3-34-3 Otsuka, Bunkyo-ku, Tokyo, Japan

U. R. No. 541-2
ISBN 978-4-7536-5625-7 C3042

リチウムイオン電池の科学　ホスト・ゲスト系電極の物理化学からナノテク材料まで
工藤 徹一・日比野 光宏・本間 格 著
A5・252頁・定価4730円（本体4300円＋税10％）　ISBN978-4-7536-5638-7
本書は「ホスト・ゲスト系の物理化学」の切り口で執筆された初学者用の入門書である．基礎編，材料編の順に記述し，発展著しい本分野の研究者，技術者，学生，さらに学際領域の方々の座右に備えるに好適の書である．
基礎編　リチウムイオン電池の概要／ホスト・ゲスト系物質の構造と反応／ホスト・ゲスト系電極の熱力学／ホスト・ゲスト系電極反応の速度論／電池の諸特性とその支配因子／電極特性の測定法
材料編　負極材料／正極材料／電解質材料／ナノテクノロジーを利用したリチウムイオン電池の高性能化

水素と金属　次世代への材料学
深井 有・田中 一英・内田 裕久 著
A5・272頁・定価4180円（本体3800円＋税10％）　ISBN978-4-7536-5608-0
これまで金属を扱う研究者は，金属が主で水素を従と考えてきたが，本書は水素を主人公とし，材料から物理へと逆の視点でとらえている．材料としての水素の応用を念頭に置き，水素そのものの基礎知識を詳述し，金属－水素系の物性と応用を幅広く説明した．
水素とその利用／金属－水素系の熱力学／水素の固溶状態と水素化物の構造／電子構造／水素の拡散／水素と金属表面の相互作用／水素吸蔵合金の基礎／水素吸蔵合金の応用とニッケル水素蓄電池／水素脆性／水素による組織と物性の制御

水素脆性の基礎　水素の振るまいと脆化機構
南雲 道彦 著
A5・356頁・定価5830円（本体5300円＋税10％）　ISBN978-4-7536-5133-7
水素脆性は材料への水素の侵入における材料表面の電気化学，水素の挙動における材料物性，さらに材料の力学特性や破壊力学などが絡み合い全体感を捉えることが容易でない．本書はそのような水素脆性の全体像を理解し，立場の異なる研究者が共有できるよう基本的事項とそれに対する取り組み方を整理したものである．
I 材料中の水素の存在状態　水素の固溶状態／水素のトラップ状態／材料中水素の状態解析法　II 材料中の水素の移動　トラップがある場合の水素拡散／非定常的な水素移動　III 環境から材料への水素侵入　気体水素の金属表面への吸着／液相からの水素侵入反応／水素侵入に影響する因子　IV 変形挙動　変形応力に及ぼす水素の影響　V 水素脆性破壊の特徴　水素脆性における破壊形態／遅れ破壊／相変態に伴う水素脆性　VI 水素脆性機構　脆性破壊としての扱い／局所塑性変形の関わり／ナノ損傷蓄積

太陽光発電　基礎から電力系への導入まで
堀越 佳治 著
A5・228頁・定価4620円（本体4200円＋税10％）　ISBN978-4-7536-2315-0
太陽光発電を学部学生が十分に理解できるよう構成し，基礎から電力系への導入まで幅広く述べる．今後の発展を目指し研究されている薄膜太陽電池をはじめとする各種太陽電池について材料，構造，今後の期待を詳しく解説．現在のエネルギー事情，太陽光発電の知識，技術，課題，新しい太陽電池など，著者の長年の経験をふまえた充実の一冊である．
人間社会とエネルギー事情／太陽光エネルギーと太陽光スペクトル／太陽電池を支えるエネルギー変換機構／半導体の基礎／半導体の光吸収特性／pn接合とショットキー接合／太陽電池の基本特性／太陽電池に用いられる材料と構造／太陽光発電と日本社会／太陽光発電の課題／巻末資料　各種エネルギー源の特徴

固体の高イオン伝導　電気化学的エネルギー変換・センサーへの基礎
齋藤 安俊・丸山 俊夫 編訳
A5・232頁・定価3080円（本体2800円＋税10％）　ISBN978-4-7536-5208-2
本書は高イオン伝導体と呼ばれる高いイオン移動度を有する固体である固体電解質を取り扱い，イオン伝導の直観的イメージをつかみ，さらに定量的理解も可能なように構成されている．
固体電解質総論／固体電解質の構造的特性と相安定窓／β''-アルミナ／窒化リチウム／安定化ジルコニア／固体電解質センサー

http://www.rokakuho.co.jp/